软件开发 人才培养系列丛书

Java
程序设计教程

（慕课版│第 2 版）

✦ 张仁伟 高尚民 金飞虎◎编著

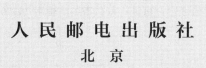

人民邮电出版社
北 京

图书在版编目（CIP）数据

Java程序设计教程：慕课版 / 张仁伟，高尚民，金飞虎编著. -- 2版. -- 北京：人民邮电出版社，2023.2
（软件开发人才培养系列丛书）
ISBN 978-7-115-60149-0

Ⅰ. ①J… Ⅱ. ①张… ②高… ③金… Ⅲ. ①JAVA语言—程序设计 Ⅳ. ①TP312.8

中国版本图书馆CIP数据核字(2022)第180196号

内 容 提 要

Java 是一种被广泛使用的编程语言。它采用面向对象技术，不依赖于机器结构，具有可移植、健壮、安全等特点。除了语言的基本语法外，Java 还提供了丰富的类库，便于程序员开发自己的系统。

本书在第 1 版的基础上进行了内容的更新和补充。全书共 16 章，分为两篇：第 1 篇包括第 1 章～第 8 章，主要讲解 Java 的词法、语法，以及面向对象的编程思想和方法；第 2 篇包括第 9 章～第 16 章，其中第 9 章～第 15 章主要讲解 Java 常用基础类的用法，第 16 章的综合实践通过案例讲解项目开发的基本流程，使读者全面掌握应用 Java 开发技术解决复杂工程问题的方法，提高读者的实际项目开发能力。

本书适合作为高等院校相关专业 Java 程序设计课程的教材，也可供软件开发人员和自学人员参考。

◆ 编　著　张仁伟　高尚民　金飞虎
　　责任编辑　许金霞
　　责任印制　王　郁　陈　犇

◆ 人民邮电出版社出版发行　　北京市丰台区成寿寺路 11 号
　　邮编　100164　　电子邮件　315@ptpress.com.cn
　　网址　https://www.ptpress.com.cn
　　大厂回族自治县聚鑫印刷有限责任公司印刷

◆ 开本：787×1092　1/16
　　印张：19.75　　　　　　　　　　2023 年 2 月第 2 版
　　字数：562 千字　　　　　　　2023 年 2 月河北第 1 次印刷

定价：69.80 元

读者服务热线：(010)81055256　印装质量热线：(010)81055316
反盗版热线：(010)81055315
广告经营许可证：京东市监广登字 20170147 号

Java 语言是目前使用最广泛的编程语言之一，它具有面向对象、分布式、健壮、安全、解释、结构中立、高性能、多线程等特点，深受程序设计人员的欢迎。

Java 语言从发布到现在已经有三十余年。在这些年中，其不断随着社会的应用需求而进行迭代升级，无论在功能上还是在性能上都有了较大提升。而第 1 版书的一些章节内容已经不能完全满足现在读者对于 Java 语言的学习要求。为此，本书在第 1 版书的基础上进行了修订和扩充，推出了第 2 版。

本书特点如下。

（1）采用了"读—看—练"三位一体的学习法，帮助读者快速入门。

读（书）——本书对 Java 语言的相关概念和词法、语法进行了详细介绍，重点讲述了面向对象编程思想和实现方法，让读者通过阅读掌握相关知识。

看（视频）——对于主要的知识点和重点例题，本书都提供了对应的视频讲解，使读者更容易理解重点和难点内容。

练（例题）——本书中的每个例题都是编者精心挑选的，具备很强的代表性，同时这些例题代码的注释让读者很容易领会每个语句的含义和作用；所有例题均可运行，读者可以边看边练，从中领会编程的精髓，并最终具备一定的编程能力。

这种学习法可以让 Java 语言初学者快速入门并为进一步实现深度编程打下基础。

（2）注重实用性。Java 语言提供了丰富的类库供程序员使用，但如何找到合适的类并快速掌握类的使用方法成了一个难题。为此，本书对常用的类库和类进行了详细讲解，并通过一些案例给出这些类的使用方法及其作用，让程序员能够快速上手，完成程序设计。

针对本书的特点，建议读者学习 Java 语言时从以下 3 个方面学起。

（1）掌握基本词法和语法。就如同汉语的字、词和语法应牢记一样，读者只有掌握了 Java 语言的基本词法和语法，才有可能正确地运用该语言。Java 语言的词法和语法相较于人类自然语言要少得多，所以读者稍微用些时间就有可能掌握。本书对主要内容都录有讲解视频，能帮助读者更好地学习和掌握相关知识点。

（2）培养编程能力。编程能力对一名程序员来说是非常重要的。一个学习程序设计的人可能对语言的词法和语法非常熟悉，但是如果不能够灵活甚至不会运用这门语言，则学习这门语言的意义就无从谈起。对于一名程序员来说，编程能力比程序语言本身更重要，所以程序员在学习程序语言的过程中应努力培养自己的编程能力。本书对典型例题都录制了编程视频，可以有效地帮助读者快速提高编程能力。

（3）掌握 Java 基础类。用 Java 语言编写程序，如果仅仅掌握了语言的基本词法和语法，程序也可进行程序设计。但是如果没有掌握 Java 基础类，程序员在编写 Java 程序时会感到吃力，甚至不能编写，所以学习 Java 语言还要尽量多学习 Java 的基础类。本书第 2 篇介绍了 Java 常用基础类，读者在学习这些类时不要死记硬背相关的方法及参数，而是要先了解并掌握这些类的特点和基本功能用法，重点要学会查看帮助文档。记住，官方网站的帮助文档是我们准确运用类的最好帮手。

本书在第 1 版的基础上进行了内容更新和扩展，具体的修订内容如下。

第 1 章 Java 概述，增加了对 IntelliJ IDEA 开发工具的介绍和使用，以满足不同开发人员对开发工具的应用需求。

第 2 章基本数据类型、运算符与表达式，新增了 var 类型讲解，这种类型在定义局部变量时更加简单、方便。

第 3 章控制语句，Java 17 中对 switch 语句进行了功能的扩展和增强，但这些功能对于初学者来说难以理解，因此编者没有增加对这部分内容的介绍。

第 4 章数组，增加了二维数组内存模型的讲解，使读者更容易理解 Java 多维数组的定义和使用；增加了方法可变参数列表的内容介绍，这种方式使得方法访问更灵活。

第 6 章继承与多态，将第 1 版书第 10 章的范型部分移到第 6 章，这样就将 Java 语言的基础内容都放到了基础篇中，使得整体结构更为合理。

第 7 章接口、Lambda 表达式和枚举，新增了 Java 新版本中关于接口功能扩展和 Lambda 表达式内容的讲解。

第 9 章常用实用类，新增了本地时间类的介绍，使得日期类型的使用更加简单。

第 10 章集合、反射和注解，删减了 Java 中已声明过时的 Vector 类、Stack 类、Queue 接口的相关内容，增加了 Set 接口、Map 接口等的讲解。

第 12 章输入/输出流，增加了 NIO 类库的讲解。NIO 类库对于文件的访问和处理更为方便，功能更强大。

第 14 章网络编程，增加了 NIO 类库中关于网络通信部分的内容讲解，使得读者使用 NIO 类库完成网络的并发通信等更加容易。

第 16 章综合实践，其作为第 2 版新增的章节，通过一个项目开发案例，将 Java 面向对象的设计思想和各种常用类进行了综合应用，使读者建立一个系统设计与开发的整体概念，并了解如何将所学内容应用到项目中。

本书中的全部例题代码均在 Java 17 下编译通过，读者可参考书中提供的例题代码进行练习。

本书由张仁伟、高尚民、金飞虎三位老师共同编写完成，张仁伟编写第 7、8、12、13、14、16 章，高尚民编写第 3、4、5、6、10 章，金飞虎编写第 1、2、9、11、15 章，全书由张仁伟统稿。

由于编写水平有限，书中疏漏和不足之处在所难免，恳请广大读者批评和指正。

编　者
2022 年 7 月

目录
Contents

第 1 篇　Java 语言基础

第 1 章

Java 概述

第 5 章

类和对象

第 6 章

继承与多态

第 7 章

**接口、
Lambda
表达式和
枚举**

第 8 章

异常处理

第 2 篇　Java 常用基础类

第11章

Java 多线程 机制

第12章

输入/ 输出流

第13章

图形用户界面

第 1 篇

Java 语言基础

第 1 章 Java 概述

本章要点

- Java 的产生与发展。
- Java 的特点。
- JDK 的安装与配置。
- Java 程序的类型。
- Eclipse 的使用方法。
- IntelliJ IDEA 的使用方法。

对于学过其他的高级语言、现在开始学习 Java 的人而言，Java 只是普普通通的另一门高级语言吗？绝非如此。学习 Java 后将发现，与其他语言相比，Java 有许多与众不同之处，这也是其长久以来为广大程序员所喜爱的原因。那么，Java 究竟有哪些优点呢？本章从 Java 的基础知识开始，循序渐进、化难为易地进行讲解，带领读者入门。

1.1 Java 简介

1.1.1 Java 的产生与发展

Java 是由詹姆斯·高斯林（James Gosling）创造的。詹姆斯·高斯林于 1983 年在卡内基梅隆大学（Carnegie Mellon University，CMU）获计算机科学博士学位，毕业后到 IBM 公司工作，后来到 Sun 公司工作，1990 年与帕特里克·诺顿（Patrick Naughton）、迈克·桑瑞丹（Mike Sheridan）等人一起设计了一种叫作 Oak 的语言，此语言后来改名为 Java。

Java 从发布到现在一直在快速发展，具体体现在它的版本升级及每个新版本带来的新特性上。Java 有 3 个主版本：标准版（standard edition，SE）、企业版（enterprise edition，EE）和微型版（micro edition，ME）。

Java 开发工具包（Java development kit，JDK）用于开发、调试、编译、运行 Java 程序。Java 标准版从 JDK 1.0 开始，截至本书编写时 Oracle 官网发布的最新 JDK 版本是 Java SE17。本书以 Java SE17 为主介绍 Java 的基础语法、实用类及应用编程知识。

在 JDK 各版本中，有两个版本的发布具有里程碑意义，它们是 JDK 1.2 和 JDK 1.5。

JDK 1.2 的发布版本被称为 Java 2，此处的"2"表示"第二代"。Java 2 的发布可以说标志着一个 Java"新时代"的开始。通过 Java 2，Sun 公司将 Java 产品重新包装成 Java 2 平台标准版（Java 2 platform standard edition，J2SE）、Java 2 平台企业版（Java 2 platform enterprise edition，J2EE）和 Java 2 平台微型版（Java 2 platform micro edition，J2ME），之后推出的版本也一直将 Java 2 作为前缀，例如 J2SE 1.3、J2SE 1.4。这种看似概念混淆的命名方式直到 JDK 1.6 才有所改变。

Java 2 增加了大量新特性，例如 Swing 和集合框架，并且改进了 Java 虚拟机和各种编程工具。Java 2 建议不再使用某些特性，例如对于 Thread 类，建议不再使用该类中的 suspend( )、resume( )和 stop( )等方法。

2004 年发布的 J2SE 5（即 JDK 1.5）也是革命性的版本。与先前的大多数 Java 升级版不同，该版本有很多重要的改进，从根本上扩展了 Java 的应用领域、功能和范围。JDK 1.5 的主要新特性包括泛型、注解、自动装箱和自动拆箱、静态导入等内容。

2005 年推出 JDK 1.6 之后，J2SE/J2EE/J2ME 的称谓统一改为 JavaSE/JavaEE/JavaME。有些人出于习惯，仍称之为 J2SE/J2EE/J2ME。

2021 年 9 月 14 日，Oracle 公司正式发布 Java 17。Java 17 是 Java 的下一个长期支持版本。长期支持（long-term support，LTS）是一种产品生命周期管理策略，其中计算机软件的稳定版本比标准版本的维护时间更长。Java 17 带来的不仅是新功能，更快的 LTS 节奏和免费的 Oracle JDK 还使其成为有史以来支持度最好的版本。

Oracle 发布 Java 17 的同时推出了 Free Java License，其大致内容是 Oracle 正在免费提供行业领先的 Oracle JDK，包括所有季度安全更新。这个 Oracle JDK 许可证允许所有用户免费使用，甚至可以用于商业和生产，允许在不收费的情况下进行再分发。开发人员和组织可轻松下载、使用、共享和重新分发 Oracle JDK。Oracle 从 Oracle JDK 17 开始提供这些免费版本和更新，并在下一个 LTS 版本发布之后继续提供整整一年的服务。

介绍 JDK 新特性一般有两种方式：将其融入各章介绍和单独介绍。本书采用融入各章介绍的方式。对于 JDK 的新版本与新特性，希望读者给予足够的关注。毕竟"工欲善其事，必先利其器"，而新特性也意味着一些新的编程"利器"的引入。

1.1.2 Java 的特点

1．简单

Java 的语法与 C/C++有很多相似的地方，例如数据类型、运算符、表达式和语句等。对比关键字列表就可以发现这些相似之处。读者以将 C 语言与 Java 的语法做详细对比，找出相同点和不同点。读者通过对比可以提高学习效率，同时也有利于快速辨析语法规则和用法的许多细微差别。

2．可解释

高级语言的工作方式有两种：编译式和解释式。区分二者的一个有效方法是看有没有目标代码文件（.obj）和可执行文件（.exe）产生。C 语言、C++、Pascal 等属于编译式语言，BASIC 和 Java 等属于解释式语言。编译式语言的编译器负责将源程序文件转换成目标代码文件和可执行文件，然后执行可执行文件；解释式语言则由解释器对源程序语句逐条解释执行。解释式语言分为两类：纯粹的解释式语言和兼具解释式与编译式两种语言特点的混合形式语言。纯粹的解释式语言的源文件直接被逐句解释执行，没有任何中间文件生成。Java 属于混合形式语言，Java 源文件（.java）需转换成一种中间代码，也叫字节码文件（.class），然后用 Java 虚拟机（Java virtual machine，JVM）解释执行。这种混合形式也可称为伪编译。

▶ **开动脑筋**
编译式语言和解释式语言各有哪些优缺点？

3．安全

Java 的安全性即其字节码和虚拟机的安全性。Java 通过自动垃圾回收机制、不支持指针类型、实时内存分配、字节代码验证机制、异常处理机制等保证其安全性。实时内存分配可以防止程序员直接修改物理内存布局。字节代码验证机制对执行的字节码进行安全检验，以防止病毒及非法代码侵入。此外，Java 的异常处理机制可以对一些异常事件（如内存空间不够等）进行处理。这些构成了 Java 安全性的基本内容。

4．面向对象

Java 是一种面向对象的程序设计语言。面向对象的思想使人们用 Java 分析和解决问题时的思维模式更接近人类固有的思维模式，程序设计也就更加自然、顺畅。因此，用面向对象程序设计语言（object-oriented programming language，OOPL）编程更高效。

5．平台无关

Java 源文件经编译生成与计算机指令无关的字节代码，这些字节代码不依赖于任何硬件平台和操作系统。Java 程序运行时，需要由一个解释程序对生成的字节代码解释执行。这一点体现了 Java 的平台无关性，Java 程序可以在任何平台上运行，如 Windows、UNIX、Linux、macOS 等，具有很强的可移植性。这样就实现了 Java "编写一次，到处运行"（write once，run anywhere）的目标。

6．支持多线程

Java 支持多线程，多线程机制使得一个 Java 程序能够同时处理多项任务。Java 提供了实现多线程程序的类，程序员通过线程类可以方便地编写出健壮的多线程程序。

7．具有动态特性

C 语言的基本程序模块是函数。程序执行过程中所调用的函数，其代码已被静态加载到内存中。Java 的类是程序构成的模块，Java 程序执行所需要调用的类在运行时被动态加载到内存中，这样使得 Java 程序运行的内存开销小。这也是它可以用于许多嵌入式系统和部署在许多微型智能设备上的原因。Java 还可以利用反射机制动态地维护程序和类，而 C/C++ 不经代码修改和重新编译是无法做到这一点的。

此外，Java 还具有网络适用性强、类库丰富、高性能等特点。

1.2 JDK 的安装与配置

1.2.1 认识 JDK

JDK 是 Java 开发工具包，程序员使用 JDK 可以开发任何 Java 程序。使用 JDK 开发 Java 程序也是最基本的 Java 程序开发方法。

JDK 各个版本的目录结构基本相同，具体内容随版本而异。

JDK 的安装与
配置

1．开发工具

Java 开发工具在 JDK 的 bin 子目录中，典型的工具有编译器 javac.exe、解释器 java.exe、调试工具 jdb.exe、建立文档工具 javadoc.exe 等。

2．运行环境

Java 运行环境（Java runtime environment，JRE）与 JDK 不同，它不包含编译器、调试工具等，但是包含程序运行所必需的组件。

3．源代码

源代码在 lib 目录的 src.zip 文件中，是 Java 核心应用程序接口（application programming interface，API）和所有类的源代码，即 java.*、javax.* 和部分 org.* 包中的源文件。浏览源代码可以了解 Java 类库结构和类的具体内容，这是学习和掌握 Java 的一条快捷之路。从类文档和教科书中能够看到的只是关于类的属性和方法的概要描述，读者如果想详细了解某个方法的定义，可以研究其源代码。

4．附加类库

附加类库在 lib 子目录中，提供了开发所需的其他类库和支持文件。

1.2.2　下载与安装 Java 开发工具包

登录 Oracle 官网，下载 jdk-17_windows-x64_bin.zip 到本地硬盘（例如 D 盘）并解压。

1.2.3　配置环境变量

环境变量（environment variable）一般是指操作系统中用来指定程序运行环境的一些参数。JDK 涉及的环境变量主要有 3 个：JAVA_HOME、PATH、CLASSPATH。其中，JAVA_HOME 表示 JDK 的安装目录，其作用是使其他软件（如 TOMCAT、Eclipse 等）可以通过引用它查找到 JDK。PATH 表示路径，它的作用是指定命令搜索路径。在命令行窗口执行命令（如执行 java 或者 javac 命令搜索 java.exe 和 javac.exe）时，PATH 负责提供关于这些命令存储位置的搜索路径。CLASSPATH 的作用是提供类搜索路径。

下面以 Windows 10 为例，说明 JDK 17 环境变量的配置方法。

（1）在桌面上将鼠标指针移至"此电脑"图标上并右击，在弹出的快捷菜单中单击"属性"，在打开的窗口中单击"高级系统设置"，在打开的"系统属性"对话框中单击"环境变量"按钮。

（2）在展开的"系统变量"列表框的下方单击"新建"按钮，在弹出的图 1.1 所示的对话框中输入变量名和变量值，单击"确定"按钮。

（3）在"系统变量"列表框中找到"Path"并双击，在对话框的"变量值"文本框中将光标移到最后，并添加"; %JAVA_HOME%\bin"，单击"确定"按钮。

图 1.1　设置环境变量 JAVA_HOME

（4）在"系统变量"列表框的下方单击"新建"按钮，在图 1.1 所示对话框的"变量名"文本框中输入"CLASSPATH"，在"变量值"文本框中输入".;%JAVA_HOME%\lib;"，单击"确定"按钮。

在变量值中，"."表示当前路径，";"用于分隔不同路径，"%JAVA_HOME%"表示相对路径，这里也可以使用绝对路径进行相关配置。

1.3　Java 程序的类型

Java 程序有两种类型：Java 应用程序（application）和 Java 小应用程序（又称 applet，即 application let）。这两种 Java 程序主要有以下 3 点不同。

- 程序目的不同。
- 程序结构不同。
- 执行方式不同。

这些区别的具体含义将在 1.3.1 小节和 1.3.2 小节中详细讨论。

1.3.1　开发 Java 应用程序的方法

若把 Java 视为通用程序设计语言（general-purpose programming language），则它和其他高级语言一样，可解决数据处理、科学计算、图形图像处理等方面的问题，

开发 Java 应用
程序的方法

这也是开发 Java 应用程序的目的。下面通过一个简单的程序实例说明其结构特点。

【例 1.1】编写程序，输出字符串"Welcome to learn Java！"。

程序如下。

```
/**记事本中的第一个程序
作者 刘
*/
public class Example1_01{                        //主类
    public static void main(String args[]){//main()方法，程序的入口
        System.out.println("Welcome to learn Java! ");
    }
}
```

JDK 没有提供编辑工具，程序员需要使用操作系统提供的编辑软件或第三方编辑软件编程。这里使用 Windows 提供的记事本编辑这个程序。打开记事本并输入例 1.1 的程序，然后选择"文件→另存为"，在"另存为"对话框中选择存放程序的文件夹、文件名和文件类型，如图 1.2 所示。文件名必须与 public 类的名称相同（包括大小写），在名称后加扩展名".java"，"文件类型"必须选择"所有文件"，否则存储程序时系统会在文件名后加扩展名".txt"。

程序编辑完成后，在命令行窗口中转换路径、编译并运行程序，如图 1.3 所示。

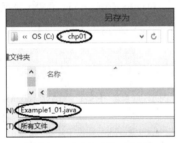

图 1.2 "另存为"对话框

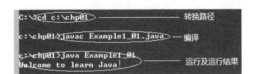

图 1.3 程序的编译、运行及运行结果

JDK 是最基本的 Java 程序开发工具，需要很好地掌握。

这个程序虽然很简单，但是它可以展现出 Java 应用程序的结构特点，具体如下。

- 程序由至少一个类构成，类是 Java 程序的模块，Example1_01 是类名，一般以大写字母开头。public 和 static 是修饰符，为类和方法赋予不同的属性。
- 类中包含一个主方法 main( )，JVM 通过调用 main( )方法来执行程序。
- System.out.println( )用于程序输出，本例输出的是一个字符串。
- 一个源程序中可以定义多个类，但最多只允许一个类使用 public 修饰符，且保存程序时要用 public 修饰的类的名称作为文件名，扩展名为".java"。如果没有类使用 public 修饰，一般用包含 main( )方法的类的名称作为文件名，但这不是必需的，用别的类名保存也可以。包含 main( )方法的类被称为主类，而用 public 修饰的类被称为公共类。

1.3.2 开发 Java 小应用程序的方法

Java 小应用程序主要用于嵌入网页中，使静态网页动态化，从而具有交互性。小程序不使用 JVM 运行，而是使用浏览器（browser）内置的 Java 解释器运行，用 Java 开发工具中的小程序查看器 appletviewer.exe 也可以运行小程序。小程序与 1.3.1 小节中给出的应用程序在程序结构上的不同点，可以通过对比下面的程序示例进行理解。

开发 Java
小应用程序的
方法

【例1.2】编写程序，输出字符串"Welcome to learn Java!"。

程序如下。

```java
import java.awt.*;
import java.applet.*;
public class Example1_02 extends Applet{           //必须基于Applet派生
    String s1;
    public void init(){                             //重写Applet类的方法
        s1 = new String("Welcome to learn Java!");
    }
    public void paint(Graphics g){                  //重写Applet类的方法
        g.drawString(s1,5,20);
    }
}
```

将上述源程序编辑、编译生成"Example1_02.class"字节码文件，该字节码文件需嵌入一个网页中执行。用记事本输入下面的网页代码并另存为"Example1_02.html"（文件名不区分大小写，用其他名称也可以，"文件类型"为"所有文件"）。

```html
<HTML  lang="zh-CN">
<HEAD>
<TITLE>My First Java Applet</title>
</HEAD>
<BODY>
Here's my first Java Applet:
<applet code=Example1_02.class width=300 height =40></applet>
</BODY>
</HTML>
```

在命令行窗口中输入命令"appletviewer Example1_02.html"，程序运行结果如图1.4所示。

Java小程序的结构特点如下。

图1.4　小程序运行结果

- 类的定义方法不同于应用程序，小程序的类继承于Applet类。
- 小程序类的内部结构与应用程序不同，不用main( )方法。小程序中的常见方法包括初始化方法init( )、启动方法start( )、停止方法stop( )、删除方法destroy( )和绘图方法paint( )，本例使用了init( )和paint( )两个方法，其他几个方法事实上已从Applet类继承下来，只不过按照程序的需求进行改写。

1.3.3　使用module开发Java程序的方法

module（模块）是Java 9引入的一项新功能，目的是解决Jar包洪灾问题。在Java 9之前的版本里，类的访问只能由包来控制，应用程序可能引入很多的包，导致类查找速度很慢。module相当于包的容器，可以将包分类存放。程序员就可以根据需要使用模块，应用程度会变得较小。

使用module开发Java程序的方法如下。

（1）编写module-info.java文件。

```java
module first {
 }
```

（2）编写程序，在程序中使用module。

```java
package first;
public class ModuleTest{
  public static void main(String[] args){
    System.out.println("Hello Module!");
  }
}
```

（3）使用 javac.exe 进行程序编译。

```
C:/>JAVA> javac -d first *.java
```

（4）运行程序，查看输出结构。

```
C:/>JAVA> java first.ModuleTest
```

程序运行结果如图 1.5 所示。

```
C:\Users\fhjin>java first.Moduletest
Hello Module!
```

图 1.5　程序运行结果

1.4　程序注释

程序需要加注释，这是为了提高程序的可读性（readability）。一个人写的程序可能过一段时间就需要进行某些修改或补充，这类修改或补充在很多时候有可能由别人来做。怎样才能使程序更容易被读懂和理解？加注释是提高程序可读性最常用的方法。

按照现代软件工程思想，注释不必解释程序是怎么工作的，因为程序本身的逻辑就已经很好地说明了这一点。注释应该说明程序做什么和为什么这么做这类内容。复杂的注释应该放在方法的头部。

Java 的注释有 3 种：单行注释、块注释和文档注释。

（1）单行注释用符号"//"实现，其后的所有字符都被视为注释，主要用于对某个语句进行注释，一般放在所注释的语句的上面或后面。

（2）块注释又称多行注释，从"/*"开始，到"*/"结束，不能嵌套。

```
//这里是主方法
/*
*这是描述方法的功能规范的Java 块注释
 */
```

（3）文档注释（Javadoc comment）从"/*"开始，到"*/"结束，主要用于描述数据、方法和类。使用 JDK 的 javadoc 命令能提取文档注释并形成帮助文档。例如，在命令行窗口中使用命令"javadoc Example1_01.java"将例 1.1 中的文档注释提取出来。javadoc 命令执行完成后，双击文件"index.html"可以看到图 1.6 所示的结果。

类 Example1_01

java.lang.Object
　Example1_1

public class Example1_01
extends java.lang.Object
记事本中的第一个程序

作者：刘

图 1.6　类文档中的文档注释

1.5　Eclipse 的简介与使用

Java 集成开发工具很多，而且各具特色。本节将介绍 Eclipse 及其使用方法。

1.5.1　Eclipse 简介

Eclipse 是开放源代码的项目，用户可以到 Eclipse 官网免费下载 Eclipse 的最新版本。Eclipse 本身是用 Java 编写的开发工具，但下载的压缩包中并不包含 Java 运行环境，需要用户另行安装 JRE，并且要在操作系统的环境变量中指明 JRE 中 bin 的路径。安装 Eclipse 时只需将下载的压缩包按原路径解压即可。

将下载的压缩包解压之后，双击运行 eclipse.exe，软件主界面如图 1.7 所示。

图 1.7　Eclipse 主界面

1.5.2　Eclipse 的基本操作

Eclipse 是一个集成开发环境，它包括创建项目、编写、编译、运行和调试等
基本操作及一些辅助操作。

1．创建包

右击项目的 src 目录，在弹出的快捷菜单中选择"New→Package"，给包命名
后确认。

2．建立 Java 项目

选择"File→New→Java Project"，给项目命名，然后确认完成。

3．创建类、添加属性和方法

右击包名，在弹出的快捷菜单中选择"New→Class"，输入类名并按 Enter 键创建类，此时进入该类
的设计窗口，在其中可以添加属性和方法，如图 1.8 所示。

1.5.3　用 Eclipse 调试程序的方法

程序中的错误包括语法错误、运行时
错误和算法逻辑错误。编译时可以找出语
法错误，运行时可以发现算法和逻辑错
误。在程序编译通过后，如果不能获得预
期的运行结果，说明程序中潜藏着错误
（即 bug）。调试就是找出 bug，术语 Debug
就是这个意思。

图 1.8　类的设计窗口 1

在 Eclipse 中调试的步骤如下。

（1）打开欲调试的项目。

（2）在程序中待调试的代码行的前方双击设置断点，或者将鼠
标指针移动到代码行，按 Ctrl+Shift+B 组合键设置断点，如图 1.9
所示（第 7 行前面的圆点就是所设的断点）。

（3）在程序窗口中右击，在弹出的快捷菜单中选择"Debug As→
Java Application"。在弹出的对话框中单击"Yes"按钮，进入 Debug
模式。Debug 窗口的左下方是程序运行窗口，如图 1.10 所示。

（4）单步执行。F5 和 F6 键用于单步调试，F5 键（step into）可以
使调试跟踪被调用的方法，F6 键（step over）可以直接调用方法而不
跟踪方法的执行。此外，按 F7 键可以跳出方法并返回到主调方法处。

图 1.9　在程序中设置断点 1

（5）在单步执行过程中可以看到代码中的变量与对应值，如图 1.11 所示，这样可以方便程序员
结合当前语句进行对比分析。

图 1.10　调试程序 1　　　　　　　　　　　图 1.11　调试过程中可以看到变量与对应值

▶开动脑筋

找一个有逻辑错误的例子，然后进行调试操作。

1.6 IntelliJ IDEA 的简介与使用

1.6.1 IntelliJ IDEA 简介

IntelliJ IDEA（简称 IDEA）也是一个用于 Java 开发的集成环境，它在智能代码助手、代码自动提示、重构、JavaEE 支持、各类版本工具（如 Git、SVN 等）、JUnit、CVS 整合、代码分析、创新的 GUI 设计等方面的功能非常强大。IDEA 的旗舰版本还支持 HTML、CSS、PHP、MySQL、Python 等语言和数据库，社区版只支持 Java、Kotlin 等少数语言。

IntelliJ IDEA
简介

1.6.2 IDEA 的基本操作

IDEA 的下载地址为 JetBrains 官网。IDEA 有两个版本：旗舰版（ultimate）和社区版（community）。旗舰版收费（限 30 天免费试用），社区版免费。IDEA 是一个集成开发环境，它包括创建项目、编写、编译、运行和调试等基本操作及一些辅助操作。IDEA 主界面如图 1.12 所示。

IDEA 的基本
操作

1. 建立 Java 项目

选择"File→New→Java Project"，给项目命名后确认完成。

2. 创建包

右击项目的 src 目录，在弹出的快捷菜单中选择"New→Package"，给包命名后确认。

3. 创建类、添加属性和方法

右击包名，在弹出的快捷菜单中选择"New→Class"，输入类名并按 Enter 键创建类，此时进入该类的设计窗口，在其中可以添加属性和方法，如图 1.13 所示。

图 1.12　IDEA 主界面

图 1.13　类的设计窗口 2

1.6.3 用 IDEA 调试程序的方法

为项目配置运行参数后，可以按 Shift+F9 组合键在 Debug 模式下启动程序。

在"调试工具"窗口中，可以看到框架和线程的状态、变量及对应值的列表。当选择一个框架时，会看到与所选框架相对应的变量。

在 IDEA 中调试程序的方法如下。

（1）打开欲调试的项目。

（2）在程序中待调试的代码行的前方单击设置断点，或者将鼠标指针移动到代码行，按 Ctrl+F8 组合键加上断点，如图 1.14 所示（第 6 行前面的圆点就是所设的断点）。IDEA 支持以下几种断点类型。

- 行断点（line breakpoints）：最常用的方式。
- 方法断点（method breakpoints）：如果看到代码调用了一个接口，但不知道具体会用在哪个实现上，便可以在接口上设置断点，这样不管哪个子类运行到这个方法都会停下来。
- 异常断点（exception breakpoints）：在"Run→View Breakpoints"中的 Java Exception Breakpoints 里可以添加异常的具体类型。这样一旦发生了这种异常，程序马上就会停下来。
- 字段断点（field watchpoints）：断点可以设置在字段上，这样读写字段都可以触发；需要注意的是，默认只有写才会停下，程序员想要让读取时也停下，需要右击断点并勾选"Watch"的"Field access"。

（3）在程序窗口中右击，在弹出的快捷菜单中选择"Run→Debug"，进入 Debug 模式。Debug 窗口的左下方是程序运行窗口，如图 1.15 所示。访问请求到达第一个断点后，会自动转到 Debug 窗口。

图 1.14　在程序中设置断点 2　　　　　　　　　　图 1.15　调试程序 2

（4）单步执行。F8 键用于单步调试，F7 键（step into）可以使调试跟踪被调用的方法，按 Shift+F8 组合键可以跳出方法并返回到主调方法处。

（5）在单步执行过程中，可以在变量区查看当前断点之前的当前方法内的变量，如图 1.16 所示，程序员可以结合当前语句进行对比分析。在调试过程中，IDEA 在"编辑器"窗口中显示变量的值。

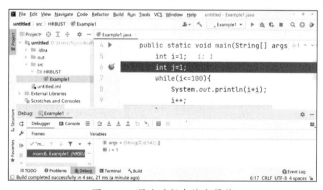

图 1.16　调试过程中的变量值

1.7 小结

本章首先介绍了 Java 的产生、发展和主要特点，然后通过两个简单的程序说明了 Java 程序的类型和结构特点，最后介绍了开发工具和开发环境的安装与配置方法。本章内容是学习和运用 Java 的基础，希望读者自己动手练习本章介绍的方法，搭建好进一步学习 Java 所必需的软件环境。

1.8 习题

1. Java 编译器输入和输出的分别是什么文件?
2. Java 集成开发环境有哪些?
3. 简述 Java 的面向对象特性。
4. Java 的平台无关指的是什么?
5. 上机练习例 1.1。
6. 在例 1.1 中用 Main 替换 main,看看编译能否通过。
7. 用 java Example1_01.class 运行程序会得到什么样的结果?
8. Java 和 HTML 的关系是什么?
9. Java 源文件和字节码文件的扩展名分别是什么?
10. 什么是注释? Java 有几种注释? 编译器会忽略注释吗?
11. 通过上机验证找出下面代码中的错误。

```
public Class Welcome{
    public void main(string []args){
        system.out.println("Welcome to learn Java!");
    }
}
```

第2章 基本数据类型、运算符与表达式

本章要点

- 标识符与关键字。
- 基本数据类型。
- 运算符与表达式。

程序的运行过程就是计算的过程。加/减/乘/除、比较大小、逻辑真假、数据查询都是计算。计算涉及运算符（operator）和操作数（operand），二者连起来构成表达式（expression）。运算符有不同种类，操作数有多种数据类型（data type）。基本数据类型和运算符是语言的基本组成元素，本章将介绍基本数据类型和运算符及由运算符和数据组成的表达式。

2.1 标识符与关键字

2.1.1 Unicode 字符集

每种语言都有各种词汇（token）：标识符、关键字、运算符、分隔符等。而词汇是由字符组成的。学习一种语言先要了解它使用何种字符集（character set），因为字符集中限定了可用字符的数量和种类。C 语言使用 ASCII 字符集，而 Java 使用 Unicode 字符集。

Unicode 字符集编码是通用多八位编码字符集（universal multiple-octet coded character set）的简称，是由 Unicode 学术学会（unicode consortium）制定的字符编码系统，支持多种语言的书面文本的交换、处理及显示。该编码于 1990 年开始研发，1994 年正式发布，2021 年 9 月 14 日发布 Unicode 14.0。它为每种语言中的每个字符设定了统一且唯一的二进制编码，以满足跨语言、跨平台进行文本转换、处理的要求。Unicode 用数字 0～0x10FFFF 来表示这些字符，最多可以容纳约 1114112 个字符。UTF-8、UTF-16、UTF-32 都是 Unicode 字符集编码转换方案，由于方案不同，编码也不尽相同，这也是出现乱码的原因。

【例 2.1】编程输出 Unicode 字符集中从序号 19966 至 40959 的字符（中、日、韩文字）。

【问题分析】字符在 Unicode 中的序号即字符的编码。想知道某一编码对应的字符，程序员可以将该编码强制转换为字符型数据，该字符型数据就是对应的字符。用一个循环将指定范围内的编码都进行一次转换就可以看到相应的字符，程序如下。

```
public class Example2_01{
    public static void main(String []args){
        int iCode;
        char cCode;
        int count = 0;
        for(iCode = 19966;iCode <= 40959;iCode++){
            cCode = (char)iCode;        //将整型强制转换为字符型，可以得到对应的字符
            System.out.print(cCode + "  ");
```

```
                count++;
                if(count%20 == 0)
                    System.out.println();
            }
        }
    }
```

2.1.2 标识符

Java 程序中的类名、方法名、数组名、符号常量名、标号名等都是标识符。例 2.1 的程序中从类名 Example2_01 到方法名 main，再到变量名 iCode、cCode、count，它们都是标识符。

标识符与
关键字

Java 标识符为字母、下画线、美元符号和数字组成的长度不限的字符串，且不能以数字开头。此外，标识符不可以是关键字和保留字。

▶ 开动脑筋

可以用汉字作变量名吗？如果不能，你支持使用汉字作变量名吗？

2.1.3 关键字

与标识符一样，关键字（keyword）也是语言中的词汇（token）。不同的是，标识符是由程序员命名的，其意义是程序员赋予的；而关键字是语言系统定义且赋予了特定意义的词汇，在程序中不能用作其他目的。下面列出 Java 的 50 个关键字。为了便于学习和记忆，这里可将它们分为 4 类。

1．语句

*assert、break、case、*catch、continue、default、do、else、*finally、for、goto、if、*import、*package、return、switch、*throw、*throws、*try、while（共 20 个）。

2．数据类型定义符

boolean、*byte、char、*class、double、enum、float、int、*interface、long、short、void（共 12 个）。

3．修饰符

*abstract、*final、*native、*private、*protected、*public、static、*strictfp、*synchronized、*transient、volatile（共 11 个）。

4．其他

const、*extends、*implements、*instanceof、*new、*super、*this（共 7 个）。

▶ 开动脑筋

在高级语言中和关键字相近的还有一个术语叫作保留字。你知道关键字和保留字的异同点吗？

有 3 个常用词汇 true、false 和 null 不是关键字。

▶ 注意

加星号（*）标记的关键字在 C 语言中是没有的。

2.2 基本数据类型

2.2.1 变量与常量

1．变量

变量（variable）在程序中用来存储数据。按 Java 编码规范，变量名用小写字母。为了实现可读性，使用一个或多个词连起来组成变量时，除了第一个词，其他词首字母均大写。

变量在使用前需要声明，声明语法如下。

数据类型定义符 变量名表列；

示例如下。

```
int x,y,z;
char c1,c2;
```

声明变量的目的在于通知编译器变量的名称和数据类型，按类型分配空间。

2. 常量

程序中常量也是不可或缺的。常量分为符号常量（symbolic constant）和字面常量（literal constant）两种。Java 符号常量的声明语法与变量接近，如下所示。

```
final datatype symbolic-constant = constant-value;
```

例如，定义数学常数 PI 如下所示。

```
final double PI = 3.14159;
```

符号常量在程序运行过程中其值不可以改变，符号常量一般大写。

2.2.2　Java 基本数据类型

Java 要求变量的使用严格符合定义，因此所有变量都必须先定义后使用。

Java 基本数据类型

Java 数据类型包括基本类型和引用类型两大类。基本类型包括整型、浮点型、字符型和布尔型 4 种；引用类型包括类、接口和数组。其中，基本类型的整型和浮点型又可做如下细分。

（1）整型包括 4 种：字节整型 byte、短整型 short、基本整型 int、长整型 long。

（2）浮点型又分为两种：单精度浮点型 float 和双精度浮点型 double。

浮点型数据的机内表示采用 IEEE 765 表示法，其指数偏移量划分方案如下所示。

	符号位	指数位	尾数位	指数偏移量
float （32 位）	1[31]	8[23~30]	23[0~22]	127
double（64 位）	1[63]	11[52~62]	52[0~51]	1023

基本数据类型要关注的点有 3 个方面：定义符、数据格式、数据长度和范围。基本数据类型的描述见表 2.1。

表 2.1　基本数据类型

类型名	定义符	数据格式	数据长度和范围
字节整型	byte	二、八、十、十六进制	1 字节，$-2^7 \sim 2^7-1$
短整型	short	二、八、十、十六进制	2 字节，$-2^{15} \sim 2^{15}-1$
基本整型	int	二、八、十、十六进制	4 字节，$-2^{31} \sim 2^{31}-1$
长整型	long	二、八、十、十六进制	8 字节，$-2^{63} \sim 2^{63}-1$
单精度浮点型	float	小数点格式、科学记数法	4 字节，1.4e-45~3.4028235e38、 -3.4028235e38~-1.4e-45
双精度浮点型	double	小数点格式、科学记数法	8 字节，4.9e-324~1.7976931348623157e308、 -1.7976931348623157e308~-4.9e-324
字符型	char	单引号括起来	2 字节，Unicode 字符
布尔型	boolean		1 字节，true 和 false

对表 2.1 的内容做以下说明和补充。

- 整型常量除十进制数外需加前缀标识：0b 是二进制数前缀，0 是八进制数前缀，0x 是十六进制数前缀。长整型数带后缀 L（或小写），建议用大写 L，因为小写 l、字母 i 和数字 1 极容易混淆。整型变量默认为 int 型，给 byte 和 short 型变量赋值时需注意数值的大小要在 byte 和 short 的范围内。
- 二进制数位之间可用下画线分隔，提高可读性，如 0b0011_1110_1000。
- 浮点型常量默认为双精度数，如 123.45 为双精度数。浮点数加后缀 F 或 f 表示单精度数，加后缀 D 或 d 表示双精度数，如 123.45F 为单精度数。单精度数有 8 位有效数字，而双精度数有 16 位。
- 浮点型常数可以用科学记数法表示，如 1.23×10^5，在 Java 中可以表示为 1.23E+5 或 1.23E5。E 或 e 的前面必须有数据，其后必须是整型数。
- 有些字符不能直接表示出来，如换行符，这时可以用转义字符来表示。表 2.2 所示是常用转义字符。

表 2.2　常用转义字符

转义字符	名称	Unicode
\b	退格符	\u0008
\t	制表符	\u0009
\n	换行符	\u000A
\f	换页符	\u000C
\r	回车符	\u000D
\\	反斜杠	\u005C
\'	单引号	\u0027
\"	双引号	\u0022

转义字符表示时用"\"作为前缀，后跟其他字符，如换行符用"\n"表示。其他的字符也可以用转义字符表示，将字符在 Unicode 中的编码转换成十六进制并用"\u"作前缀，如\u0041'是代表字符'A'。

▶开动脑筋
　　若有定义 byte x = 1;，则 x++;和 x = x + 1;这两条语句是否正确?

2.2.3　基本类型数据的输入/输出

　　Java 类库提供了丰富的输入/输出流类，用这些流类可以很方便地实现数据的输入和输出。常用的 Scanner 类不是输入流类，但是它利用输入流类的对象可以输入基本数据类型的数据；输出流类 PrintStream 可以输出基本数据类型的数据，在系统类 System 中定义了 PrintStream 类的对象 out。

基本类型数据
的输入/输出

　　输入时应该先创建 Scanner 类的对象。创建 Scanner 对象的方法如下。

```
Scanner input = new Scanner(System.in);
```

输出数据时使用以下语句。

```
System.out.println(输出的数据);
```

"输出的数据"应是基本数据类型的数据。

　　【例 2.2】输入 10 名学生的数学成绩（百分制），计算平均分（保留小数点后两位数字）。
　　【问题分析】根据问题需要，定义学生数、成绩、总成绩和平均成绩 4 个变量，平均成绩是浮点型变量，其余为整型变量。程序如下。

```
import java.util.*;                              //引入 Scanner 类
```

```
public class Example2_02{
    public static void main(String args[]){
        double average;                    //平均成绩
        int number = 10;                   //学生数
        int score,sum = 0;                 //成绩与成绩总和
        //用标准输入流类的对象System.in创建Scanner类的对象
        Scanner input = new Scanner(System.in);
        for(int c = 1; c<=number; c++){    //用循环输入10个学生的成绩
            score = input.nextInt();       //nextInt()方法可以读入一个整型数
            sum += score;                  //累加
        }
        average = (double)sum/number;      //计算平均成绩
        System.out.printf("Average score =%.2f\n",average);
    }
}
```

程序运行结果如图 2.1 所示。

表 2.3 所列举的是 Scanner 类用于输入基本类型数据的方法。

表 2.3 中没有字符型数据的输入方法,那么,单个字符如何输入呢?
使用以下两种方法都可以实现。

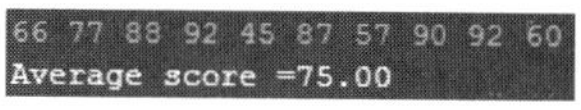

第一种方法:利用 Scanner 类的 next( )方法读取字符串,即单个
字符组成的字符串,再从字符串中取出字符('A'≠"A"),代码如下。

```
Scanner sc = new Scanner(System.in);
//Scanner类没有提供直接接收一个字符的方法,这里当作字符串来接收
String s = sc.next();
//调用字符串的charAt()方法取得第一个字符
char c = s.charAt(0);
```

第二种方法:利用 System 类的 in 属性直接调用 read( )方法读入字符,代码如下。

```
char c;
try{
    c = (char)System.in.read();
}
catch(Exception e){}
```

▶注意

　　这里的 try 和 catch 是必需的,否则编译会出错。

表 2.4 列出了 System 类的输出方法,严格地说是 System 类的对象 out 调用了这些方法进行数据
输出。

图 2.1　例 2.2 的运行结果

表 2.3　Scanner 类的输入方法

类型	方法
byte	nextByte()
short	nextShort()
int	nextInt()
long	nextLong()
boolean	nextBoolean()
float	nextFloat()
double	nextDouble()

表 2.4　System 类的输出方法

方法	功能
print( )	输出后不换行
println( )	输出后换行
printf( )	格式化输出

对输出方法的说明如下。

●　调用 print( )方法时必须带有且只能带有一个参数,该参数的类型为基本数据类型,print( )方法
输出数据后不换行。调用 println( )方法时可以不带参数,如果不带参数,则输出一个换行符;如果带参
数,只能带一个参数且该参数的类型为基本数据类型,此时输出参数的值并换行。

- 如果用 print( )或 println( )方法一次输出多个数据，则应将多个数据变成一个数据后再调用这两个方法输出。例如以下语句。

```
System.out.println("Average Score ="+average);
```

用 "+" 将一个字符串和一个数值连接成一个字符串后作为 println( )的参数。

- printf( )用于有格式的数据输出，语法如下。

```
printf(格式控制字符串,输出项表列);
```

"格式控制字符串"由普通字符和格式控制字符组成。普通字符原样输出，格式控制字符主要有以下几种。

%d：输出 int 型数据。

%c：输出 char 型数据。

%f：输出浮点型数据，小数部分最多保留 6 位。

%s：输出字符串型数据。

此外，可以设置输出数据的宽度，格式如下。

%md：输出 int 型数据占 m 位。

%m.nf：输出浮点型数据占 m 位，小数点后保留 n 位数字。

2.2.4　var 类型

var 是 Java 10 的新特性，用它来定义局部变量。这个特性是为了将类型推断扩展到局部变量的声明上。

使用 var 定义变量的语法如下。

```
var 变量 = 初始值;
```

var 是一种动态类型，编译器根据变量所赋的值来推断类型。因此，必须在定义变量的时候赋初始值，否则会报错。

var 可以用在 for 循环中，如下所示。

```
for ( var ele : eleList){
}
```

或者用在标准的 for 循环中，如下所示。

```
for ( var i = 0 ; i < eleList.size(); i++ ){
    System.out.println( eleList.get(i) );
}
```

因为 var 是本地变量类型，所以它不能用于类变量的定义、方法变量、构造函数、方法返回等。

2.3　运算符与表达式

运算符用于完成数据的运算，它主要由算术运算符、关系运算符、逻辑运算符、位运算符、赋值运算符、条件运算符及其他运算符组成。由运算符连接操作数（数据）形成的式子称为表达式。

2.3.1　算术运算符

Java 的算术运算符如表 2.5 所示。

算术运算符

表 2.5　算术运算符

运算符	含义	示例	结果
+	加	3+4	7
−	减	3-4	−1
*	乘	3*4	12
/	除	1.0/2.0	0.5
%	求余	20%3	2

对求余运算符需要说明的是，余数的符号取决于第一操作数的符号，与第二操作数无关。求余结果按 a%b=a-a/b*b 计算，示例如下。

```
System.out.println(11%2);          //结果为1
System.out.println(11%-2);         //结果为1
System.out.println(-11%2);         //结果为-1
System.out.println(-11%-2);        //结果为-1
```

算术运算符中还有使变量增 1 或减 1 的运算，如表 2.6 所示。

表 2.6　增量和减量运算符

运算符	名称	说明
++var	前缀增量运算符	使 var 增 1，且表达式取增量之后的值
var++	后缀增量运算符	表达式取 var 原值，且使 var 增 1
−−var	前缀减量运算符	使 var 减 1，且表达式取减量之后的值
var−−	后缀减量运算符	表达式取 var 原值，且使 var 减 1

算术运算符的结合性：单目运算符为从右向左，双目运算符为从左向右。

2.3.2　关系运算符

关系运算是一种比较运算，它用于比较两个量的大小。关系运算符有 6 种：==（等于）、!=（不等于）、>（大于）、>=（大于或等于）、<（小于）、<=（小于或等于）。示例如下。

```
x+y>=a*b
i==j+k
```

关系运算的结果是逻辑值，关系运算符的结合性是从左向右。

关系运算符与
逻辑运算符

2.3.3　逻辑运算符

逻辑运算是一种连接运算，它可以将多个关系表达式连接成一个表达。逻辑运算符按优先级从高到低有：!（逻辑非）、&&（逻辑与、并且）、||（逻辑或）。例如，将数学不等式"$a<x≤b$"写成 Java 表达式，代码如下。

```
a<x && x<=b
```

再如，将数学不等式"$x>y$ 或 $a<b$"写成 Java 表达式，代码如下。

```
x>y || a<b
```

逻辑运算的结果仍然是逻辑值。单目!的结合性为从右向左，双目&&和||的结合性为从左向右。

2.3.4　位运算符

数据在计算机内部都是用二进制位表示的。有时候需要知道特定二进制位的值或改变其值，这时就需要用位运算。位运算符有 7 个：&（位与）、|（位或）、^（位异或）、~（位非）、<<（位左移）、>>（位右移）、>>>（用零扩展的位右移），

位运算符

其中位非是单目运算符，其余运算符是双目运算符。位运算符的结合性是从左向右。

1．位与运算

对应的二进制位按位进行与运算。如 a=102、b=59，则 a&b=34，运算过程如下所示。

```
    0 1 1 0 0 1 1 0   （a）
&   0 0 1 1 1 0 1 1   （b）
─────────────────────
    0 0 1 0 0 0 1 0
```

2．位或运算

对应的二进制位按位进行或运算。如 a=102、b=59，则 a|b=127，运算过程如下所示。

```
    0 1 1 0 0 1 1 0   （a）
|   0 0 1 1 1 0 1 1   （b）
─────────────────────
    0 1 1 1 1 1 1 1
```

3．位异或运算

对应的二进制位按位进行异或运算。异或运算是取不同，当对应位不同时为 1，相同时为 0。如 a=102、b=59，则 a^b=93，运算过程如下所示。

```
    0 1 1 0 0 1 1 0   （a）
^   0 0 1 1 1 0 1 1   （b）
─────────────────────
    0 1 0 1 1 1 0 1
```

4．位非运算

对应的二进制位按位取反。如 a=102，则～a=-103，运算过程如下所示。

```
~   0 1 1 0 0 1 1 0   （a）
─────────────────────
    1 0 0 1 1 0 0 1
```

数据在计算机内部是用补码表示的，高位为 1 表示负数。

5．位左移运算

将一个数的各个二进制位按顺序往左移动若干位，右侧的空出位补 0。如 a=102、n=3，则 a<<n=816，运算过程如下所示。

```
            0 1 1 0 0 1 1 0   <<3 （a）
─────────────────────────────
    0 1 1 0 0 1 1 0 0 0 0
```

将 a 往左移 n 位，相当于 $a*2^n$。移位运算比乘 2 运算快。

6．位右移运算

将一个数的各个二进制位按顺序往右移动若干位，移出的位舍弃，左侧的空出位用原高位值补充。如 a=102、n=3，则 a>>n=12，运算过程如下所示。

```
    0 1 1 0 0 1 1 0               >>3 （a）
─────────────────────────────
    0 0 0 0 1 1 0 0 1̶ 1̶ 0̶
```

将 a 往右移 n 位，相当于 $a/2^n$。移位运算比除 2 运算快。

7．用零扩展的位右移运算

用零扩展的位右移运算移位时，空出高位用 0 补充，而>>运算则用原来的高位值补充。图 2.2 说明了>>>和>>的区别。

如 int a=-102，则 a>>3=-13，而 a>>>3=536870899。

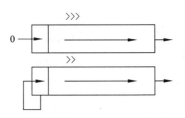

图 2.2　运算符>>和>>>的区别示意图

2.3.5　赋值运算符

赋值运算符包括运算符 "=" 和自反赋值符。自反赋值符是运算符 "=" 和算术运算符组合形成的运算符，即+=、−=、*=、/=、%=，还包括运算符 "=" 与移位运算符组合形成的运算符，即>>=、>>>=、<<=、&=、^=、|=等。赋值运算符的结合性是从右向左。

赋值、条件及其他运算符

使用赋值运算符可以为一个变量赋值，或者将一个表达式的值保存在一个变量中。赋值运算符的语法形式如下所示。

> 变量=表达式

"=" 左侧一定是一个变量，"=" 可以将表达式的值赋予变量。

2.3.6　条件运算符

条件运算符 "?:" 是一个三目运算符。它的语法形式如下所示。

> 关系或逻辑表达式?表达式 1:表达式 2

如果 "关系或逻辑表达式" 的值为 true，则整个表达式的值就是 "表达式 1" 的值，否则就是 "表达式 2" 的值。有些情况下，我们可以用条件运算符代替 if-else 语句。

2.3.7　其他运算符

其他运算符包括 "new" "instanceof" "( )" "[]" "."。

（1）"new" 运算符用于为数组分配内存和调用构造方法创建对象，具体使用方法见本书 4.1.2 小节中关于用 new 创建数组的方法，以及 5.3.2 小节中关于用 new 调用构造方法创建对象的方法。

（2）"instanceof" 运算符用于判断一个对象是否是一个类的实例，见本书 6.1.3 小节。

（3）"( )" 用于表达式和方法的定义与调用。"( )" 用在表达式中可以改变运算的优先级，提高表达式的清晰性；定义方法和调用方法时，方法的参数都要写在 "( )" 中，即使方法没有参数，也要写一个空 "( )" 表示方法定义或调用。

（4）"[]" 是下标运算符，它用于定义数组和访问数组元素，参见本书 4.1.1 小节。

（5）"." 是分量运算符，它可以通过该运算符访问对象中的成员，参见本书 5.3.4 小节。

2.3.8　表达式

1．表达式分类

使用的运算符不同，构成的表达式不同。Java 有 6 类表达式：算术运算表达式、关系运算表达式、逻辑运算表达式、位运算表达式、条件运算表达式和赋值运算表达式。

表达式

使用表达式时应特别注意以下两个问题。

- 运算符的优先级和结合性（从左向右或从右向左）要准确记忆。
- 数据类型转换要合理运用。

2．数据类型转换

数据类型转换的方法有以下两种。

- 强制转换，或称之为显式转换（explicit conversion）。
- 自动转换，或称之为隐式转换（implicit conversion）。

强制转换就是指将 "(类型符)" 用于表达式之前，即可将表达式的值转换为所希望的类型。例如，"1/3" 的运算结果为 0，这里如果想得到 0.333，则需要进行强制转换 "(double)1/3"，将 1 强制转换为 1.0。

自动转换不使用任何类型符。表达式在计算过程中，参与运算的操作数会根据操作数的类型进行自动转换。例如下面的表达式。

```
4+6.78
```

整型数和双精度浮点数相加，需要将整型数转换成浮点数才能完成计算。再如下面的表达式。

```
"Average score is: "+score
```

score 是一个整型数，把它转换为数字字符串，然后将两个字符串合并得到新字符串。

自动转换需按照数值精度从 "低" 到 "高"，或者说从小到大的顺序进行转换。不同数据类型按从小到大的顺序转换如下所示。

```
byte -> short -> char -> int -> long -> float -> double
```

3. 特殊浮点值

在表达式计算求值过程中，可能会遇到许多不正常的情况，例如，整数除以 0 即非法的。Java 的异常处理机制（第 8 章专述）就是针对各类程序异常而设置的。但是浮点数除以 0 不会引起异常，而只是当作运算结果数值太大或者太小，产生了向上溢出到无穷大，或者向下溢出到 0。Java 以正常方式处理这些情况，具体做法是为此定义了 3 个比较特殊的浮点值：正无穷 POSITIVE_INFINITY、负无穷 NEGATIVE_INFINITY 和非数 NaN（not a number）。这些值定义在包装类 Float 和 Double 中。

▶ **开动脑筋**
　　整数或浮点数除以 0，只是程序员的一时疏忽吗？

浮点数除以 0 为 INFINITY，它的输出形式为：Infinity。

▶ **注意**
　　一个表达式中若有一个操作数为 NaN，则结果一定是 NaN；一个数除以 POSITIVE_ INFINITY，结果为 0。

2.4　小结

本章采用对比法系统、详细地介绍了 Java 基础语法知识，其中包括字符集、标识符、关键字、基本数据类型、运算符和表达式。对难以理解的内容给出了图形示意和实例展示，目的是让初学者有直观印象，便于接受。

2.5　习题

1. 下列哪些是合法的标识符？

```
applet, Applet, a++, --a, $7, 3com, #99, xyz, a_11, _67
```

2. 下列哪些是 Java 关键字？

```
class, public, main, null, Boolean, Scanner, System, in
```

3. 设 int a = 2 和 double d = 1.0，求下列各个表达式的计算结果。

```
a = 47/9;
```

```
a = 46 % 9 +4 * 4 - 2;
a = 45 + 43 % 5 * (23 * 3 %2);
a %= 3 / a + 3;
d -= 1.5 * 3 + a++;
```

4. 求以下表达式的运算结果。

```
56 % 6, 78 % -4, -34 % 5, -37 % -5, 0 % 7
```

5. 将下面的数学表达式改写成 Java 表达式。

$$\frac{4}{3(r+33)} - 9(ab+c) + \frac{3+d(a+6)}{a+bc}$$

6. 判断下列说法正确与否。

（1）任何表达式都可以当作语句。

（2）语句 a＝b＝c＝0 是非法的。

（3）a＝1，b＝a，c＝b 是合法表达式。

（4）用小括号将需要优先计算的子表达式括起来可使程序可读性更好。

7. 类名、方法名、常量和变量名的命名习惯是什么？

8. 编辑运行下面的程序，记录编辑和编译过程中 IDE 或编译器报告的语法错误。

```
public class Exercise2_08{
    public static void main(String []args){
        i = 10;
        System.out.println(i + 4);
    }
}
```

9. 编辑运行下面的程序，记录编辑和编译过程中 IDE 或编译器报告的语法错误。

```
public class Exercise2_09{
    public static void main(String []args){
        //sum3 等于 num1 与 num2 之和
        int num1 = 10;
        int num2 = 20;
        int num3 = 0;
        num3 += num1 +num2;
        System.out.println("Sum= " + num3);
    }
}
```

10. 项目练习：计算贷款每月还款额问题。本程序用于输入利率、贷款总额和还款年数，计算出每月还款额。月还款额计算公式如下。

$$月还款额 = \frac{贷款总额 \times 月利率}{1 - \dfrac{1}{(1+月利率)^{年数 \times 12}}}$$

基本数据类型、运算符与表达式 **第2章**

第3章 控制语句

本章要点

- 控制语句概述。
- 顺序结构。
- 选择结构。
- 循环结构。
- 选择结构与循环结构的嵌套。
- break 语句与 continue 语句。

一个 Java 程序由一个或多个类组成，即类是组成 Java 程序的基本单位。而每一个类由域（field，面向对象方法中称为数据成员，可以没有）和方法（method，面向对象方法中称为成员函数，可以没有）组成，方法是由若干条语句组成的。因此，编写 Java 程序必须先从语句开始。本章将详细讲解 Java 中的控制语句。

3.1 控制语句概述

控制语句是实现数据正确处理的前提。在实际处理数据的过程中，同一问题的不同情况需要采用不同的方法来处理，而所编写的程序应该能够适应不同的情况，即一个程序能够处理同一问题的所有情况。解决这样的问题就需要程序设计者将问题的所有情况反映在程序中，以便程序在运行过程中能根据具体情况执行相应的操作。要使程序正确处理数据，程序必须要有相应的控制语句实现程序的控制转移。

有些问题需要采用同一方法反复迭代计算才能得出结果，这时就需要程序能够控制迭代过程。这样的迭代过程可以看作循环过程。

Java 提供了完善的控制语句，如顺序语句、选择语句、循环语句和转移语句。接下来，将对这些语句进行详细讲解。

3.2 顺序结构

每一个方法中都有若干条语句。如果一个方法在运行过程中语句是按照语句在方法中的物理顺序执行的，则这种执行过程称为顺序执行，对应的程序结构称为顺序结构。

顺序结构是一种简单而又基本的结构。说它简单，是因为它的语句排列顺序与执行过程中的顺序一致，程序员只要按顺序编写每一条语句就可以了；说它基本，是因为其他语句也是顺序执行，即虽然其他结构语句执行时有跳转，但执行过程仍然是顺序执行。

【例 3.1】求一元二次方程 $ax^2+bx+c=0$ 的根。其中，$a\neq 0$，$b^2-4ac\geq 0$。

【问题分析】在数学上，求一元二次方程的根有两种方法：一是因式分解法；二是求根公式。在用计算机程序解决问题的时候，要求解决问题的方法（可称算法）必须具有有穷性，即必须是有限个方法。因为系数 a、b 和 c 的数据对有无数个，对应的因式分解结果也会有无数个，程序不可能将无限种情况都表示出来，所以用计算机程序求解一元二次方程的根采用因式分解法不可行，此时只能采用第二种方法。这里先设两个变量 p 和 q，分别令 $p=-b/(2a)$，$q=\sqrt{b^2-4ac}/(2a)$，则方程的根可以表示为 $p+q$ 和 $p-q$。程序如下，程序运行结果如图 3.1 所示。

例 3.1 编程视频

图 3.1　例 3.1 的运行结果

```java
import java.util.*;
public class Example3_01{
    public static void main(String args[]){
        double a,b,c;
        double p,q;
        double x1,x2;

        Scanner reader = new Scanner(System.in);
        System.out.println("请输入一元二次方程的3个系数: ");
        a = reader.nextDouble();            //读一个浮点数
        b = reader.nextDouble();
        c = reader.nextDouble();

        P = -b/(2*a);
        q = Math.sqrt(b*b-4*a*c)/(2*a);

        x1 = p+q;
        x2 = p-q;

        System.out.println("一元二次方程的根是: ");
        System.out.printf("x1=%.2f,x2=%.2f\n",x1,x2);
    }
}
```

例 3.1 的程序结构是一个顺序结构，程序的执行过程按语句在程序中的物理顺序逐句自上而下执行。

3.3 选择结构

大多数情况下，计算机程序所解决的问题都是很复杂的。同一个问题在不同情况下，需要采用不同的方法进行处理。例如，例 3.1 的问题，当判别式等于 0 或小于 0 时，例 3.1 的程序就不能使用了。如果想设计一个能求解任何一个一元二次方程根的程序，就要用到选择结构。Java 中的选择结构有两种语句，分别是 if 语句和 switch 语句。下面将对这两种语句进行详细介绍。

3.3.1　if 语句

if 语句包括简单的 if 语句、if-else 语句、嵌套的 if 语句和衍生的 if-else if 语句。

1. 简单的 if 语句

简单的 if 语句语法形式如下。

if 语句

```
if(条件表达式)
    语句;（可称为 if 子句）
```

其中的"条件表达式"应该是关系表达式或逻辑表达式。"语句"可以是空语句（只有一个分号）、一条语句或多条语句。如果是空语句或一条语句，则直接写在 if 下面作为 if 的子句；如果子句由多条语句组成，则应该用"{}"将多条语句括起来构成一个复合语句来作为 if 的子句。

if 语句的执行过程是：当执行到 if 语句时，计算条件表达式的值，如果表达式的值为真，则执行子句，子句执行完毕，继续执行 if 语句下面的语句；如果表达式的值为假，则不执行子句，而是直接执行 if 语句下面的一条语句。执行过程如图 3.2 所示。

图 3.2　if 语句的执行过程

【例 3.2】 将 3 个整数按由小到大的顺序排列并输出。

【问题分析】 这个问题实际上是数据的排序问题。简单的排序方法是对相邻的两个数进行比较，如果前面的数比后面的数大，则将两个数进行交换。这里先设 3 个变量 a、b 和 c，将 3 个整数分别保存在这 3 个变量中，然后进行两两比较，最小的数保存在 a 中，最大的数保存在 c 中，剩余的一个数保存在 b 中，然后顺序输出 a、b 和 c 的值。程序如下，程序运行结果如图 3.3 所示。

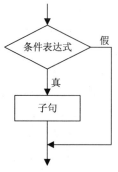

```
请输入 3 个整数：
122 -40 56
3 个数由小到大的顺序是：
-40 56 122
```

图 3.3　例 3.2 的运行结果

```java
import java.util.*;
public class Example3_02{
    public static void main(String args[]){
        int a,b,c,t;
        Scanner reader = new Scanner(System.in);
        System.out.println("请输入 3 个整数: ");
        a = reader.nextInt();
        b = reader.nextInt();
        c = reader.nextInt();
        if(a > b){
            t = a;
            a = b;
            b = t;
        }                             //经过这一步运算后，可以保证 a 是 a、b 中最小的数
        if(a > c){
            t = a; a = c; c = t;      //经过这一步运算后，可以保证 a 是 3 个整数中最小的数
        }
        if(b > c){
            t = b; b = c; c = t;      //经过这一步运算后，可以保证 b 比 c 小
        }
        System.out.println("3 个数由小到大的顺序是: ");
        System.out.printf("%d %d %d\n", a,b,c);
    }
}
```

例 3.2 编程视频

上述程序中应注意两点：一是两个变量交换值时，应该借助另一个变量（如 t）；二是 if 语句的风格。子句应该写在主句的下面，并相对主句缩进几格（一般是 4、6 或 8 个空格，也可用 Tab 键控制）；有多条语句时，每条语句最好占一行，如第 1 个 if 语句所示；如果子句比较简单并为了节省篇幅，多条语句适当地占一行也可以，如第 2 个和第 3 个 if 语句所示。

2. if-else 语句

一个简单的 if 语句只能处理一种条件的情况。如果有两种条件的情况，则可以使用 if-else 语句进行处理。

if-else 语句的语法形式如下。

if-else 语句

```
if(条件表达式)
    语句1;
else
    语句2;
```

其中的"条件表达式""语句 1""语句 2"的语法与简单的 if 语句的语法相同。

　　if-else 语句的执行过程是：当执行到 if-else 语句时，先计算"条件表达式"的值，如果该值为真，则执行"语句 1"，然后程序转到"语句 2"下面的语句继续执行，而不执行"语句 2"；如果"条件表达式"的值为假，则执行"语句 2"，然后程序接着执行后续语句，而不执行"语句 1"。图 3.4 所示的是 if-else 语句的执行过程。

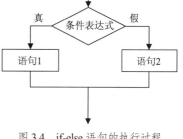

　　从 if-else 语句的执行过程可以看出，"语句 1"和"语句 2"并不都能被执行，只能执行其中的一个子句——根据条件执行了某些语句，而另外一些语句不被执行。

图 3.4　if-else 语句的执行过程

　　【例 3.3】给定两个整数，输出这两个数中的大数。

　　【问题分析】欲输出两个数中的大数，必须经过比较才能确定哪一个数大。而在判断过程中，可能前面的数是大数，也可能后面的数是大数，这两种情况可以使用 if-else 语句判断。程序如下，程序运行结果如图 3.5 所示。

图 3.5　例 3.3 的运行结果

```java
import java.util.*;
public class Example3_03{
    public static void main(String args[]){
        int a,b,max;
        Scanner reader = new Scanner(System.in);
        System.out.println("请输入两个整数: ");
        a = reader.nextInt();
        b = reader.nextInt();
        if(a > b)
            max = a;
        else
            max = b;
        System.out.println("两个数中的大数是: ");
        System.out.printf("max=%d\n",max);
    }
}
```

　　例 3.3 的程序中设置了一个中间变量 max，用以保存两个数中的大数，判断后输出 max 的值就可以了。

▶ 开动脑筋
　　用简单的 if 语句是否能够求出两个数中的大数？

3. 嵌套的 if 语句

　　一个简单的 if 语句只能处理一种条件的情况，一个 if-else 语句可以处理两种条件的情况。但是，实际上很多问题相当复杂，存在更多种条件的情况，这样的问题就得用嵌套的 if 语句来处理。

嵌套的 if 语句

　　if 或 if-else 都有子句，而子句可以是任何合法的 Java 语句。if 和 if-else 本身就是 Java 语句，所以在需要的情况下可以将 if 或 if-else 语句作为其他 if 或 if-else 的子句，这样就形成了 if 语句的嵌套。嵌套的 if 语句有以下 4 种形式。

形式1：
```
if(条件1)
    if(条件2)
        语句;
```

形式2：
```
if(条件1)
    if(条件11)
        语句1;
    else
        if(条件2)
            语句2;
```

形式3：
```
if(条件1)
    if(条件11)
        语句1;
    else
        语句2;
```

形式4：
```
if(条件1)
{
    if(条件11)
        语句1;
}
else
    if(条件2)
        语句2;
```

- 对于形式1，当"条件1"为真且"条件2"也为真时执行语句。如果"条件1"为假，则不再计算"条件2"，也不执行"语句"，直接执行"语句"下面的语句。

- 对于形式2，当"条件1"为真且"条件11"也为真时执行语句1。如果"条件1"为真，但"条件11"为假，则计算"条件2"，如果"条件2"为真，则执行"语句2"；"条件1"为真但"条件2"为假，则不执行"语句2"。如果"条件1"为假，"语句1"和"语句2"都不能被执行，而直接执行"语句2"下面的语句。

- 对于形式3，当"条件1"为真且"条件11"也为真时执行"语句1"。如果"条件1"为真而"条件11"为假，则执行"语句2"；如果"条件1"为假，"语句1"和"语句2"都不能被执行，直接执行"语句2"下面的语句。

- 对于形式4，当"条件1"为真且"条件11"也为真时执行"语句1"。如果"条件1"为假而"条件2"为真，则执行"语句2"。

if语句的嵌套没有固定的形式，程序设计者按照实际问题的需要进行嵌套即可。if语句嵌套时要注意if和else的对应关系。一般地，else总是与它上面离其最近的if对应。但程序设计者可以通过加"{}"改变两者的对应关系，如形式4就是在形式2上加"{}"而改变了对应关系。

▶开动脑筋
　　形式2和形式3有相似之处，形式2和形式4有相似之处，请读者分析一下它们的区别。

【例3.4】运费问题。货运公司承接用户的运货请求时，会根据运输里程给客户一定的优惠折扣。当运输里程在500km（不包括500km）以内时，没有折扣；当运输里程为500～1000km（不包括1000km）时，减免客户5%的运费；当运输里程为1000～1500km（不包括1500km）时，减免客户8%的运费；当运输里程为1500～2500km（不包括2500km）时，减免客户10%的运费；当运输里程大于或等于2500km时，减免客户12%的运费。给定用户货物重量、运输里程及单位运费（每吨每公里的运费），编程计算用户应支付的运费。

【问题分析】货物重量×运输里程×单位运费=运费，但运费中应减去折扣费用，因为运输里程是已知的，所以根据里程可以确定折扣率，其在程序中可以用if语句来确定。又因为有多个里程段，所以程序应该用嵌套的if语句来实现。程序如下。

```
import java.util.*;
public class Example3_04{
```

例3.4编程视频

```
public static void main(String args[]){
    double weight,dist;          //货物重量、运输里程
    double fee,discount=0;        //单位运费、折扣率
    double totalFee;              //总的运费
    Scanner reader = new Scanner(System.in);
    System.out.println("请输入货物重量、运输里程及单位运费: ");
    weight = reader.nextDouble();
    dist = reader.nextDouble();
    fee = reader.nextDouble();
    if (dist < 500)
        discount = 0.0;
    else                          //子句是if语句, 嵌套
        if (dist < 1000)
            discount = 0.05;
        else                      //子句是if语句, 嵌套
            if (dist < 1500)
                discount = 0.08;
            else                  //子句是if语句, 嵌套
                if (dist < 2500)
                    discount = 0.10;
                else
                    discount = 0.12;
    totalFee = weight * dist * fee * (1 - discount);
    System.out.printf("总的运费: %.2f\n", totalFee);
}
```

程序运行结果如图 3.6 所示。

4. 衍生的 if-else if 语句

从例 3.4 的程序中可以看出，if 语句用了多层嵌套。虽然 Java 没有对嵌套层数做出限制，但是在实际程序设计时，嵌套层数过多就会降低程序的可读性，所以在编写程序时嵌套的层数应尽量少。

程序设计者可以对例 3.4 的程序进行适当的改动，以提高程序的可读性。Java 对程序的语法格式没有严格要求，一行可以写多条语句，所以现将例 3.4 的程序中每一个 else 下一行的 if 语句往上提一行，使其与 else 处于同一行，就会形成 if-else if 形式的语句。

【例 3.5】 改写例 3.4 的程序，形成 if-else if 语句的形式。

程序如下。

```
import java.util.Scanner;
public class Example3_05{
    public static void main(String args[]){
        double weight,dist;          //货物重量、运输里程
        double fee,discount = 0;      //单位运费、折扣率
        double totalFee;              //总的运费
        Scanner reader = new Scanner(System.in);
        System.out.println("请输入货物重量、运输里程及单位运费: ");
        weight = reader.nextDouble();
        dist = reader.nextDouble();
        fee = reader.nextDouble();
        if (dist < 500)
            discount = 0.0;
        else if (dist < 1000)
            discount = 0.05;
        else if (dist < 1500)
            discount = 0.08;
```

请输入货物重量、运输里程及单位运费:
15 1780 0.22
总的运费: 5286.60

图 3.6 例 3.4 的运行结果

衍生的 if-else
if 语句

例 3.5 编程视频

```
        else if (dist < 2500)
            discount = 0.10;
        else
            discount = 0.12;
        totalFee = weight * dist * fee * (1 - discount);
        System.out.printf("总的运费：%.2f\n", totalFee);
    }
}
```

对比一下例 3.5 和例 3.4 的程序，可以看出例 3.5 的程序可读性更好，层次更清晰。

if-else if 结构本质上是 if 或 if-else 语句的嵌套。if-else if 结构的一般形式如下。

```
if(条件表达式 1)
    语句 1；
else if(条件表达式 2)
    语句 2；
……
else if(条件表达式 n)
    语句 n；
else
    语句 n+1；
```

if-else if 语句的执行过程如图 3.7 所示。

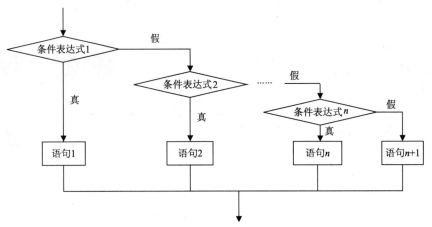

图 3.7   if-else if 语句的执行过程

【例 3.6】改写例 3.1，使程序能够求出任何一个一元二次方程的根。

【问题分析】在例 3.1 中，由于还不能对判别式进行判断，因此程序只能处理判别式大于 0 的情况。一个完善的程序应该能够处理同一问题下的所有情况，现利用 if-else 语句写出一个完整求解一元二次方程的程序。程序如下。

```
import java.util.Scanner;
public class Example3_06{
    public static void main(String args[]){
        double a, b, c;
        double p, q, disc;
        double x1, x2;
        Scanner reader = new Scanner(System.in);
        System.out.println("请输入一元二次方程的 3 个系数：");
        a = reader.nextDouble();
        b = reader.nextDouble();
        c = reader.nextDouble();
        if (a == 0.0){
```

例 3.6 编程视频

```
        System.out.println("二次方的系数为零, 不是一个二次方程");
        return;
    }
    disc = b * b - 4 * a * c;
    p = -b / (2 * a);
    q = Math.sqrt(Math.abs(disc)) / (2 * a);
    if (disc > 0.0){
        x1 = p + q;
        x2 = p - q;
        System.out.println("方程有两个不等的实根: ");
        System.out.printf("x1=%.2f,x2=%.2f\n", x1, x2);
    } else if (disc == 0.0){
        x1 = x2 = p;
        System.out.println("方程有两个相等的实根: ");
        System.out.printf("x1=x2=%.2f\n", x1);
    } else{
        System.out.println("方程有两个复根: ");
        System.out.printf("x1=%.2f%+.2fi,", p, q);
        System.out.printf("x2=%.2f%+.2fi", p, -q);
    }
}
}
```

程序运行结果如图 3.8 所示。

程序先对系数 a 进行判断, 当 a 为 0.0 时, 方程不是一个二次方程, 程序结束。如果 a 不为 0.0, 则分别对判断式的 3 种情况利用 if-else if 结构做出判断并求出相应的根。

图 3.8　例 3.6 的运行结果

在程序的最后两条语句中, printf( )方法中的格式控制符 "%+.2f" 中的 "+" 表示输出后面数据中的 "+" 或 "-" 符号。

3.3.2　switch 语句

嵌套的 if 语句可以看作多分支语句, 用 switch 语句也可以实现多分支的数据处理。switch 语句的语法形式如下。

switch 语句

```
switch(表达式){
    case 常量1:语句块1;break;
    case 常量2:语句块2;break;
    ......
    case 常量n:语句块n;break;
    default:语句块n+1;
}
```

其中, "表达式" 的值的类型必须是 char、byte、int、short、boolean、String 类型或枚举类型, 还可以是包装类型(见 9.5 节)的数据, 如 Character、Byte、Short 和 Integer 等; 每一个 "常量" 也必须是这些类型之一。每个语句块可以是空语句、一条语句或多条语句(有多条语句时不必用 "{}" 括起来)。

switch 语句的执行过程是: 当执行到 switch 语句时, 先计算表达式的值, 然后将这个值和下面的若干个常量比较, 表达式的值与哪个常量相等, 则程序转到相应的 case 处, 执行该处的语句块; 语句块执行完后, 再执行 break 语句; 如果没有 break 语句, 则跳转到下一条 case 处, 并执行该 case 处的语句。break 语句可以使程序结束 switch 语句, 即从 switch 语句中跳出来, 不再执行 switch 语句中的其他语句块, 而是执行 switch 语句下面的语句。switch 语句的执行过程如图 3.9 所示。

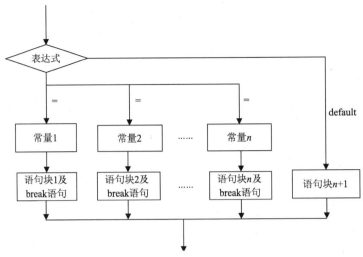

图 3.9　switch 语句的执行过程

【例 3.7】将学生的成绩等级转换成对应的百分制成绩。已知成绩等级与百分制成绩的对应关系为：A——85～100 分，B——70～84 分，C——60～69 分，D ——不合格。编写程序，输入学生的成绩等级，输出对应的百分制成绩。

【问题分析】本问题有 4 种情况，可以使用 switch 语句对成绩等级进行判断。程序如下。

```java
import java.util.*;
public class Example3_07{
    public static void main(String args[]){
        String grade;
        Scanner reader = new Scanner(System.in);
        System.out.println("输入学生的成绩等级（A、B、C或D）: ");
        grade = reader.next();
        switch(grade.charAt(0)){
        case 'A':System.out.println("百分制成绩为: 85～100。");break;
        case 'B':System.out.println("百分制成绩为: 70～84。");break;
        case 'C':System.out.println("百分制成绩为: 60～69。");break;
        case 'D':System.out.println("成绩不合格。");
        default:System.out.println("输入错误。");
        }
    }
}
```

程序运行结果如图 3.10 所示。

break 语句不是 switch 语句中必需的语句。如果将上例中的 break 语句去掉，switch 语句将变成下面的形式。

```
输入学生的成绩等级（A、B、C或D）:
A
百分制成绩为: 85～100。
```

图 3.10　例 3.7 的运行结果

```java
switch(grade.charAt(0)){
    case 'A':System.out.println("百分制成绩为: 85～100。");
    case 'B':System.out.println("百分制成绩为: 70～84。");
    case 'C':System.out.println("百分制成绩为: 60～69。");
    case 'D':System.out.println("成绩不合格。");
    default:System.out.println("输入错误。");
}
```

```
输入学生的成绩等级（A、B、C或D）:
A
百分制成绩为: 85～100。
百分制成绩为: 70～84。
百分制成绩为: 60～69。
成绩不合格。
输入错误。
```

图 3.11　例 3.7 无 break 的运行结果

修改后的程序运行结果如图 3.11 所示。这样的结果显然不正确。该 switch 语句的实际运行过程是：当程序转到某一个 case 后，执行这个 case 后的语句块，接着执行其后若干个 case 中的语句块，直到整个 switch 语句结束。没有 break 语句时 switch 语句的执行过程如图 3.12 所示。

为了保证每一个 case 只能执行特定的语句块，应在这个 case 后加一个 break 语句。加与不加 break 语句，程序设计者可根据实际问题来决定。

另外，多个 case 还可以共用一组语句（见例 3.8）。

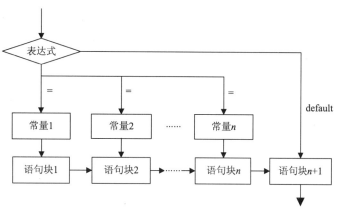

图 3.12　没有 break 语句时 switch 语句的执行过程

【例 3.8】给出年月，输出该月的天数。

【问题分析】一年共有 12 个月，每个月都有确定的天数，这里可用 12 个 case 判断月份，从而得出天数。此外，还有闰年问题。根据年份，可以判断是否为闰年：如果年份能被 4 整除且不能被 100 整除或能被 400 整除，则该年是闰年。完整程序见例 3.8 源代码。

例 3.8 源代码　例 3.8 编程视频

从例 3.8 的程序源代码中可以看到，月份为 1、3、5、7、8、10 和 12 时，case 中的语句块都相同，月份为 4、6、9、11 时，case 中的语句块都相同。在这种情况下，程序设计者可以让多个 case 共用一组语句。上面的程序改写如下。

```
public class Example3_08{
    public static void main(String args[]){
        int year, month, days;
        Scanner reader = new Scanner(System.in);
        System.out.print("请输入年月: ");
        year = reader.nextInt();
        month = reader.nextInt();
        switch(month){
            case 1:
            case 3:
            case 5:
            case 7:
            case 8:
            case 10:
            case 12:
                days = 31;
                System.out.printf("%d年%d月有%d天。", year, month, days);
                break;
            case 2:
                days = 28;
                if ((year % 4 == 0 && year % 100 != 0) || (year % 400 == 0))
                    days = 29;
                System.out.printf("%d年%d月有%d天。", year, month, days);
                break;
            case 4:
            case 6:
            case 9:
            case 11:
                days = 30;
                System.out.printf("%d年%d月有%d天。", year, month, days);
                break;
            default:
```

控制语句　第 3 章

```
                System.out.println("月份输入错误! ");
            }
        }
    }
```

经过改写后，程序看起来更加简洁、清晰。

编写 case 时，不必按照常量值的大小顺序编写。程序设计者可以根据问题的需要安排 case 在 switch 语句中的位置，如上面的程序所示。此外，default 也可以放在任何位置。

switch 和 if 语句都可以进行多分支选择判断。那么，它们之间有什么区别呢? if 语句适用于无限种情况，switch 语句适用于有限种情况。例如 a>0，满足条件和不满足条件的 a 有无数个，不可能用 switch 列出无数个 case，这时只能用 if 语句来判断。有些问题则既可以用 if 语句，也可以用 switch 语句。

【例 3.9】用 switch 语句改写例 3.4。

【问题分析】运费的折扣是依据运输的里程来决定的，而每一里程段都有无数个里程数。如果用 switch 语句确定运费折扣，必须将无数个里程数转换成等价的有限个数据才能用 switch 语句判断。

例 3.9 源代码

从运费折扣优惠规则看，折扣的里程都是 500km 的倍数，所以可以用 500 作为模将运输里程转换为整数。设 $d=dist/500$，则 500km 以内，$d=0$; 500~999km，$d=1$; 1000~1499km，$d=2$; 1500~2499km，$d=3$ 或 4; 大于等于 2500km，$d=5$。switch 语句判断过程如下所示，完整程序见例 3.9 源代码。

```
d = (int) (dist / 500);
if (dist >= 2500)
    d = 5;
switch (d)
{
    case 0:
        discount = 0;
        break;
    case 1:
        discount = 0.05;
        break;
    case 2:
        discount = 0.08;
        break;
    case 3:
    case 4:
        discount = 0.10;
        break;
    default:
        discount = 0.12;
}
totalFee = weight * dist * fee * (1 - discount);
```

3.4 循环结构

有些问题需要采用同一方法进行重复处理。如果用程序来解决这样的问题，就要用到循环结构。循环结构根据一定的条件可以对问题或问题的部分进行反复处理，直到条件不满足时结束循环。具有循环结构的程序可以更有效地利用计算机的特点。

Java 有 3 种循环语句，分别是 while 循环、do-while 循环和 for 循环。

3.4.1 while 循环

while 语句的语法形式如下。

while 循环

```
while(条件表达式)
    循环体
```

其中，"条件表达式"和"循环体"的写法与简单 if 语句的写法相同。

while 语句的执行过程是：当执行到 while 语句时，先计算"条件表达式"的值，如果值为真，则执行"循环体"；当"循环体"执行完后，返回去再计算"条件表达式"的值，如果该值仍然为真，则再执行"循环体"；一直重复这个过程，直到"条件表达式"的值为假，while 循环结束，接着执行 while 语句下面的语句。while 语句的执行过程如图 3.13 所示。

while 语句的语法形式与 if 语句的语法形式很相似，但两种语句的运行机制不同。while 语句的循环体执行完后，能够重新返回计算条件表达式的值，以此确定是否再执行循环体。if 语句则不同，当其子句执行完后，不能返回再计算条件表达式的值，而是直接执行下面的语句。

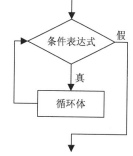

图 3.13 while 语句的执行过程

【例 3.10】计算 1+2+3+…+100 的值。

【问题分析】解决这样的问题可以用归纳法。前 50 项中的某一个数与后 50 项中的位置对称的数，其和为 101，而这样的数共有 50 个，从而可算出和是多少。现在不用归纳法，而是一个数一个数累加地计算，即表示出求和的过程。设 sum 表示和值，i 表示其中的某一个数。开始时 sum=0、i=1，此题可以写出下面的计算过程。

第 1 次	第 2 次	第 3 次	……	第 100 次
sum=sum+i; i++;	sum=sum+i; i++;	sum=sum+i; i++;	sum=sum+i; i++;	sum=sum+i; i++;

从上述计算过程可以看出，每一次的计算过程都一样，所以程序设计者可以用一个循环结构反复执行这两条语句。程序如下。

```java
import java.util.*;
public class Example3_10{
    public static void main(String args[]){
        int i, sum, times;          //记录次数
        i = 1;
        sum = 0;
        times = 1;
        while(times <= 100){        //当次数小于或等于 100 时执行循环
            sum = sum + i;
            i++;
            times = times + 1;      //每累加一次，则次数加 1
        }
        System.out.println("sum=" + sum);
    }
}
```

程序中设置了一个循环控制变量 times，每累加一次就让 times 增加 1。当 times 超过 100 时，循环结束。i 是被累加的数，后一个数比前一个数多 1，所以 i 每次被累加后也应增加 1。

在上面的程序中，i 和 times 同时增加 1，并且每次循环后值相同，所以程序设计者可以直接用 i 作循环控制变量。上面的程序可以改写成下面的程序。

```java
import java.util.*;
public class Example3_10{
    public static void main(String args[]){
        int i, sum;
        i = 1;
        sum = 0;
        while(i <= 100){
            sum = sum + i;
```

```
            i++;
        }
        System.out.println("sum=" + sum);
    }
}
```

程序设计者编写程序的循环结构时，一是要明确循环条件，二是要确定重复执行的部分，即循环体。

3.4.2 do-while 循环

do-while 语句的语法形式如下。

```
do{
    循环体
}while(条件表达式);
```

do-while 循环

其中，"条件表达式"和"循环体"的写法与简单 if 语句的写法相同。

do-while 语句的执行过程是：当执行到 do-while 语句时，先执行"循环体"，"循环体"执行完后，计算"条件表达式"的值，如果该值为真，则再执行"循环体"，重复"循环体—条件表达式"的过程，直到"条件表达式"的值为假，do-while 循环结束。do-while 语句的执行过程如图 3.14 所示。

【例 3.11】 用下面的多项式计算圆周率的近似值，直到其中某一项的绝对值小于或等于 10^{-6}。

$$\frac{\pi}{4} = 1 - \frac{1}{3} + \frac{1}{5} - \frac{1}{7} + \cdots$$

图 3.14 do-while 语句的执行过程

【问题分析】 从上面的多项式可以看出，每一项都有规律，所以这里可以采用累加的办法将每一项加入和式中。每一项的分子都相同，分母都是奇数，而且比前一项分母多 2；符号是变化的，我们可以将其设为一个变量 sign，初始值为 1，每一次循环都让 sign 的符号改变一次。程序如下。

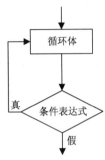

```
public class Example3_11{
    public static void main(String args[]){
        int i = 1, sign = 1;
        double item, pi = 0;
        do{
            item = sign * 1.0 / i;        //当前欲累加的项
            pi = pi + item;               //累加
            i += 2;                       //为下一项准备好分母
            sign = -sign;                 //为下一项准备好符号
        } while(Math.abs(item) > 1.0E-6);
        pi = 4 * pi;
        System.out.printf("PI=%.6f\n", pi);
    }
}
```

例 3.11 编程
视频

▶ **开动脑筋**

do-while 循环和 while 循环有什么区别？

3.4.3 for 循环

for 循环的语法形式如下。

```
for(表达式1;条件表达式;表达式2)
    循环体
```

for 循环

其中，"条件表达式"和"循环体"的写法与简单 if 语句的写法相同。"表达式 1"和"表达式 2"可以是任何合法的 Java 表达式，但是一般来说，"表达式 1"是循环体中变量的初始赋值表达式（包括循环控制变量的初始化），"表达式 2"是循环体中变量的增量表达式。"条件表达式"是循环能否进行的条件，当"条件表达式"的值为真时，执行循环体，否则循环结束。

for 循环的执行过程是：当执行到 for 语句时，先计算"表达式 1"的值，然后计算"条件表达式"的值，如果"条件表达式"的值为真，则执行"循环体"。"循环体"执行完后，计算"表达式 2"的值，再计算"条件表达式"的值，如果该值为真，再执行"循环体"，一直重复"表达式 2—条件表达式—循环体"的过程，直到某一次条件表达式的值为假，循环结束。for 语句的执行过程如图 3.15 所示。

【例 3.12】用 for 循环改写例 3.10。

程序如下。

```
public class Example3_12{
    public static void main(String args[]){
        int sum,i;

        sum = 0;
        for(i = 1;i <= 100;i++)
            sum += i;
        System.out.println("sum="+sum);
    }
}
```

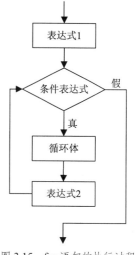

图 3.15　for 语句的执行过程

同样的一个问题用 for 循环实现，程序看起来更简洁。在本例中，"表达式 1"用于初始化变量 i，"表达式 2"用于改变变量 i 的值，循环"条件表达式"是 $i<=100$。

【例 3.13】判断一个正整数是否是素数。如果一个大于 1 的自然数只能被 1 和自身整除，则该数是素数（又称质数）。

【问题分析】按照素数的定义，一个正整数 x 如果在 2～$(x-1)$ 的范围内没有其因子，则 x 是一个素数。设 $i\in[2, x-1]$，如果 $x\%i\neq0$，则 i 不是 x 的因子。这里可以设置一个循环，用以判断 $[2, x-1]$ 范围内的每一个数是否是 x 的因子。在判断过程中设置一个标志变量 $flag$，如果某一个数是 x 的因子，则将 $flag$ 设置为 false。程序最后根据 $flag$ 的值来确定 x 是否是素数。

进一步分析，对于正整数 x，不包括自身的最大因子不可能大于 $x/2$，所以这里只需在 $[2, x/2]$ 范围内找 x 的因子，以减少计算量、提高程序的运行效率。程序如下。

```
import java.util.*;
public class Example3_13{
    public static void main(String args[]){
        int x,x1,i; //x 为欲判断的数，x1 等于 x/2，i 为循环控制变量
        boolean flag = true;              //先假设 x 是素数
        Scanner reader = new Scanner(System.in);
        System.out.print("输入一个正整数: ");
        x = reader.nextInt();
        x1 = x/2;
        for(i = 2;i <= x1;i++)
            if(x%i == 0)                   //i 是否是 x 的因子
                flag = false;
        if(flag)
            System.out.printf("%d 是素数。\n", x);
        else
            System.out.printf("%d 不是素数。\n", x);
    }
}
```

例 3.13 编程
视频

```
            }
```

程序运行结果如图 3.16 所示。

还有一个更快的判断是否是素数的方法，即只需要在"2～x 的平方根"范围内找 x 的因子，如果在这个范围内没有 x 的因子，则 x 就是素数。上述程序可以写成下面的程序。

```java
import java.util.*;
public class Example3_12{
    public static void main(String args[]){
        int x,x1,i;    //x 为欲判断的数，x1 等于 Math.sqrt(x)，i 为循环控制变量
        boolean flag = true;                    //先假设 x 是素数
        Scanner reader = new Scanner(System.in);
        System.out.print("输入一个正整数: ");
        x = reader.nextInt();
        x1 = (int) Math.sqrt(x);                //x 的平方根
        for(i = 2; i <= x1; i++)
            if(x % i == 0)                      //i 是否是 x 的因子
                flag = false;
        if(flag)
            System.out.printf("%d 是素数。\n", x);
        else
            System.out.printf("%d 不是素数。\n", x);
    }
}
```

for 循环的使用非常灵活。for 循环中有 3 个表达式，具体编写程序时，3 个表达式中可以只有任意两个表达式只有任意一个表达式或 3 个表达式都没有。如果没有条件表达式，则表示循环条件永远为真。以例 3.12 为例，将 for 语句写成以下几种不同的形式。

for 循环的灵活
使用

形式 1：没有"表达式 1"，变量 i 的初始化在 for 之前用赋值语句实现。

```java
sum = 0;
i= 1;
for(;i <= 100;i++)
    sum +=i;
```

形式 2：没有"表达式 2"，变量 i 的改变放在"循环体"中，成为"循环体"中的一条语句。

```java
sum = 0;
for(i = 1;i <= 100;) {
    sum += i;
    i = i + 1;
}
```

形式 3：没有"条件表达式"，循环结束的条件也在"循环体"中判断，其中的 break 语句用于结束循环。

```java
sum = 0;
for(i = 1;;i++) {
    if(i > 100)
        break;
    sum += i;
}
```

形式 4：没有"表达式 1"和"表达式 2"。

```java
sum = 0;
i = 1;
```

```
for(;i <= 100;) {
    sum += i;
    i++;
}
```

形式 5：3 个表达式都没有。

```
sum = 0;
i = 1;
for(;;) {
    if(i > 100)
        break;
    sum += i ;
    i++;
}
```

形式 6："循环体"是空循环体。

```
for(sum = 0,i = 1;i <= 100;sum += i,i++)
    ;
```

在形式 6 中，sum 和 i 的初始化都放在"表达式 1"中，和的累加和变量 i 的增加放在"表达式 2"中，而"循环体"是一个空循环体（";"必须有）。

我们还可以写出 for 循环的其他形式，但例 3.12 的形式为最理想的形式——简洁、清晰。

上面讲述了 Java 中的 3 种循环语句。虽然 3 种语句的形式不同，但它们之间可以互相代替。编写程序具体用哪一种循环，程序设计者可以根据问题需要、编程习惯和编程风格来确定，但其中以 for 循环最为常用，因为它有 3 个表达式，使用起来比较灵活。

3.4.4　循环的嵌套

循环的循环体中可以是任何 Java 语句。如果循环体中再有循环语句，则构成循环的嵌套。以下是 4 种循环的嵌套形式。

循环的嵌套

形式 1：

```
for(…)
    while()
    {…}
```

形式 2：

```
while(…)
    do
    {…}
    while(…);
```

形式 3：

```
do
{    for(…)
    {…}
}while(…);
```

形式 4：

```
while(…)
    while(…)
    {…}
```

循环嵌套没有固定形式，程序设计者可以根据问题的需要来确定如何进行循环的嵌套。

【例 3.14】求出 100 以内（不包括 100）的所有素数。

【问题分析】在例 3.13 中判断一个数是否是素数，如下面的过程所示。

例 3.14 编程
视频

```
x1 = (int)Math.sqrt(x);          //x 的平方根
for(i = 2;i <= x1;i++)
    if(x%i == 0)                  //i 是否是 x 的因子
        Flag = false;
```

现欲求 100 以内的所有素数，程序设计者只需使每一个数都重复一遍上述过程，就可以满足题目的要求。程序如下，程序运行结果如图 3.17 所示。

```
public class Example3_14{
    public static void main(String args[]){
        int x, x1, i;
```

2	3	5	7	11
13	17	19	23	29
31	37	41	43	47
53	59	61	67	71
73	79	83	89	97

图 3.17　例 3.14 的运行结果

控制语句 | 第 3 章

```
            int counter = 0;                    //素数计数器
            boolean flag = true;
            for(x = 2; x < 100; x++){
                flag = true;
                x1 = (int) Math.sqrt(x);
                for(i = 2; i <= x1; i++)         //被嵌套的循环
                    if(x % i == 0)
                        flag = false;
                if(flag){
                    System.out.printf("%4d", x);
                    counter++;
                    if (counter % 5 == 0)        //输出的每一行素数的个数是5时则换行
                        System.out.println();
                }
            }
        }
    }
```

例 3.14 中的程序是 for 循环中又嵌套了 for 循环。

嵌套的循环程序运行过程可以从两个角度理解：一是将被嵌套的循环看作循环体中的语句，当这个语句执行完后，才能进行外层循环的下一次循环；二是将嵌套的循环看作由外层循环和内层循环组成，执行时先执行内层循环，后执行外层循环。

在 Java 中，循环的嵌套层数没有限制，但是最好不要超过 3 层。如果超过 3 层，程序的可读性和清晰性会降低。

3.5 选择结构与循环结构的嵌套

上面的两节分别讲述了选择结构和循环结构。在实际编程过程中，这两种结构经常混用。例如，例 3.13 和例 3.14 程序的循环语句中都包含选择结构，即循环结构嵌套了选择结构。同循环的嵌套一样，选择结构与循环结构的嵌套也没有固定形式。多数情况下，循环结构中嵌套选择结构。

3.6 break 语句与 continue 语句

break 语句和 continue 语句都是中断语句，用以结束循环的执行。对于循环语句，当条件表达式为假时，才能结束循环语句的执行。但有些时候，需要提前结束循环，这时可以使用 break 语句或 continue 语句。break 语句与 continue 语句又可以称为转移语句，因为它们使程序的执行过程发生了转移。

3.6.1 break 语句

在 switch 语句中，我们已经见过了 break 语句，它的作用是结束 switch 语句的执行。break 语句更多用在循环语句中，用于结束循环。break 语句可以分为基本的 break 语句和带标号的 break 语句。

break 语句

1．基本的 break 语句

基本的 break 语句语法形式如下。

```
break;
```

break 语句的作用是使它所在的循环完全结束，即不管后面还有多少次循环，都不再执行。

在例 3.13 中，"2～x 的平方根"范围内只要有一个 x 的因子，就可以判定 x 不是素数。此时，不管后面有多少个可能的因子都没必要再计算判断了，这样就可以减少判断次数。要实现这样的操作，就可以用 break 语句。

【例 3.15】为例 3.14 增加 break 语句。

程序如下。

```java
public class Example3_15{
    public static void main(String args[]){
        int x, x1, i;
        int counter = 0;                  //素数计数器
        boolean flag = true;
        for(x = 2; x < 100; x++){
            flag = true;
            x1 = (int) Math.sqrt(x);
            for(i = 2; i <= x1; i++)
                if(x % i == 0){
                    flag = false;
                    break;                 //注意，break 语句所在的循环是内层循环
                }                          //当break 语句被执行时，结束的是内层循环，而不是外层循环
            if(flag){
                System.out.printf("%4d", x);
                counter++;
                if(counter % 5 == 0)    //输出的每一行素数的个数是 5 时则换行
                    System.out.println();
            }
        }
    }
}
```

2. 带标号的 break 语句

在例 3.15 的程序中，break 语句只能使内层循环提前结束。如果想让外层循环也提前结束，该如何实现呢？答案是用带标号的 break 语句。

带标号的 break 语句语法形式如下。

```
标号：
    循环语句；
    break 标号；
```

标号是任何合法的标识符。

带标号的 break 语句的作用是使"标号"所指向的循环提前结束。

【例 3.16】找出从 45 开始的若干个素数，直到某一个非素数有大于 10 的因子为止。

【问题分析】本例可以借鉴例 3.15。判断过程中如果某一数有因子且大于 10，则结束外层循环。程序如下，程序运行结果如图 3.18 所示。

图 3.18 例 3.16 的运行结果

```java
public class Example3_16{
    public static void main(String args[]){
        int x, x1, i;
        int counter = 0;                  //素数计数器
        boolean flag = true;
        label:                            //标号
        for(x = 45; ; x++){               //无限循环
            flag = true;
            x1 = (int) Math.sqrt(x);
            for(i = 2; i <= x1; i++)
                if(x % i == 0){
                    if(i > 10)            //非素数因子大于 10
                        break label;      //结束外层循环
                                          //break label 所在的循环是内层循环，但结束的是外层循环
```

控制语句 第 3 章

```
                flag = false;
                break;                        //注意, break 所在的循环是内层循环
            }                                 //当 break 被执行时, 结束的是内层循环, 而不是外层循环
        if(flag){
            System.out.printf("%4d", x);
            counter++;
            if(counter % 5 == 0)    //输出的每一行素数的个数是 5 时则换行
                System.out.println();
        }
    }
}
```

3.6.2　continue 语句

continue 语句

continue 语句也用于结束循环, 但与 break 语句不同的是, 它只提前结束循环体的一次循环, 后面的若干次循环继续执行。continue 语句也可以分为基本的 continue 语句和带标号的 continue 语句。

1. 基本的 continue 语句

基本的 continue 语句语法形式如下。

```
continue;
```

例 3.17 编程
视频

其作用是结束 continue 所在循环的当前一次循环, 如果其后还有循环, 则继续执行循环。

【例 3.17】从键盘输入若干个正整数, 当输入负数时结束, 将其中不能被 3 整除的数累加在一起, 并输出其和。

程序如下。

```
import java.util.*;
public class Example3_17{
    public static void main(String args[]){
        int sum = 0, x;
        Scanner reader = new Scanner(System.in);
        while ((x = reader.nextInt()) > 0){
            if (x % 3 == 0)
                continue;             //与 continue 处于同一循环体内的还有下面的一条语句
            //当执行到 continue 语句时, 当前循环的下面语句不被执行, 继续下一次循环
            sum = sum + x;
        }
        System.out.println("sum=" + sum);
    }
}
```

上面的程序为了说明 continue 语句而使用了 continue 语句。其实, 例 3.17 的程序用下面的方法更合理。

```
while((x=reader.nextInt())>0)
    if(x%3!=0)                        //注意条件
        sum=sum+x;
```

2. 带标号的 continue 语句

带标号的 continue 语句语法形式如下。

```
标号:
    循环语句
    continue 标号;
```

带标号的 continue 语句的作用是使标号所指循环的当前一次循环结束，标号所指的循环后面如果还有循环，则继续执行后面的循环。

【例 3.18】用带标号的 continue 语句重写例 3.14。

程序如下。

```java
public class Example3_18{
    public static void main(String args[]){
        int x, x1, i;
        int counter = 0;                //素数计数器
        //boolean flag;                 //此处没必要再设置这个变量
        label:
        for(x = 2; x < 100; x++){
            x1 = (int) Math.sqrt(x);
            for (i = 2; i <= x1; i++)
                if (x % i == 0)
                    continue label;     /*continue 所在的循环是内层循环，由于带有标号，因此它结束的
                                        是外层 label 所指的循环。当它被执行时，本次循环的下面 3 条语句
                                        都不执行，接着判断下一个数是否是素数*/
            //内层循环正常结束，则 x 一定是素数，不必判断，直接输出
            System.out.printf("%4d", x);
            counter++;
            if(counter % 5 == 0)        /*输出的每一行素数的个数是 5 时则换行*/
                System.out.println();
        }
    }
}
```

本例程序与例 3.14 程序相比较，本程序更简洁。

上面针对判断素数的问题写出了几种程序。从这几种程序中可以看出，程序设计没有固定的形式，完全根据问题需要、编程习惯和编程风格而定。但程序设计的一个基本原则是程序应该清晰、易读。程序设计者要想编写出好的程序，应该大量地读和写程序。在读和写程序的过程中，不断积累编程经验和技巧，这样才有可能编写出优化的程序。

3.7 小结

Java 中有 3 种程序结构，分别是顺序结构、选择结构和循环结构。

顺序结构的程序按照语句在程序中的物理位置顺序执行，这是最基本的一种结构。

选择结构可以用 if、if-else 和 switch 语句来实现。if 和 if-else 语句都是根据给定的条件决定哪些语句执行，哪些语句不执行——并不是程序中的所有语句都被执行，而是有选择地执行了某些语句。if 语句只能判断一种条件的情况，if-else 语句可以判断两种条件的情况；如果有更多种情况，编程时可以用嵌套的 if 语句。嵌套的 if 语句可以写成 if-else if 语句的形式，以提高程序的清晰性和易读性。switch 语句也可以实现多种选择判断，但其灵活性不如 if 语句。Switch 语句与 if 语句的区别在于，if 语句可以判断无数种情况，而 switch 语句只可以判断有限种情况。

循环结构有 3 种语句，分别是 while、do-while 和 for。实际编写程序过程中，3 种循环可以互相代替，但是有些问题可能用其中的某个循环更合适。for 循环是 3 种循环中最常用的循环。

循环是根据循环条件来执行循环的。当给定的条件不成立时，则循环结束。在某些情况下，虽然满足循环条件，但也不想让循环继续执行，这时可以用 break 语句或 continue 语句提前结束循环。break 语句和 continue 语句还可以带标号，以便更灵活地控制程序（C 语言中的 goto 语句可以实现程序的灵活转向，但随意使用 goto 语句容易使程序结构混乱，所以 Java 摒弃了 goto

语句。但没有 goto 语句的语言是不完整的语言，所以 Java 用带标号的 break 语句和 continue 语句替代 goto 语句）。

3.8 习题

1. 叙述 if 语句和 switch 语句的相同点与不同点。
2. 叙述 for 语句的语法形式和其执行过程。
3. 比较 break 语句（包括带标号的）和 continue 语句（包括带标号的）的区别。
4. 输出九九乘法表。
5. 编写一个程序，输入秒数，然后按小时、分及秒输出（例如，输入 5322 秒时输出 1 小时 28 分 42 秒）。
6. 从键盘输入 4 个整数，按由小到大的顺序输出。
7. 编程求出所有的水仙花数。水仙花数是一个 3 位数，其每一位的立方和等于该数本身，例如，$153=1^3+5^3+3^3$。
8. 求两个数的最大公约数和最小公倍数。
9. 求 1000 以内的所有完数。完数是指一个整数的所有因子之和等于该数本身，如 6=1+2+3。

第**4**章 | **数组**

本章要点
- 一维数组。
- 多维数组。
- 命令行参数。
- 可变长参数。

一个变量可以保存一个数据，多个数据就需要用多个变量保存。但是，如果相同类型的数据过多，还用同样的方式定义多个变量就不合适了。

数组可以保存多个相同类型的数据。数组中的每一项称为一个元素。一个数组包含多个元素，每一个元素相当于一个变量。

4.1 一维数组

数组用一个标识符和下标来表示，下标可以区分数组中不同的元素。

一个数组只有一个下标，则称为一维数组；一个数组有两个下标，则称为二维数组。一般最多用到三维数组，而一维和二维数组较常用。

一维数组

4.1.1 一维数组的声明

数组使用前必须先声明。声明数组的语法形式如下。

```
数据类型 []数组名;
```

或

```
数据类型 数组名[];
```

一个数组中的所有元素具有相同的类型。"数据类型"表示数组中元素的数据类型；"数组名"是数组的标识，每一个数组都应有一个数组名。示例如下。

```
int a[],b[];
```

这条语句用于声明两个数组 a 和 b，a 和 b 中的所有元素都是整型数。

再如以下示例。

```
double price[];
```

这条语句用于声明一个数组 price，其中的每一个元素都是双精度数。

注意，下标[]在数组名前或在数组名后是有区别的。示例如下。

```
int []a,b;              //a 和 b 都是一维数组
int a[],b;              //a 是一维数组，而 b 是普通变量
```

如果一条语句只声明一个数组，则下标[]在前或在后没有区别。

4.1.2　为一维数组分配空间

在数组声明中，仅仅声明了"数组名"是一个数组（告诉编译器，它是一个数组），但并没有真正的数组内存空间。如果想真正使用一个数组，必须为一维数组分配内存空间，即创建一维数组。创建一维数组的语法形式如下。

```
new 数据类型[数组长度]
```

上述形式是一个表达式，它可以创建一个一维数组。"数据类型"表示数组中元素的类型；"数组长度"表示数组中共有多少个元素，其可以是表达式。例如：

```
new int[10]
```

以上该表达式创建了一个一维数组，该数组共有 10 个元素，每个元素都可以表示一个整型数。但是这个数组现在没有名称，编程人员无法使用这个数组。要想使用这个数组，编程人员可以将其与前面声明的数组名结合，通过数组名访问数组中的元素。示例如下。

```
a=new int[10];
```

通过数组名 a 加索引就可以访问数组中的每一个元素。

此外，也可以将数组的声明和创建写成一条语句。示例如下。

```
int a[]=new int[10];
```

4.1.3　数组的内存模型

表达式"new int[10]"创建了一个数组，同时该表达式的值是数组在内存中的地址。赋值表达式"a=new int[10]"是将数组的起始地址保存在变量 a 中。因此，访问变量 a 就可以得到数组在内存中的起始地址，进而可以访问数组中的各个元素。数组的内存模型如图 4.1 所示。

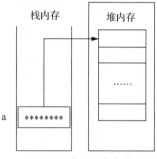

图 4.1　数组的内存模型

4.1.4　访问一维数组元素

创建数组后就可以使用数组中的元素了。数组中元素的访问方式如下。

```
数组名[下标表达式]
```

其中"下标表达式"的值是一个整型数，表示元素在数组中的位置。一个数组的下标从 0 开始，到"数组长度-1"为止，即最小下标为 0，最大下标为"数组长度-1"。"数组长度"也是数组元素的个数。访问数组元素时，下标不允许超出最小下标值和最大下标值（不许越界）。

任何一个数组都有属性 length，即如果想知道一个数组有多少个元素，就可以通过数组名访问属性 length。

【例 4.1】一维数组的使用。

```java
public class Example4_01{
    public static void main(String args[]){
        int a[], b[];                    //声明数组
        int i;
        a = new int[4];                  //创建数组
        b = new int[3];
```

例 4.1 编程视频

```
        for(i = 0; i < a.length; i++)          //为数组元素赋值
            a[i] = i * 10;
        for(i = 0; i < b.length; i++)
            b[i] = 5 + i * 10;
        System.out.print("两个数组的地址: ");
        System.out.println(a + "," + b);        //输出变量 a 和 b 的值，即两个数组的地址
        for(i = 0; i < a.length; i++)           //分别输出两个数组各元素的值
            System.out.printf("%3d", a[i]);
        System.out.println();
        for(i = 0; i < b.length; i++)
            System.out.printf("%3d", b[i]);
        System.out.println();
        a = b;
        System.out.print("赋值后两个数组的地址: ");
        System.out.println(a + "," + b);        //再输出 a 和 b 的值
        for(i = 0; i < a.length; i++)           //赋值后 a 和 b 都表示第 2 个数组
            System.out.printf("%3d", a[i]);
        System.out.println();
    }
}
```

程序运行结果如图 4.2 所示。

程序开始时，a 和 b 分别表示两个不同的数组。当执行语句"a=b;"后，a 和 b 是同一个值，都表示原来的第 2 个数组，所以再次通过 a 访问数组时，访问的是原来的第 2 个数组。

```
两个数组的地址: [I@1c80b01,[I@4aa0ce
  0 10 20 30
  5 15 25
赋值后两个数组的地址: [I@4aa0ce,[I@4aa0ce
  5 15 25
```

图 4.2　例 4.1 的运行结果

由于 a 已经表示了原来的第 2 个数组，因此原来的第 1 个数组就再也访问不到了。这个数组成了垃圾内存，Java 虚拟机负责回收这部分内存。

4.1.5　一维数组初始化

创建一个数组后，必须为每一个元素赋值，这样元素的值才有效。此外，也可以在声明数组时直接为数组元素赋初值，称为数组初始化。数组初始化的语法形式如下。

> 数据类型 数组名[]={初始值表列};

示例如下。

> int a[]={1,3,5,7,9};

数组 a 直接表示一个有 5 个元素的数组。编译器能够根据给定的初值个数自动创建数组。

【例 4.2】将若干个整数按由小到大的顺序排列。

【问题分析】这里对多个数进行排序，不能用简单变量表示每一个数，应该用数组表示欲排序的数据，这样通过改变下标值就可以访问不同的数据。排序方法有多种，本例采用选择排序法。选择排序法的基本思想是：在 a[0]～a[n-1] 元素中找到最小数，这个最小数与 a[0] 进行交换——第 1 趟；然后在 a[1]～a[n-1] 元素中找到最小数，这个最小数与 a[1] 进行交换——第 2 趟；……；最后在 a[n-2] 和 a[n-1] 中找小数，将小数放在 a[n-2] 中，大数放在 a[n-1] 中，完成排序——第 n-1 趟。例如，以下 5 个数排序。

第 1 趟　　　　10　　　　22　　　　-52　　　　73　　　　42
　　　　　　　↑　　　　　　　　　　↑
　　　　　　　i　　　　　　　　　　k

将 i 和 k 位置的数据交换，接着进行第 2 趟。

第 2 趟	−52	22	10	73	42
		↑	↑		
		i	k		

将 i 和 k 位置的数据再交换，接着进行第 3 趟。

第 3 趟	−52	10	22	73	42
			↑		
			i,k		

i 和 k 表示的是同一个数，不需要交换，接着进行第 4 趟。

第 4 趟	−52	10	22	73	42
				↑	↑
				i	k

将 i 和 k 位置的数据再交换，完成排序。排序结果如下。

−52	10	22	42	73

通过上述的排序过程可以总结出：如果有 n 个数需要排序，则需要进行 $n-1$ 趟的排序；第 i 趟的排序需要进行 $n-i$ 次比较。程序如下。

```
public class Example4_02{
    public static void main(String args[]){
        int a[] = {10, 22, -52, 73, 42};              //声明数组并初始化
        int b[] = {12, 34, 656, -34, 98, -235, 78, 69, -24};
        sort(a);                                       //数组作实际参数
        sort(b);
        print(a);
        print(b);
    }

    //定义 sort()方法对整型数组排序
    //前面有关键字 static 的方法才能被 main()方法调用，因为 main()也是被 static 修饰的方法
    static void sort(int x[]){                          //形参也必须是数组
        int i, j, k;
        for (i = 0; i < x.length - 1; i++){  //共有 x.length 个数，因此执行 x.length-1 次判断
            k = i;                            //k 表示最小数的位置，先假设 i 位置的数最小
            for (j = i + 1; j < x.length; j++)//在其余数中找最小数
                if (x[j] < x[k])
                    k = j;                    //k 位置是最小数
            if (k != i){
                                              //将 i 和 k 位置的数交换，使得 i 位置的数最小
                int t = x[i];
                x[i] = x[k];
                x[k] = t;
            }
        }
    }
    //输出数组元素，print()也是被 static 修饰的方法
    static void print(int x[]){
        for (int i = 0; i < x.length; i++)
            System.out.printf("%4d", x[i]);
        System.out.println();
    }
}
```

例 4.2 编程视频

程序运行结果如图 4.3 所示。

例 4.2 的程序中定义了两个方法 sort( ) 和 print( )，分别完成排序和输出功能。设计程序时，尽量将功能抽象出来并定义为方法。有关方法的定义与使用参见 5.2.3 小节。

-52	10	22	42	73			
-235	-34	-24	12	34	69	78	98	656

图 4.3　例 4.2 的运行结果

▶开动脑筋

　　Java 中有一个类 Arrays，类中有重载的类方法 sort( )，它可以对任何类型的数据排序。试一试用 Arrays 中的方法 sort( ) 重写例 4.2 的程序。

4.1.6　使用增强型循环访问数组元素

除了第 3 章讲过的 for 语句外，还有一种增强型 for 循环，其语法形式如下。

```
for(变量 a 的声明:数组名)
    循环体
```

该循环执行时，会将数组的当前元素赋予变量 a，此时在循环体中使用变量 a 就相当于使用数组中的某一个元素。

【例 4.3】将例 4.2 中的 print( ) 方法用增强型 for 循环重写。

程序如下。

```
static void print(int x[]){
    for(int t : x)                      //增强型 for 循环
        System.out.printf("%4d", t);
    System.out.println();
}
```

4.2　多维数组

多维数组

有两个或两个以上下标的数组称为多维数组。常用的多维数组是二维数组，三维数组也较常用，多于三维的数组几乎不用。本节只介绍二维数组的定义和使用。

4.2.1　二维数组的声明

二维数组的声明形式如下。

```
数据类型 数组名[][];
```

或

```
数据类型 [][]数组名;
```

或

```
数据类型 []数组名[];
```

示例如下。

```
int a[][],b[];
```

a 是一个二维数组，b 是一个一维数组。

如果一条语句只声明一个二维数组，则 3 种声明方式的效果相同。如果一条语句同时声明多个数组，则下标[]的位置不同，声明的结果也不相同。示例如下。

```
int a[][],b;                        //a 是一个二维数组，b 是一个简单变量
```

```
int []a[],b;                          //a 是一个二维数组，b 是一个一维数组
int [][]a,b;                          //a 和 b 都是二维数组
```

4.2.2　为二维数组分配空间

同一维数组一样，声明二维数组后，还必须为二维数组分配内存空间。在 Java 中，一个二维数组各行的元素个数可以不一样。如果一个二维数组各行的元素个数都一样，此时可以用以下形式分配内存空间。

```
int a[][] = new int[3][4];            //共 3 行，每一行有 4 个元素，可看作行列式
```

如果二维数组各行的元素个数不一样，则需要为每一行单独分配内存空间。示例如下。

```
int a[][] = new int[3][];             //共 3 行，但每一行的元素个数不确定；第 2 个空下标要写上
a[0] = new int[3];                    //第 0 行有 3 个元素
a[1] = new int[5];                    //第 1 行有 5 个元素
a[2] = new int[8];                    //第 2 行有 8 个元素
```

4.2.3　二维数组的内存模型

Java 中的二维数组本质上是一维数组，只是这种一维数组的每个元素又是一维数组。示例如下。

语句"int[][] a = {{101,102,103},{1,2,3},{10,11,12}};"或

语句"a = new int[][]{{101,102,103},{1,2,3},{10,11,12}};"或

语句"a = new int[3][3];"

类似一维数组，其在栈内存中创建数组 a 变量，在堆内存中创建数组对象本身，然后将数组的起始地址保存在变量 a 中。访问变量 a 就可以得到数组在内存中的起始地址，进而可以访问数组中的各个元素。区别是此处一维数组的每个元素装的都是地址，都指向一个一维数组对象。每个数组元素是连续存放的，但不同的数组对象不一定连续存放。二维数组的内存模型如图 4.4 所示。

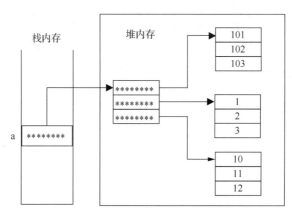

图 4.4　二维数组的内存模型

4.2.4　访问二维数组的元素

创建二维数组后，就可以访问二维数组中的元素了。其访问形式如下。

数组名[下标表达式 1][下标表达式 2]

二维数组的下标同样是从 0 开始，不能越界。程序设计者通过数组名访问属性 length 可以知道一个二维数组有几行，每一行有多少个元素。例如，a 是一个二维数组，则 a.length 的值是数组的行

数，a[i].length 是第 i 行元素的个数。

【例 4.4】编写程序实现访问二维数组，输出数组地址和数组元素。

```java
public class Example4_04{
    public static void main(String[] args){
        int a[], b[][];
        //System.out.println(a); //如果去掉注释，编译提示没有初始化
        a = new int[3];
        for (int i = 0; i < 3; i++) a[i] = i;
        System.out.println(a);  //输出的是数组 a 的地址。注意，如果 a 是
字符数组，输出的则是字符串
        for (int i = 0; i < 3; i++)
            System.out.print(a[i] + "    ");//输出数组 a 的每一个元素
        System.out.printf("\n=========================\n");
        b = new int[2][3];
        for (int i = 0; i < 2; i++)
            for (int j = 0; j < 3; j++)
                b[i][j] = i + j;
        System.out.println(b);  //输出的是数组 b 的地址
        for (int i = 0; i < 2; i++)
            System.out.println(b[i]);//输出的是将二维数组看作一维数组时每个元素的内容，实际是地址
        for (int i = 0; i < 2; i++) {
            for (int j = 0; j < 3; j++)
                System.out.printf(b[i][j] + "    ");//输出二维数组的每一个元素
            System.out.println();
        }
    }
}
```

图 4.5　例 4.4 的运行结果

程序运行结果如图 4.5 所示。

4.2.5　二维数组初始化

声明二维数组的同时给数组各元素赋初值，称为二维数组初始化。二维数组初始化的语法形式如下。

数据类型 数组名[][]={初值表列};

初始化时每一行的元素值应该单独用"{}"括起来。示例如下。

```java
int a[][] = {{1,2,3,4},{5,6,7,8},{9,10,11,12}};
int b[][] = {{2,4},{6,8,10},{12,14,16,18}};
```

二维数组 a 共有 3 行，每一行有 4 个元素。二维数组 b 也有 3 行，但每一行的元素个数分别是 2、3、4 个。

【例 4.5】编写程序实现两个矩阵的乘法运算。

【问题分析】两个欲相乘的矩阵可以用两个二维数组来表示，并且矩阵相乘时要求第 1 个矩阵的列数必须与第 2 个矩阵的行数相等。矩阵的相乘运算为：

$$c_{ij} = \sum_{k=1}^{n} a_{ik} \times b_{kj}$$

图 4.6　例 4.5 的
运行结果

程序如下，程序运行结果如图 4.6 所示。

```java
public class Example4_05{
    public static void main(String args[]){
        int a[][] = {{-4, 5, -7}, //二维数组初始化时最好分行写，以提高可读性
                     {2, -3, -4},
                     {3, 4, 5}};
        int b[][] = {{1, 2},
                     {5, 6},
```

例 4.5 编程视频

```
                           {-7, 9}};
        //调用mul()方法实现相乘, 将结果直接赋予result
        int result[][] = mul(a, b);
        print(result);
    }
    //mul()的返回值是一个二维数组
    static int[][] mul(int x[][], int y[][]){
        int i, j, k;                  //循环控制变量
        //结果数组的行、列数分别是x.length和y[0].length
        int z[][] = new int[x.length][y[0].length];
        //x的每一行都与y的每一列相乘
        for (i = 0; i < x.length; i++)
            //x的第i行与y的第j列相乘
            for (j = 0; j < y[0].length; j++){
                z[i][j] = 0;
                //x的第i行与y的第j列相乘
                for (k = 0; k < x[0].length; k++)
                    z[i][j] = z[i][j] + x[i][k] * y[k][j];
            }
        return z;                       //返回相乘的结果
    }
    static void print(int x[][]){
        int i, j;
        for (i = 0; i < x.length; i++){
            for (j = 0; j < x[i].length; j++)
                System.out.printf("%5d", x[i][j]);
            System.out.println();
        }
    }
}
```

4.3 命令行参数

程序在运行过程中如果需要数据, 可以通过输入设备输入数据。程序若在开始运行时就需要输入数据, 则可以将数据作为命令的参数输入给程序。

命令行参数

4.3.1 命令行参数的概念

大多数情况下, 编程人员可以按下面的形式运行一个 Java 程序。

```
C:\>java Example4_06
```

其中"java Example4_06"是命令。Example4_06 是一个 Java 程序, 但是从操作系统的角度来看, 它是一个命令。对于下面的形式:

```
C:\>java Example4_06 123 Beijing Road
```

"123""Beijing""Road"称为命令"Example4_06"的参数。

4.3.2 命令行参数的获取与使用

对于 Java 应用程序来说, 任何一个程序都必须有 main( )方法, 它是程序开始运行的入口。main( ) 方法的定义形式如下。

```
public static void main(String args[]){}
```

它有一个形式参数"args", 该形式参数是 String 类的一个对象数组（String 类请参阅 9.1 节, 对象数组请参阅 5.9 节）, main( )通过这个对象数组可以获得命令行参数。程序在运行时, 操作系统

会将命令行参数依次放入对象数组的每一个元素中。

【例4.6】通过命令行输入两个整数，计算这两个整数的和。

【问题分析】程序中可以通过访问"args[0]"和"args[1]"这两个元素获取参数，但这两个参数都是字符串形式的，不能直接运算，转换成对应的数值后才能参与运算。Java中有一个Integer类，类中的类方法parseInt( )可以将一个数字字符串转换成对应的数值。程序如下。

例4.6编程视频

```java
public class Example4_06{
    public static void main(String args[]){      //args 是字符串对象数组
        int a = Integer.parseInt(args[0]);         //args[0]存储第1个参数
        int b = Integer.parseInt(args[1]);         //args[1]存储第2个参数
        int result = a + b;
        System.out.print(args[0] + "+" + args[1] + "=");
        System.out.println(result);
    }
}
```

如果直接用JDK运行程序，命令行应写成如下形式。

```
C:\chp04>java Example4_06 123 456
```

如果在Eclipse中运行程序，参数可以通过以下步骤输入程序中。选择"Project→Properties"，出现图4.7所示的对话框。

在该对话框中单击"Run/Debug Settings→Example4_06→Edit"，出现图4.8所示的对话框。在对话框中单击"Arguments"并在"Program arguments"中输入"123 456"后再按Enter键，参数设置完成后，运行程序就可以将参数读入程序中。

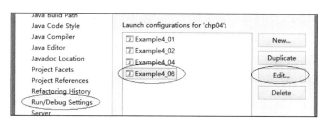

图4.7　工程属性对话框

图4.8　工程配置对话框

4.4 可变长参数

Java给方法提供了可变长参数（varargs）的形式，也就是方法按照某种形式定义后，同一方法可以使用不同个数参数的形式来调用。之所以在这里介绍它，是因为对于具有可变长参数的方法，其内部在使用参数时是以数组的形式访问的。关于方法的定义等更多更详细的阐述，参见5.2.3小节。方法的可变长形参是使用"..."表示的，形式如下。

可变长参数

```
返回类型 方法名(一般形式的形参列表,形参类型...可变长形参名){
    ......
}
```

这里着重说明可变长形参方法的使用，程序如下。

```java
public class Example4_07{
    //public static void sum(int...a,int k)
    //上面的语句编译不通过。可变长参数必须在最右侧，并且只能有一个
    public static void sum(int k,int...a){  //这种形式正确
```

```
        int sum=0;
        for(int i = 0; i < a.length; i++) sum += a[i];
        System.out.println(k*sum);
    }
    public static void main(String[] args) {
        sum(1);
        sum(1,2);
        sum(6,7,8);
        sum(11,12,13,14);
    }
}
```

4.5 小结

使用数组可以在程序中表示大量的数据。数组可以是一维、二维、三维或更高维，一般一维数组和二维数组较常使用。

数组在使用之前必须先声明数组名，再使用 new 运算符创建数组（或通过初始化的方式创建数组）。数组创建后，编程人员就可以使用数组中的元素了。访问数组元素时下标不能越界，任何一个数组都可以通过数组名访问属性 length 以确定数组的长度。

如果想在程序开始运行时就给程序输入数据，此时可以通过在命令行输入参数的方式实现。

4.6 习题

1. 编写程序，将一个数组的元素逆序存放。

2. 已知一个由小到大已排好序的数组，采用二分法将一个数据插入这个数组中，使插入数据后的数组仍然按由小到大的顺序排列。

3. 编写程序实现矩阵的加法、减法和乘法运算。

4. n 只猴子选大王。选举方法如下：所有猴子按 1、2、3、……、n 的顺序围坐一圈，从第 1 个猴子开始报数，报到 m 的退出圈子。如此循环报数，直到圈中只剩下一个猴子，这只猴子即为大王。要求编程实现。

5. 求出以下形式算式的结果，每个算式中有 9 个数位，正好用尽 1～9 这 9 个数字。

○○○+○○○=○○○（共有 168 种可能的组合）

6. 从键盘输入 4 个整数，按由小到大的顺序输出。

7. 在一个方阵中找出马鞍数。马鞍数是这样一个数，在它所在行是最小的数，在它所在列是最大的数（方阵中也可能没有马鞍数）。

8. 编写程序从键盘接收任意 6 个数，假设这 6 个数为 1、3、8、7、5、6，则要求输出一个具有如下形式的方阵。

138756

387561

875613

756138

561387

613875

第5章 类和对象

本章要点

- 面向对象的基本概念。
- 类的定义。
- 对象、对象组合及对象数组。
- 访问权限。
- 静态成员。
- 其他类型的类。

Java 是一门严格的面向对象的程序设计语言，用 Java 编写程序应该采用面向对象的方法，所以编写 Java 程序先要掌握对象及其相关的概念。面向对象技术有 3 个特征，分别是数据封装（类）、继承和多态。

类是对同一类对象的抽象描述，它包括对象的属性和行为，是面向对象程序设计的基础。继承是在已有类的基础上生成新类的过程，通过继承可以实现代码重用，提高编程效率，继承还是实现多态性的前提。多态指的是同一类对象表现出的不同行为，编程应该尽可能利用多态实现数据的处理，这样做能够提高编程效率，提高程序的可维护性和可扩充性。

本章先讲解面向对象的基本概念，然后主要讲解与类和对象有关的内容，继承与多态将在下一章进行详细介绍。

5.1 面向对象的基本概念

面向对象的基本概念包括对象、抽象、封装、继承和多态。下面分别介绍这几种概念。

面向对象的
基本概念

5.1.1 对象的概念

客观世界中的任何事物都是对象，不管是有生命的还是无生命的，具体的还是抽象的，都可以看作对象。人眼能够观察到的事物是对象，观察不到的事物也是对象，例如一个项目、一个计划、大脑中的一个想法都是对象。

面向对象就是从对象的角度观察、了解、认识世界。每一个对象都有两个特征：一个是属性；另一个是行为。例如，将一个人看作一个对象，那么这个对象的属性有身份证号、姓名、性别、年龄、身高和体重等，行为有肢体动作、生理活动和心理活动等。再如，一个移动通信设备（如手机），它的 CPU、主频、内存、外存和尺寸等参数都是它的属性，而它所能完成的功能就是它的行为。有些对象的行为比较明显，有些对象的行为则不太明显。

5.1.2 类的概念

类是对同一类对象的属性和行为的封装。用类描述同一类对象时应符合人们一般的思维习惯，在众多的事物中通过分析、归纳和抽象可以得到不同的类。

抽象就是忽略事物中与当前目标无关的非本质特征，更充分地关注与当前目标有关的本质特征，从而找出同一类事物的共性，并把具有共性的事物划为一类，得到一个抽象的结果。抽象是对事物的高度概括。抽象除了抽象出事物的属性，还应该抽象出事物的行为，因为事物的属性和行为是密不可分的。

抽象应该根据问题的需要来进行，同一类对象在不同领域抽象的结果有所不同。例如，同样是描述学生的类，在学籍管理系统中，应该抽象出学号、姓名、各科课程成绩等属性；而在学生健康管理系统中，除了抽象出学号和姓名外，还应抽象出身高、体重及各项生理指标等属性。在这两个系统中，虽然是同一类学生，但抽象的结果不同。

抽象应该按照人们的思维习惯进行。例如，人和计算机的关系是使用和被使用的关系，虽然两者之间有关系，但不能把人脑和计算机归为一类。

抽象之后应该进行封装（encapsulation），就是把对象的属性和行为结合成一个相对独立的单位，并尽可能隐蔽对象的内部细节。封装有两个含义：一是把抽象出的对象的属性和行为结合在一起，形成一个不可分割的独立单位；二是尽可能隐蔽对象的内部细节，对外形成一道屏障，对类的属性和行为起到保护作用，但要提供类内部与外部进行信息交流的适当接口。例如，一个指针式钟表，时、分、秒是它的属性，显示时间和调整时间是它的行为，人们通过它的行为可以知道时间，时间不准确时还可以调整它的时、分属性，但是调整时间时只能按照时针和分针相对固有的频率进行调整，而不能单独调整时针或分针，从而对时间属性起到保护作用。

封装的信息隐蔽性反映了事物的相对独立性，人们可以只关心它对外所提供的接口，即能做什么，而不必关注其内部的实现细节。封装的结果使对象以外的部分不能随意存取对象的内部属性，从而有效地避免了外部错误对对象的影响。当对对象内部进行修改时，它只通过少量的外部接口对外提供服务，因此同样减小了内部的修改对外部的影响。

不能过分地强调封装。如果过分地强调封装，则对象和外界的信息交流将会变得非常困难。例如，上面例子中的指针式钟表，如果一块表只提供了显示时间的功能，而没有提供调整时间的功能，则这块表无法使用。在实际的编程中过分地强调封装会为编程工作增加负担，增加运行开销，降低程序的运行效率。所以在封装时使对象有不同程度的可见性，既能保证信息和操作的隐蔽，又能保证对象和外界有适当的联系。

5.1.3 继承

继承是在已有类的基础上生成新类的过程。已有类是一般类，新类是特殊类。通过继承，特殊类拥有一般类的属性和行为，特殊类中不必重新定义已在一般类中定义过的属性和行为，它能够隐含其一般类的属性与行为。一个特殊类既有自己新定义的属性和行为，又有继承下来的属性和行为。继承又可以称为派生，即一般类派生出特殊类。一般类又可以称为基类或父类，特殊类又可以称为派生类或子类。

继承能反映出客观世界中事物之间的层次关系。抽象的原则就是舍弃对象的特性，提取其共性，从而得到一个适合的类。如果在这个类的基础上再考虑抽象过程中各对象被舍弃的那部分特性，则可形成一个新类。这个类具有前一个类的全部特征，它是前一个类的子集，因此形成一种层次结构，即继承结构。

继承具有传递性。一个特殊类 B 继承自一个一般类 A，而这个特殊类 B 作为一般类又可以派生出下层的特殊类 C，则在继承过程中，类 C 不但可以继承类 B 的属性和行为，还可以间接地继承类 A 的属性和行为。继承可以一层一层地传递。例如，在图 5.1 中，交通工具类派生出汽车类，汽车类派生出客车类。客车类不仅可以继承汽车类的属性和行为，还可以继承交通工具类的属性和行为。

一个子类可以同时继承自多个父类，可以将多个父类中的多个属性和行为继承下来，这种情况称为多重继承。例如，在图 5.2 中，类 Base1、Base2 和 Base3 共同派生出类 Derived，类 Derived 同时拥有类 Base1、Base2、Base3 的属性和行为。一个特殊类只能有一个父类的情况称为单重继承，而 Java 只支持单重继承。

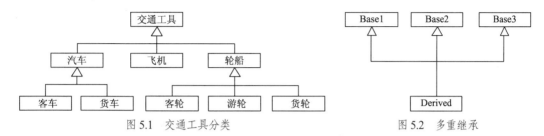

图 5.1　交通工具分类　　　　　　　图 5.2　多重继承

继承是实现多态性的前提条件，所以继承具有承前启后的作用。

在软件开发过程中，利用继承性可以实现代码的重用，缩短软件的开发周期，提高软件开发的效率，使软件易于维护和修改。因为通过继承，子类可以直接拥有父类中的行为，而不必重新编写（当然，如果有需要，也可以重新编写）。如果要修改或增加某一属性/行为，只需在相应的类中进行改动，而它派生的所有类都自动地、隐式地做了相应的改动。

5.1.4　多态

多态就是同一类对象表现出的不同行为。例如，图 5.1 所示的交通工具类，虽然汽车、飞机和轮船都是交通工具，但它们的运行方式（行为）是不同的，运行方式的不同就可以称为交通工具对象的多态性。

多态性强调的是同一类对象的不同行为。如果不是同一类对象，即使行为不同，也不能称为多态性。例如，人的行走方式和交通工具的运行方式，虽然两者的行为不同，但是因为不是同一类对象，所以不能称人和交通工具具备多态性。

在面向对象技术中，用父类对象可以表示子类对象。例如，将汽车、飞机或轮船可以称为交通工具（交通工具表示的可能是汽车、飞机或轮船），但是反之则不行，如称交通工具是汽车或轮船就不恰当了。

在编程实现多态性时，父类中必须定义自身对象的行为。因为一个子类的行为与父类及其他子类的行为不同，所以子类中都应该对继承自父类中的行为进行重新定义以便能正确表示出子类对象的行为。具体实现时，用父类的对象表示子类对象，通过父类对象表示对象行为时，系统能够判定父类对象表示的是自身对象还是哪一个子类的对象，从而能准确地使对象所在类中的行为表现出来，实现多态性。

5.2　类

面向对象技术是从对象的角度观察和认识世界，但是对象属于类，所以必须先定义类，再由类生成对象。本节讲解类的定义及类中域和方法的定义。

5.2.1 类的定义

类的定义形式如下。

```
class 类名 {
    域的定义;
    方法的定义;
}
```

类的定义

class 是关键字，其表示定义类。"类名"是类的标识，每一个类都应有一个名称，命名规则与变量名的命名规则相同。"{}"内的部分是类体，即类实现部分。类体中包括域（field）和方法（method）的定义。域对应对象中的属性（C++称为数据成员），方法对应对象中的行为（C++称成员函数）。一般地，方法依据属性的变化而定义，方法是对属性数据的处理。如果一个方法对所在类之外的数据进行处理，则该方法定义不恰当。

5.2.2 域的定义

域是对象的属性，也是对象中的数据。域的定义形式如下。

```
数据类型 域1[=初值1],域2[=初值2],……
```

定义域时，可以给域赋初值。例如，描述学生 Java 课程的成绩如下。

```
double javaScore=80;
```

类中定义的每个域都有默认的初值。数值型（如 int、double 等）域的初值都为 0，字符型（char）域的初值为空（ASCII 值为 0），布尔型（boolean）域的初值为 false，对象类型域的初值为 null。如果定义域时给定了域的初值，则按给定的初值对域初始化。此外，还可以在创建对象时利用静态初始化器（参见 5.10 节）或实例初始化器、构造方法对域初始化（参见 5.5 节）。

定义类时应该根据问题需要先抽象出对象的域。

【问题1】平面上有若干个圆，现在想计算出每个圆的面积和周长，该如何处理？

圆的面积和周长与圆周率和圆的半径有关，而圆周率是常数，所以只要知道圆的半径就可以计算出圆的面积和周长。现在采用面向对象的方法计算圆的面积和周长，所以应该定义一个圆类，然后用圆类的对象表示圆，再计算圆对象的面积和周长。

这样的问题只需要抽象出一个半径 radius 作为类的域即可。

```
double radius;
```

【问题2】平面上有若干个圆，现在想计算出每个圆的面积和周长，每个圆都有确定的位置，并可以对圆进行平行移动，该如何处理？

首先，与问题1相同，必须抽象出圆的半径（radius）。其次，圆的位置可以用圆的圆心表示，在平面上可用圆心的水平（x）和垂直（y）方向的分量表示，所以问题2应该抽象出以下3个域。

```
int x,y;
double radius;
```

可见，抽象域时应根据问题的需要而抽象，类中的域不能多，更不能少。

5.2.3 方法的定义与使用

1. 方法的定义

方法是对象的行为，在程序中方法是对对象的域进行处理的工具。方法的定义形式如下。

方法的定义与
使用

```
方法类型 方法名([形式参数]) {
……  //方法体
}
```

（1）方法名

"方法名"是方法的标识，每一个方法都应该有一个名称，命名规则与变量名命名规则相同。

（2）方法类型

方法是用来进行数据处理的，数据处理后应该将处理的结果返回给主调方法（调用当前方法的方法）。返回的结果也是数据，也应该有类型。"方法类型"就是返回值的类型。如果一个方法不返回值，方法类型应该定义为 void。使用 return 语句可以将处理后的数据返回，return 语句的语法形式如下。

```
return 表达式;
```

执行 return 语句时，先将表达式的值计算出来，再由 return 语句将值返回。

一个方法中可以有多条 return 语句。当某一条 return 语句被执行后，不管该语句后还有多少条语句，都不再执行了，直接返回到主调方法。

如果一个方法不返回值（void 型方法），则可以不写 return 语句，默认方法中最后一条语句执行完后方法返回到主调方法中。此外，也可以使用一个或多个 return 语句，但 return 语句后面一定不能有表达式，例如下面的形式。

```
return;
```

同样，当执行 return 语句时，不管其后还有多少语句，都不再执行了，而是返回到主调方法。

（3）形式参数

"形式参数"是传递给该方法的参数。当一个方法被调用时，如果需要往方法中传递数据，就可以通过形式参数进行传递。形式参数的定义形式如下。

```
数据类型 1 参数名 1,形式参数 2 参数 2,……
```

形式参数可以没有。如果没有形式参数，方法后面的括号也不能缺（写一个空括号）。

（4）方法体

"{}"之间是方法体，是方法功能的实现部分；数据处理语句就定义在方法体中。方法体可以是空方法体。

定义类中的方法时应该先进行方法抽象。方法抽象主要根据域的变化需求来定义方法，其次可根据类的其他需要定义必要的方法。

5.2.2 小节中的问题 1 因为要计算面积和周长，所以需要定义一个计算面积的方法和一个计算周长的方法，如下所示。

```
double area();
double perimeter();
```

5.2.2 小节中的问题 2 因为要进行平移，所以还需要定义一个方法对圆进行移动，如下所示。

```
void move(int offX,int offY);
```

对对象的域和方法抽象完成后，就可以定义类了。例如，在 5.2.2 小节的问题 1 中给圆类起一个名字 Circle，则 Circle 类可定义为如下形式。

```
class Circle{
    double radius;
    double area()
    {//方法体}
    double perimeter()
```

```
    {//方法体}
  }
```

▶开动脑筋
定义类前，是先抽象域，还是先抽象方法？或同时抽象域和方法？

2．方法的使用

方法的使用习惯上称为方法的调用。一般地，调用其他方法的方法称为主调方法，被其他方法调用的方法称为被调方法。定义方法时的参数称为形式参数，调用方法时的参数称为实际参数。实际参数可以是表达式，这样当调用一个方法时，先将实际参数表达式的值计算出来后再将值传递给形式参数，并不是将表达式传递给形式参数。

3．方法的递归调用

一般地，一个方法调用了另外一个方法，而这个被调用的方法又调用了其他方法，其他方法还可以再调用其他方法，这种调用过程称为方法的嵌套调用。在程序设计过程中，方法嵌套调用是经常使用的。例如，例4.2中，main( )方法调用了sort( )方法和print( )方法。

如果一个方法直接或间接地调用了自身，这种调用称为递归调用。通过递归调用，编程人员可以将问题简化为规模缩小的同类问题的子问题。使用方法递归调用时，应满足3个要求：一是每一次的调用都会使问题得到简化；二是前后调用应该有一定的关系，通常是前一次调用要为后一次调用准备好条件（数据）；三是在问题规模极小时应该终止递归调用，以避免无限递归调用，也就是应该有递归调用结束的条件。

【例5.1】计算$n!$。

【问题分析】此问题用一个循环可以很容易地计算出来，但本例采用递归的方法来计算。$n!$可以用如下过程进行计算。

$n!=n\times(n-1)!$

$(n-1)!=(n-1)\times(n-2)!$

……

$2!=2\times1!$

$1!=1$

图5.3　例5.1
的运行结果

从上述过程可以看出，假设知道$(n-1)!$的值，则很容易计算出$n!$的值；假设知道$(n-2)!$的值，则很容易计算出$(n-1)!$的值；……直到$n=1$时，直接可以得出$n!$的值。如果采用递归方法来计算，则每一次的计算都是相同的问题，而问题的规模在变小，还可以适时终止。将上述过程用以下数学公式表示。

$$n! = \begin{cases} n\times(n-1)! & n>1 \\ 1 & n=1 \end{cases}$$

程序如下，程序运行结果如图5.3所示。

```
public class Example5_01{
    public static void main(String args[]){ //main()方法
        int n = 8;
        long f;
        f = fac(n);                    //调用fac()方法计算8!
        System.out.printf("%d!=%d\n", n, f);
        System.out.println(fac(5));   //直接调用fac()方法计算6!
    }
    //fac()方法为递归方法
```

例5.1编程视频

```
static long fac(int n){
    if (n > 1)
        return n * fac(n - 1);      //计算 n!, 由 return 语句将值返回, 递归
    else
        return 1;                    //1!, 由 return 语句将值返回
    }
}
```

【例 5.2】用递归方法找出斐波那契（Fibonacci）数列的第 20 个元素。

【问题分析】斐波那契数列是这样一个数列：前两项都是 1，其后每一项都是前两项之和，如下面的数列所示。

```
1,1,2,3,5,…
```

采用递归的方法可以归纳出下面的数学函数。

$$fib(n) = \begin{cases} fib(n-1) + fib(n-2) & n > 2 \\ 1 & n=1 或 n=2 \end{cases}$$

$fib(n)$表示第 n 个斐波那契数。程序如下，程序运行结果如图 5.4 所示。

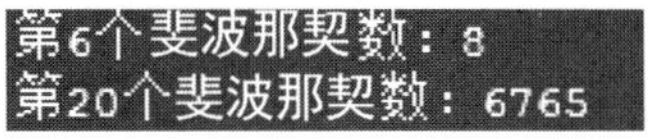

第6个斐波那契数：8
第20个斐波那契数：6765

图 5.4　例 5.2 的运行结果

```
public class Example5_02{
    public static void main(String args[]){
        System.out.println("第 6 个斐波那契数: " + fib(6));       //计算第 6 个斐波那契数
        System.out.println("第 20 个斐波那契数: " + fib(20));     //计算第 20 个斐波那契数
    }
    //定义方法 fib(), 用于计算第 n 个斐波那契数
    static int fib(int n){
        if (n > 2)                                                //前两个斐波那契数之和
            return fib(n - 1) + fib(n - 2);                       //递归调用
        else//n=1 或 n=2, 值为 1
            return 1;
    }
}
```

用递归方法解决问题时，程序结构比较清晰、简洁，但是递归方法的效率较低，占用资源较多。

4．方法的重载

方法的重载是指在同一作用域内，可以有一组具有相同方法名、不同参数表的方法，这组方法被称为重载方法。重载方法通常用来命名一组功能相似的方法，这样做减少了方法名的数量，提高了程序的可读性和方法的可调用性。下面的方法定义在同一类中。

```
int add(int a,int b){…}
double add(double a,double b){…}
int add(int a,int b,int c){…}
```

这 3 个方法构成重载方法。下面的方法也定义在同一个类中。

```
int add(int a,int b){…}
void add(int x,int y){…}
```

这不是重载方法，而是方法重定义，编译时会给出错误信息。重载方法是通过参数的类型不同或参数个数不同来区分的，不能通过参数名和方法类型来区分。

当调用某一个重载方法时，只要给出相应的实际参数，Java 虚拟机会根据实际参数的类型自动调用对应的方法，程序员无须判断调用哪一个方法。

【例5.3】编程计算两个同类型的数之和。

【问题分析】计算机处理的数据必须有数据类型。题目中没有给出具体的数据类型，假设有 3 种
类型的数据，分别是整型、长整型和双精度型。因为数据类型
不同，所以这里应该定义 3 个方法分别计算 3 种类型数之和。
又因为 3 个方法功能相近，所以这里将 3 个方法定义为一组重
载方法。程序如下，程序运行结果如图 5.5 所示。

```
15+25=40
1234.567+987.665=2222.232
1234566788+9876543210=11111109998
```

图 5.5　例 5.3 的运行结果

例 5.3 编程视频

```java
public class Example5_03{
    public static void main(String args[]){
        int a = 15, b = 25;
        System.out.println(a + "+" + b + "=" + add(a, b));//调用第1个add()方法
        double x = 1234.567, y = 987.665;
        System.out.println(x + "+" + y + "=" + add(x, y));
        //调用第3个add()方法
        long m = 1234566788L, n = 9876543210L;            //常数后加L表示长整型数
        System.out.println(m + "+" + n + "=" + add(m, n)); //调用第2个add()方法
    }
    //计算两个int型数据之和
    static int add(int a,int b){
        return a + b;
    }
    //计算两个long型数据之和
    static long add(long a,long b){
        return a + b;
    }
    //计算两个double型数据之和
    static double add(double a,double b){
        return a + b;
    }
}
```

【例5.4】找出两个整型数、3 个整型数或 4 个整型数中的最大数。

【问题分析】本例可以分别定义 3 个方法完成题目要求。因为 3 个方法的功能
相似，所以这里可以将 3 个方法定义为重载方法；调用时只要给出实际参数就可
以调用相应的方法找出最大数。部分程序如下，完整程序见例 5.4 源代码，程序
运行结果如图 5.6 所示。

例 5.4 源代码

```
两个数中的最大数：25
3个数中的最大数：25
4个数中的最大数：45
```

图 5.6　例 5.4 的运行结果

```java
public static void main(String args[])
{
    int a = 25, b = -30, c = 12, d = 45;
    int m;

    m = max(a, b);                //求两个数中的最大数，调用第1个max方法
    System.out.println("两个数中的最大数: " + m);

    m = max(a, b, c);            //求3个数中的最大数，调用第2个max方法
    System.out.println("三个数中的最大数: " + m);

    m = max(a, b, c, d);        //求4个数中的最大数，调用第3个max方法
    System.out.println("四个数中的最大数: " + m);
}
//求两个数中最大数的方法
static int max(int a, int b)
{
    if (a > b)
        return a;
```

```
        return b;
    }
```

▶开动脑筋

在例 5.4 中只定义方法 static int max(int a,int b)能不能达到题目要求？

5.3 对象

定义一个类相当于定义了一个新的数据类型，程序不能处理类，其处理的是类的对象，因此编程人员必须定义对象。

5.3.1 Java 中对象的概念

由类所定义的变量就是对象。对象虽然是变量，但是对象型的变量不同于简单变量（如 int a;）。对象中除了有数据外，对象本身还有行为。

5.3.2 对象的创建与表示

一般创建对象可以通过以下 3 个步骤实现。

（1）声明对象名

声明对象名的语法形式如下。

```
类名 对象名;
```

例如，为 5.2.3 小节中定义的圆类 Circle 声明一个对象的语句如下。

```
Circle myCircle;
```

myCricle 是一个对象名，它将来可以用于表示一个 Circle 类的对象。

（2）创建对象

new 运算符后跟构造方法（见 5.5 节）就可以创建对象。创建对象的语法形式如下。

```
new 构造方法([实际参数]);
```

如果定义构造方法时，构造方法有参数，则调用构造方法还需要给出实际参数。例如，创建一个 Circle 类的对象可使用如下语句。

```
new Circle();
```

（3）表示对象

将（1）声明的对象名和（2）创建的对象通过赋值形式结合在一起，就可以表示出创建的对象。对象的表示形式如下。

```
对象名 = new 构造方法();
```

示例如下。

```
myCricle = new Circle();
```

对象名"myCircle"表示对象"new Circle( )"。对象的声明和创建可以用一条语句实现，示例如下。

```
Circle myCircle = new Circle();
```

同时声明多个对象，示例如下。

```
Circle myCircle = new Circle(),yourCircle = new Circle();
```

对象的创建与
表示

每一次使用"new Circle()"都创建一个全新的对象，与其他对象都不同。myCircle 和 yourCircle 表示的对象是两个不同的对象。虽然两个对象中都有域 radius，但它们是两个没有任何必然关系的 radius。

5.3.3 对象的内存模型

语句"Circle myCircle;"是一个对象名，也是一个变量名，并不是一个真正的对象。而"new Circle()"是一个真正的对象，但是它没有名称，程序无法使用这个对象。它占用内存，并且整个表达式的值是该对象在内存中的地址。赋值表达式"myCircle = new Circle()"用于将对象的地址保存在对象变量 myCircle 中。访问对象变量 myCircle 就可以得到对象在内存中的位置，进而可以访问到这个对象。对象的内存模型如图 5.7 所示。

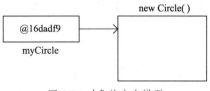

图 5.7　对象的内存模型

5.3.4 对象的使用

创建对象后就可以使用对象了。使用对象时只能通过对象名访问对象中的成员，而不能整体使用对象。使用对象中的域的语法形式如下。

> 对象名.域名

使用对象中的方法的语法形式如下。

> 对象名.方法名([实际参数表列])

【例 5.5】对 5.2.2 小节中的问题 1 计算半径分别为 10 和 15 的两个圆的面积和周长。

【问题分析】用面向对象方法解决这个问题时应定义一个圆类，再用这个类定义两个对象，并使这两个对象的半径分别为 10 和 15（改变圆的半径需要定义相应的方法），再调用计算圆的面积和周长的方法进行计算。程序如下，程序运行结果如图 5.8 所示。

例 5.5 编程视频

```
area:314.16,perimeter:62.83
area:706.86,perimeter:94.25
```

图 5.8　例 5.5 的运行结果

```java
class Circle{                               //Circle类
    double radius;                          //域，半径
    void setRadius(double r){               //方法，设置圆半径
        radius = r;
    }
    double area(){                          //方法，求圆的面积
        //Math 是 Java 中的一个类，其静态域 PI 表示圆周率
        return Math.PI*radius*radius;
    }
    double perimeter(){                     //方法，求圆的周长
        return 2*Math.PI*radius;
    }
}
public class Example5_05{
    public static void main(String args[]){
        double area,perim;

        Circle circle = new Circle();       //声明和创建对象
```

```
        circle.setRadius(10);                    //设置圆半径
        area = circle.area();                    //计算圆的面积
        perim = circle.perimeter();              //计算圆的周长
        System.out.printf("area:%.2f,",area);    //保留两位小数
        System.out.printf("perimeter:%.2f\n",perim);
        circle = new Circle();                   //创建新对象，原对象丢失
        circle.setRadius(15);
        area = circle.area();
        perim = circle.perimeter();
        System.out.printf("area:%.2f,",area);
        System.out.printf("perimeter:%.2f\n",perim);
    }
}
```

面向对象与面向过程的程序设计是有区别的。在上面的类中，方法 area( )没有参数，计算圆的面积时必须通过对象 circle 调用 area( )，对象 circle 中的域 radius 是圆的半径。当通过对象调用方法 area( )时，方法 area( )用对象 circle 的半径计算 circle 的面积，方法 area( )所需要的数据来自对象。

如果是面向过程的程序设计（C 语言程序设计），定义 area( )方法时，area( )方法必须带有参数。当这个方法被调用时，由这个参数向方法传递圆的半径值。

5.3.5　this 关键字

this 是对象名，是对象的别名，其又称对象的引用。

this 的作用范围在方法中。当通过一个对象调用一个方法时，系统会将当前对象的引用传递到方法中，在该方法中就可以通过 this 访问这个对象。

this 关键字

【例 5.6】为 5.2.2 小节中的问题 2 定义圆类计算圆的面积和周长，并表示圆的位置和移动圆。

图 5.9　例 5.6 的运行结果

【问题分析】圆的位置可以用圆心的坐标表示，所以需要定义两个域 x 和 y 表示圆心。移动圆是圆的行为，所以这里还需要定义一个移动圆的方法。程序如下，程序运行结果如图 5.9 所示。

```
class Circle{
    double radius;
    int x,y;                             //域，表示圆心
    void setRadius(double radius){       //注意，参数名与例 5.5 的不同
        this.radius = radius;            //使用了 this
    }
    void setXY(int x,int y){             //方法，设置圆心坐标
        this.x = x;                      //使用了 this
        this.y = y;
    }
    void move(int offsetX,int offsetY){
        x += offsetX;                    //没有使用 this
        y += offsetY;
    }
    double area(){                       //没有使用 this
        return Math.PI*radius*radius;
    }
    double perimeter(){                  //方法，求圆的周长
        //没有使用 this
        return 2*Math.PI*radius;
    }
}
public class Example5_06{
```

例 5.6 编程视频

```
public static void main(String args[]){
    Circle 圆1 = new Circle();
    圆1.setRadius(10);
    圆1.setXY(15,20);                      //设置圆的位置
    System.out.printf("圆1面积: %.2f,",圆1.area());          //计算面积并直接输出
    System.out.printf("圆1周长: %.2f\n", 圆1.perimeter());
    //直接通过对象名访问域x和y并输出
    System.out.println("圆1位置: "+圆1.x+","+圆1.y);
    圆1.move(10,15);                       //移动圆
    System.out.println("圆1移动后的位置: "+圆1.x+","+圆1.y);
    Circle 圆2 = new Circle();
    圆2.setRadius(15);
    System.out.printf("圆2面积: %.2f,",圆2.area());          //计算面积并直接输出
    System.out.printf("圆2周长: %.2f\n", 圆2.perimeter());
    }
}
```

类 Circle 中定义的方法 setRadius(double radius)中使用了 this。因为方法中的参数 radius 与对象 "圆1" 中的域同名，所以为了明确表示当前对象的域，这里在域前面加上了 this——"this.radius"，以区别于参数 radius。如果域前面不加 this，则在方法 setRadius( )中使用的都是方法参数 radius，不能访问到对象中的域 radius。一般地，如果域名与方法中的局部变量同名，则局部变量隐藏了域。为了区分域和局部变量，或者为了能访问到域，应该在域名前加 this。在方法 area( )和 perimeter( )中，因为没有与域重名的局部变量，所以域名前不需要加 this，当然，加上更明确。

一个方法可以被本类的多个对象调用，哪一个对象调用该方法，this 就表示哪一个对象。例如上例中，"圆1" 和 "圆2" 都调用了方法 setRadius( )。当 "圆1" 调用时，在 setRadius( )中 this 表示对象 "圆1"；当 "圆2" 调用时，在 setRadius( )中 this 表示对象 "圆2"。

5.4 访问权限

访问权限

类是对同一类对象的域和方法的封装。封装时不是简单地把域和方法定义在一起，还要对域或方法起到适当的保护作用。尤其是数据（域），数据是重要的。如果不希望对象中的数据被随意修改，则应该把数据严格地保护起来。

对数据或方法的保护可以通过设定访问权限来实现。

5.4.1　访问权限的概念

访问权限是指对对象中成员访问的限制。通过设定访问权限，限制能够或不能够访问某些成员，从而对成员起到保护作用。

Java 中有 3 个访问限定词，分别是 private（私有的）、protected（保护的）和 public（公有的）。将访问限定词放在域或方法名前就可以设定域或方法的访问权限。域或方法名前面可以没有访问限定词，如果没有访问限定词，则该域或方法的访问权限是默认的或友好的。

访问权限只是在类体之外对域或方法访问的限制。在类的内部，任何一个方法都可以直接访问本类中其他的域或方法，没有限制。

5.4.2　私有域和私有方法

在定义域或方法时，在域或方法前加关键字 private，表示域或方法的访问权限是私有的。定义

形式如下。

```
private 数据类型 域;
private 方法类型 方法名([参数]){方法体}
```

私有的域或方法只能被其所在类的方法访问或调用，在类体之外不能通过对象名直接访问。私有的域或方法具有最高的保护权限。

5.4.3　公有域和公有方法

在定义域或方法时，在域或方法前加关键字 public，表示域或方法的访问权限是公有的。定义形式如下。

```
public 数据类型 域;
public 方法类型 方法名([参数]){方法体}
```

对于公有成员，类中的其他方法可以访问公有的域或方法，在类体之外可以通过对象名访问公有的域或方法，还可以被同一包中的子类方法或不同包中的子类方法直接访问（关于包的概念参见5.8 节）。总之，公有成员在程序的任何地方都可以被访问。前面例题中的 main() 的访问权限都是public，其表示在任何地方都可以运行这个程序。

通过公有的域或方法，对象与其他对象可以进行信息交换，公有的方法可以看作对象与外界的接口。

5.4.4　保护的域和保护的方法

在定义域或方法时，在域或方法前加关键字 protected，表示域或方法的访问权限是受保护的。定义形式如下。

```
protected 数据类型 域;
protected 方法类型 方法名([参数]){方法体}
```

保护的成员可以被所在类的其他方法访问；被子类继承后，其可以被子类中的其他方法直接访问；在同一个包中，其可以通过对象名直接访问；不是同一个包中的非子类，不能通过对象名直接访问（子类的概念参见第6章）。

5.4.5　默认访问权限的域和方法

如果在定义域或方法时，在域或方法前不加任何访问限定词，则域或方法的访问权限是默认的。例如，例 5.5 和例 5.6 中，域和方法名前都没有访问限定词，它们的访问权限都是默认的。

默认访问权限的域或方法可以被类中的其他方法直接访问；在这个类所在的包中可以在类体之外通过对象名直接访问。默认的域或方法具有包的访问权限，利用包的访问权限可以提高访问的灵活性。表5.1 列出了访问权限的作用范围。

表 5.1　访问权限的作用范围

	同一个类	同一个包	不同包的子类	不同包的非子类
private	√			
default	√	√		
protected	√	√	√	
public	√	√	√	√

使用访问权限时，一般应该将域定义为 private（因为数据是重要的），以防止对象的域值被随意改写。

方法一般定义为 public，以让公有方法成为对象和外界进行数据交换的"窗口"（接口）。如果将方法也定义为 private，则对象就会成为一个与外界无任何接触的孤立对象，而孤立的对象是没有存在的意义的。

如果类中的成员不希望被类体外其他的类通过对象访问，而又希望能够被子类直接访问（可提高访问的方便性），成员的访问权限应该定义为 protected。

【例 5.7】将例 5.6 中 Circle 类的域定义为 private，方法定义为 public。

【问题分析】将域的访问权限定义为私有的，则域 x 和 y 在类体外不能通过对象名访问，所以在类中需要增加公有的方法 getX() 和 getY() 以便获得私有域 x 和 y。部分程序如下，完整程序见例 5.7 源代码，程序运行结果如图 5.10 所示。

```
圆1面积：314.16,圆1周长：62.83
圆1位置：15,20
圆1移动后的位置：25,35
```

图 5.10　例 5.7 的运行结果

```java
class Circle{
    private double radius;              //私有域
    private int x,y;
    //下面的方法都是公有的
    public void setRadius(double radius){
        this.radius = radius;           //同一类访问私有域无限制
    }
    //定义公有的方法 getX()，以便在类外可以获得私有域 x
    public int getX(){
        return x;
    }
    //定义公有的方法 getY()，以便在类外可以获得私有域 Y
    public int getY(){
        return y;
    }
    //其他方法略
}
```

例 5.7 源代码

5.4.6　public 类

关键字 public 还可以修饰类，使类成为公共类。

公共类可以被任何其他包中的类访问，公共类中的公有成员也可以被任何其他包中的类访问。

一个 Java 源程序文件中可以定义多个类，但是最多只能有一个类是公共类。一般地，main() 方法应该定义在公共类中（参见前面各章中的例题）。main() 方法本身是公有的，所以在任何地方都可以直接运行程序。这样也是把 main() 的访问权限声明为 public，并且定义在公共类中的原因。

5.5　构造方法

5.5.1　构造方法的作用

构造方法

在 5.3.2 小节中讲对象的创建时提到了构造方法（constructor），构造方法用于创建对象。如果一个类中没有定义合适的构造方法，相应的对象是不能创建的，所以构造方法的作用就在于创建对象。

当对象被创建时，构造方法就会被调用，所以利用构造方法可以对对象中的域进行初始化。

构造方法的作用是创建对象，其次是初始化对象。

5.5.2 实例初始化器

除了在创建对象时可以利用构造方法对域进行初始化外，还可以在类中定义实例初始化器，利用实例初始化器对域进行初始化。实例初始化器也是一个方法，但它只有方法体，没有方法头部。实例初始化器的定义形式如下。

```
{
    //实例初始化器的方法体
}
```

实例初始化器在构造方法调用之前被调用。也就是说，每一次调用构造方法创建对象时，都要先调用实例初始化器，然后才能调用相应的构造方法。

一个类中最多只能定义一个实例初始化器。根据需要，可以定义，也可以不定义。

5.5.3 构造方法的定义与使用

构造方法是类中的方法，但与一般的方法定义有所不同。构造方法没有类型、没有返回值，方法名与所在类的类名相同；其参数和方法体与一般方法的参数和方法体定义一样，可以重载。多数情况下访问权限定义为 public，以便在类外可以创建该类的对象。构造方法的定义形式如下。

```
方法名([形式参数表列]){
//构造方法的方法体
}
```

其中的"方法名"与所在类的类名相同。

【例 5.8】重写例 5.7 中的 Circle 类，类中定义必要的构造方法。

部分程序如下，完整程序见例 5.8 源代码，程序运行结果如图 5.11 所示。

例 5.8 源代码　例 5.8 编程视频

```
class Circle{
    private double radius; //私有域
    private int x,y;
    {//实例初始化器
        x = -100;
        y = -200;
        radius = -12;          //注意，负值
    }
    //重载的构造方法
    public Circle(){           //构造方法1，方法体为空，没有对域初始化
    }

    //构造方法2，只对radius域初始化
    public Circle(double radius){
        this.radius = radius;
    }
    public Circle(double radius,int x,int y){      //构造方法3，对3个域初始化
        this.radius = radius;
        this.x = x;
        this.y = y;
    }
    //其他略
}
```

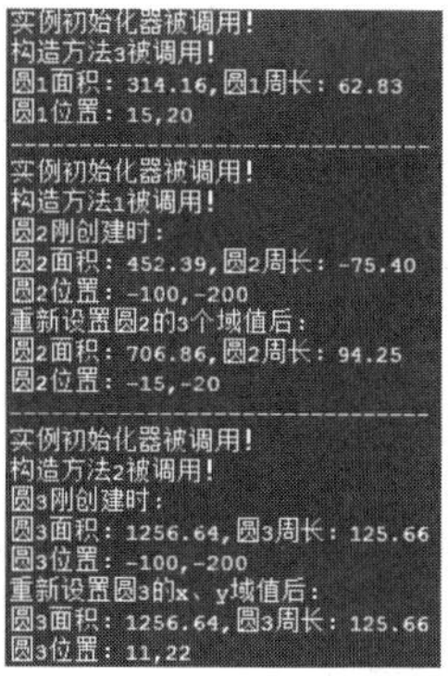

图 5.11　例 5.8 的运行结果

类和对象 / 第 5 章

```
public class Example5_08{
    public static void main(String args[]){
        //调用第3个构造方法，3个域先被实例初始化器初始化，后被构造方法初始化
        Circle 圆1 = new Circle(10,15,20);
        System.out.printf("圆1面积：%.2f,",圆1.area());
        Circle 圆2 = new Circle();           //调用第1个构造方法，3个域都被实例初始化器初始化
        System.out.printf("圆2周长：%.2f\n", 圆2.perimeter());
        圆2.setRadius(15);                   //重新设置radius域
        System.out.printf("圆2周长：%.2f\n", 圆2.perimeter());
    }
}
```

第1次计算圆2的周长是负值，因为在实例初始化器中radius初始化为负值。圆2和圆3创建时的位置是一样的，因为域x和y也是由实例初始化器初始化的。

如果类中不定义构造方法，则编译器在编译时会添加一个无参数、空方法体的构造方法，其类似例5.8中的第1个构造方法（使用这个构造方法也可以创建对象）。在例5.6和例5.7中，Circle类都没有定义构造方法，但是也能创建对象，原因就是使用了系统提供的这个构造方法。这个构造方法也称默认的构造方法。

如果在类中定义了构造方法，则编译器不会再提供默认的构造方法。在例5.8中，如果Circle类中不定义第1个构造方法（无参构造方法），则对象"圆2"无法创建，编译时会出现语法错误，因为在类中无对应的构造方法。因此，为了创建有任何初始状态的对象，类中应该定义足够多的构造方法。

从例5.8中还可以看出，每次创建对象时，实例初始化器首先被调用，随后才调用构造方法。

5.6　参数的传递

参数的传递

定义方法时，如果方法有参数，则调用方法时必须向被调用方法传递数据。

数据传递时，程序是将实际参数的值传递给方法的参数；如果实际参数是一个表达式，要将表达式的值计算出来之后再传递给方法的参数。

根据被调用方法是否能改变实际参数的值（前提是实际参数是一个变量，而不是常量或表达式），参数传递分为基本类型的参数传递和非基本类型的参数传递，参数类型不同，方法调用后实际参数变量的值会发生改变。数组和对象类型的参数属于非基本类型。

5.6.1　基本类型数据作方法的参数

定义方法时，方法中的参数是基本数据类型。当方法被调用时，Java虚拟机为形式参数开辟内存空间，将实际参数的值存入形式参数的内存空间。

实际参数（变量）与方法参数分别占用不同的内存空间，所以方法参数值的改变并不影响实际参数的值。

【例5.9】定义一个方法改变平面上一个点的位置。

【问题分析】用(x,y)表示平面上的点，再定义一个方法，方法中有两个参数，分别接收x和y的值。在这个方法中改变x和y的值，当方法调用结束后，程序员查看主调方法中x和y的值是否发生了改变。程序如下。

```
public class Example5_09{
    public static void main(String args[]){
        int x = 15,y = 25;                      //一个点的坐标
```

```
        System.out.printf("%35s","调用 move()方法前点的坐标：");
        System.out.println("("+x+","+y+")");        //调用前输出点的坐标
        move(x,y);                                  //调用 move()方法试图改变点的位置

        System.out.printf("%35s","调用 move()方法后点的坐标：");
        System.out.println("("+x+","+y+")");        //调用后输出点的坐标
    }
    //move()方法，对一个点进行移动，有两个基本类型参数
    static void move(int x,int y){
        x = x + 10;                                 //改变点的坐标
        y = y + 10;
        System.out.printf("%19s","在 move()方法中改变坐标后点的坐标：");
        System.out.println("("+x+","+y+")");        //输出点坐标，看是否变了
    }
}
```

程序运行结果如图 5.12 所示。

```
        调用move()方法前点的坐标：(15,25)
在move()方法中改变坐标后点的坐标：(25,35)
        调用move()方法后点的坐标：(15,25)
```

图 5.12　例 5.9 的运行结果

从程序运行结果可以看出，在 move( )方法中点的坐标确实发生了改变。但是，当 move( )方法调用结束返回到 main( )方法后，点的坐标并没有发生改变。当 move( )方法被调用时，main( )方法中的 x 和 y 将值传递给 move( )方法中的参数 x 和 y，虽然参数的名称一样，但是 main( )方法中的 x 与 move( )方法中的 x 是两个不同的变量，它们分别有自己的内存空间，move( )中的 x 发生改变，main( )中的 x 不是必然要随着改变的，变量 y 也是如此。

因此，基本数据类型的数据作方法参数时，被调用方法中形式参数值的改变并不影响实际参数的值。

5.6.2　引用类型作方法的参数

引用类型（非基本数据类型）数据作方法的参数可分为数组类型数据作方法的参数与对象类型数据作方法的参数。

1．数组类型数据作方法的参数

数组名是数组的引用，是数组的别名。当用数组名作方法的参数时，将数组的引用传递给被调用方法。当被调方法接收到数组的引用后，它所访问的数组与主调方法中的数组是同一个数组，所以被调方法改变了数组元素的值，当方法返回后，在主调方法中就可以得到元素值改变后的数组。在例 4.2 中，sort( )方法就是数组名作方法的参数，sort( )方法中的参数 x 与 main( )方法中的参数 a 虽然名称不同，但是当发生调用时，它们表示的是同一个数组，所以 sort( )方法排序后在 main( )方法中也可以得到排序后的数组。

【例 5.10】定义一个方法改变平面上若干个点的位置。

【问题分析】平面上的若干个点可以用一个二维数组来表示，改变点位置方法的参数也用一个二维数组来存储。当调用这个方法时，主调方法用二维数组名作参数。程序如下。

```
public class Example5_10{
    public static void main(String args[]){
        int p[][] = {{10, 20}, {30, 40}, {50, 60}};    //二维数组，表示 3 个点
        int i, counter = p.length;                     //counter 为点的数量
        System.out.printf("%36s:", "调用 move()前的坐标");
        for (i = 0; i < counter; i++)                  //输出调用 move()前点的坐标
            System.out.print("(" + p[i][0] + "," + p[i][1] + ")");
        System.out.println();
        move(p);                                       //调用 move()方法，二维数组名作实际参数
        System.out.printf("%36s:", "调用 move()后的坐标");
```

```
        for (i = 0; i < counter; i++)                           //输出调用 move()后点的坐标
            System.out.print("(" + p[i][0] + "," + p[i][1] + ")");
        System.out.println();
    }
    static void move(int p[][]){                                //数组作方法的参数
        int i, len = p.length;
        for (i = 0; i < len; i++)
        {//所有点移动相同的距离
            p[i][0] = p[i][0] + 3;
            p[i][1] = p[i][1] + 7;
        }
        System.out.printf("%16s:", "在 move()方法中改变点后的坐标");
        for (i = 0; i < len; i++)                               //在 move()方法中输出移动后点的坐标
            System.out.print("(" + p[i][0] + "," + p[i][1] + ")");
        System.out.println();
    }
}
```

程序运行结果如图 5.13 所示。

```
          调用move()前的坐标:(10,20)(30,40)(50,60)
在move()方法中改变点后的坐标:(13,27)(33,47)(53,67)
          调用move()后的坐标:(13,27)(33,47)(53,67)
```

图 5.13　例 5.10 的运行结果

从运行结果可以看出，move( )方法确实改变了点的位置。main( )方法中的 p 与 move( )方法中的 p 虽然名称一样，但是它们是两个不同的变量，分别占用不同的内存空间。当 move( )方法被调用时，main( )方法中的 p 会将数组的引用传递给 move( )方法中的 p，两个方法中的 p 指的是同一个数组。因此，当在 move( )方法中改变了数组元素的值，返回到 main( )方法后也会得到值改变后的数组。

2．对象类型数据作方法的参数

对象名是对象的引用，是对象的别名。当用对象类型数据作方法的参数时，将对象的引用传递给被调方法。当被调方法接收到对象的引用后，它所访问的对象与主调方法中的对象是同一个对象，所以被调方法改变了对象的属性值，当方法返回后，在主调方法中就可以得到属性值改变后的对象。

【例 5.11】定义一个点类描述平面上的点，定义一个方法改变点的位置。

【问题分析】所定义的方法用一个点的对象作方法的参数。当这个方法被调用时，将对象的引用传递给方法，在方法中改变点的坐标值。程序如下，程序运行结果如图 5.14 所示。

```
          调用move()前的坐标:(10,20)
在move()方法中改变点后的坐标:(15,28)
          调用move()后的坐标:(15,28)
```

图 5.14　例 5.11 的运行结果

```
class Point{
    int x,y;                           //坐标，默认访问权限，在 move()方法中可直接访问
    public Point(int x,int y){         //构造方法
        this.x = x;
        this.y = y;
    }
    public void print(){               //输出点并换行
        System.out.println("("+x+","+y+")");
    }
}
public class Example5_11{
    public static void main(String args[]){
        Point p = new Point(10,20);    //声明并创建一个 Point 对象
        System.out.printf("%36s:","调用 move()前的坐标");
        p.print();                     //输出调用 move()前点的坐标
        move(p);                       //调用 move()方法，对象 p 作参数
        System.out.printf("%36s:","调用 move()后的坐标");
        p.print();                     //输出调用 move()后点的坐标
```

```
    }
    static void move(Point p){
        p.x = p.x + 5;                              //改变坐标值
        p.y = p.y + 8;
        System.out.printf("%16s:","在move()方法中改变点后的坐标");
        p.print();                                  //在move()方法中输出改变后的坐标值
    }
}
```

从程序运行结果可以看出，对象类型数据作方法的参数会改变对象的属性值。

▶**开动脑筋**

无论是基本类型数据作方法的参数还是非基本类型作方法的参数，都是将实际参数的值传递给形式参数。这句话对不对，为什么？

5.7 组合对象

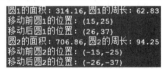

组合对象

5.7.1 组合对象的概念

如果一个对象中的域是其他类的对象，则称这个对象是组合对象，组合对象所在的类称为组合类。

日常生活中很多事物（对象）都是组合对象，如计算机是由其他部件（对象）组装而成的，汽车、飞机等是由零部件（对象）组装而成的。通过组合的方式可以简化对象的创建过程，提高对象的创建效率。从程序设计的角度看，组合对象可以做到代码重用，提高编程效率。

编写程序时，尽可能将一个较复杂的对象分解成若干个容易表示的对象，每个对象所对应的类都是较为简单的类，以方便问题的解决。

5.7.2 组合类的定义与使用

组合类的定义与一般类的定义方式一样，只不过类的部分域或全部域不是基本类型数据，而是由其他类所定义的对象。

使用组合对象时，需要初始化组合类中的对象域。

【**例5.12**】改写例5.7，定义一个点类，将圆的圆心用点类的对象表示，计算圆的面积和周长，并能对圆进行移动。

【**问题分析**】圆的圆心用点类的对象表示，则圆类成为一个组合类。计算圆的面积和周长，则根据圆的半径就可以计算出来。对圆进行移动，实际上就是改变圆的圆心坐标，而圆心坐标是用点的对象表示的，所以这个圆心对象的坐标改变了，圆的位置就会改变。在定义点类时，在点类中定义一个可以改变点位置的方法，然后在圆类中直接利用这个方法改变圆的位置，从而实现代码重用。部分程序如下，完整程序见例5.12源代码，程序运行结果如图5.15所示。

```
圆1的面积: 314.16,圆1的周长: 62.83
移动前圆1的位置: (15,25)
移动后圆1的位置: (26,37)
圆2的面积: 706.86,圆2的周长: 94.25
移动前圆2的位置: (-15,-25)
移动后圆2的位置: (-26,-37)
```
图5.15 例5.12的运行结果

```
class Point{                                //点类
    private int x,y;                        //域，点的位置
    public Point(int x,int y){              //构造方法，用一对坐标值构造
        this.x = x;
        this.y = y;
    }
    public Point(Point p){                  //构造方法，用一个本身类对象构造
```

例5.12源代码

例5.12编程视频

```
            x = p.x;
            y = p.y;
        }
        public int getX(){          //获取 x 分量
            return x;
        }
        //其他略
    }
    class Circle{                               //组合类
        private double radius;
        private Point center;               //Point 类的对象
        //构造方法，用点坐标(x,y)构造圆对象
        public Circle(double radius, int x, int y){
            this.radius = radius;
            center = new Point(x, y);
        }
        //构造方法，用点类的对象构造圆对象
        public Circle(double radius, Point p){
            this.radius = radius;
            center = new Point(p);
        }
        public int getCenterX(){                    //获取圆心 x 坐标
            return center.getX();          //直接调用点类中的方法获取，重用 Point 中的代码
        }
        public void move(int offsetX, int offsetY){  //移动圆
            center.move(offsetX, offsetY);       //直接调用点类中的方法移动，重用 Point 中的代码
        }
        //其他略
    }
    public class Example5_12{
        public static void main(String args[]){
            int x = 15,y = 25;
            double radius = 10;
            Circle 圆1 = new Circle(radius, x, y);      //用第 1 个构造方法创建圆对象
            Point p = new Point(-15, -25);              //创建 1 个点类的对象
            radius = 15;
            Circle 圆2 = new Circle(radius, p);        //用第 2 个方法创建圆对象
            System.out.printf("圆2 的周长：%.2f\n", 圆2.perimeter());
            System.out.print("移动前圆2 的位置: ");
            System.out.println("(" + 圆2.getCenterX() + "," + 圆2.getCenterY() + ")");
            圆2.move(-11, -12);                         //移动圆
            System.out.print("移动后圆2 的位置: ");
            System.out.println("(" + 圆2.getCenterX() + "," + 圆2.getCenterY() + ")");
        }
    }
```

从上述程序中可以看出，采用组合的方式可以实现代码重用。被组合对象是组合对象的属性，当需要对被组合对象操作时，直接调用被组合类中的相应方法即可，不必在组合类中重新定义相应的方法，这样可以提高程序的开发效率和程序运行的稳定性。

5.8 package 和 import 语句

package 语句和 import 语句都是与包和类操作有关的语句，使用 package 和 import 语句可以合理、有效地管理和使用类。

package 和
import 语句

5.8.1　package 语句

包是对类进行管理的一种方法。在实际软件开发过程中，程序员可以将功能相近或相关的类放在一个包中，其他的功能相近或相关的类再放到其他包中。一个 Java 程序可以定义若干个包，每个包中包含类，还可以再包含包（子包）。这样，组织和管理类时就可以像管理文件一样方便。从操作系统的角度看，Java 程序中的包就是文件夹。

采用包管理类还可以避免重名问题。一个较大型的程序由多个程序员开发，类重名的问题不可避免。如果每个程序员都将自己开发的程序放在单独的包中，即使与他人的类重名也不会有问题，因为通过包可以有效地区分同名的类。

1．定义包

定义包用 package 语句。package 语句的使用形式如下。

```
package 包名[.子包名1[.子包名2[…]]];
```

包命名规则与标识符命名规则相同，包名区分大小写，建议包名用小写字母。

package 语句必须是程序中的第一条语句，而且最多只能有一条 package 语句。如果一个源文件中没有 package 语句，则将当前源文件所在的文件夹当作包（默认包）。

2．使用包中的类

如果想使用某一个包中的类，程序员需要在类的前面加上包名，表示是这个包中的类。使用方法如下。

```
包名[.子包名1[.子包名2[…]]].类名 对象名;
```

【例 5.13】定义日期类和学生类，并将其放到包 myClasses 中。编写一个应用程序使用 myClasses 包中的类，程序运行结果如图 5.16 所示。

Student.java 文件如下。

```
0001,张军,m,2005,8,22
```
图 5.16　例 5.13 的运行结果

```
package myClasses;                              //包语句
class Date{                                     //日期类
    private int year,month,day;                 //域，表示日期
    public Date(int year,int month,int day){    //构造方法
        this.year = year;
        this.month = month;
        this.day = day;
    }
    public int getYear(){                       //获取年
        return year;
    }
    public int getMonth(){                      //获取月
        return month;
    }
    public int getDay(){                        //获取日
        return day;
    }
    public String toString(){                   //日期形成一个字符串
        return year+","+month+","+day;
    }
}
public class Student{                           //学生类, 组合类
    private String number;                      //学号
    private String name;                        //姓名
    private char gender;                        //性别
```

```
    private Date birthday;                          //出生日期, 用 Date 类的对象表示
    //构造方法
    public Student(String number,String name,char gender,int year,int month,int day){
        this.number = number;
        this.name = name;
        this.gender = gender;
        birthday = new Date(year,month,day);
    }
    public String toString(){                       //学生信息形成一个字符串
        String mess = number+","+name+","+gender+","+birthday.toString();

        return mess;
    }
}
```

Example5_13.java 文件如下。

```
public class Example5_13{                           //测试程序
    public static void main(String args[]){         //Student 在包 myClasses 中, 需要加包名前缀
        myClasses.Student stu = new myClasses.Student("0001","张军",'m',2005,8,22);

        System.out.println(stu.toString());
    }
}
```

在 Eclipse 中运行这个程序时，应先在当前工程中建立一个包 myClasses，然后在这个包中建立程序 Student.java，程序 Example5_13.java 在包 myClasses 的上一层包中。建立 myClasses 包时，在相应的工程名处右击，在弹出的快捷菜单中选择 "New→Package"，如图 5.17 所示。接着输入包名，如图 5.18 所示。

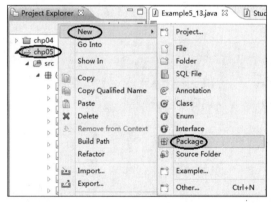

图 5.17　新建包命令

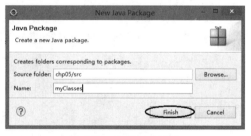

图 5.18　新建包对话框

建立完 myClasses 包后，在包 myClasses 处右击，在弹出的快捷菜单中选择 "New→Class"，建立程序文件 Student.java。可以看到，Student.java 框架程序的第一行就是语句 "package myClasses;"。在 myClasses 包的上一层包中再新建 Example5_13.java，该文件编写完成后就可以运行了。

用 JDK 编写这个程序时，先通过命令行窗口建立一个工作文件夹 chp05，然后在这个文件夹下建一个子文件夹 myClasses。操作如下所示。

```
C:\>md chp05
C:\>md chp05\myClasses
```

md 是创建文件夹的命令。利用该命令也可以在 Windows 环境中创建文件夹。

用编辑器编辑程序 Student.java 并保存在 myClasses 文件夹中。该程序可以编译，也可以不编译。

如果不编译，编译主类时会自动对这个程序进行编译。如果编译，切换到子文件夹 myClasses 中编译即可。操作如下所示。

```
C:\>cd chp05\myClasses
C:\chp05\myClasses>javac Student.java
```

cd 是打开文件夹的命令。此外，也可以在 myClasses 的上一层编译。在上一层编译的方法如下。

```
C:\>cd chp05
C:\chp05>javac myClasses\Student.java
```

最后建立文件 Example5_13.java，将其保存在 chp05 中并编译运行。

5.8.2　import 语句

import 语句用于导入已定义的类，已定义的类包括 Java 基础类和用户自定义的类。由于所有的类并不都在一个包中，所以程序员要想使用其他包中定义的类，就需要将其他包中的类引入当前程序文件中。import 语句的用法如下。

```
import 包名[.子包名1[.子包名2[….子包n]]].*;
import 包名[.子包名1[.子包名2[….子包n]]].类名;
```

第 1 种形式将"子包 *n*"中的所有类引入当前程序文件中，但不包括"子包 *n*"中的子包。第 2 种形式只将"子包 *n*"的"类名"类引入当前程序文件中。

一个程序文件中可以有多条 import 语句，这些语句应位于 package 语句后和第一个类定义之前。例如，在程序中引入 Java 日历类 Calendar 的方法如下。

```
import java.util.Calendar;
```

有需要的时候，程序员就可以在程序中创建 Calendar 的对象表示时间和日期。引入自定义包 myClasses 中的类的写法如下。

```
import myClasses.*;
```

或

```
import myClasses.Student;
```

把 Student 类引入之后，就可以直接使用它了，而不必在类名前加上包名。

使用 import 语句引入相应的类后，相当于在当前程序文件中定义了该类，此时就可以直接在当前程序文件中使用引入的类。

【例 5.14】改写例 5.13，使用系统日期类 Calendar 的对象表示日期，在主程序中用 import 语句将学生类引入，并生成学生类的对象。myClasses 包中的 Student1.java 程序如下，程序运行结果同例 5.13。

```
package myClasses;
import java.util.Calendar;                //引入系统定义的日期类 Calendar
public class Student1{
    private String number;                //学号
    private String name;                  //姓名
    private char gender;                  //性别
    private Calendar birthday;            //出生日期，用 Calendar 类的对象表示
    //构造方法
    public Student1(String number,String name,char gender,int year,int month,int day){
        this.number = number;
        this.name = name;
        this.gender = gender;
        //Java 早期版本用 Date 类的对象表示时间和日期
```

```
            //版本更新后用Calendar类的对象表示时间和日期,Date类最好不用
            //必须调用类方法getInstance()得到Calendar实例
            birthday = Calendar.getInstance();
            birthday.set(year, month, day);  //设置出生日期
        }
    public String toString(){              //学生信息形成一个字符串
        String dateMess = birthday.get(Calendar.YEAR) + ",";            //年
        dateMess = dateMess + (birthday.get(Calendar.MONTH)) + ',';     //月
        dateMess = dateMess + birthday.get(Calendar.DAY_OF_MONTH);      //日
        String mess = number + "," + name + "," + gender + "," + dateMess;
        return mess;
    }
}
```

Example5_14.java 程序如下。

```
import myClasses.Student1;                //引入myClasses包中的Student1类
public class Example5_14{
    public static void main(String args[]){     //引入后直接使用类,不必在类名前加包名
        Student1 stu = new Student1("0001","张军",'m',2005,9,22);{
            System.out.println(stu.toString());
        }
    }
}
```

使用 import 语句引入相应的类后,再使用类就很方便了。

5.9 对象数组

5.9.1 对象数组的概念

如果一个数组中的元素是对象类型,则称该数组为对象数组。

当需要一个类的多个对象时,应该用该类的对象数组来表示;通过改变下标值就可以访问到不同的对象。

5.9.2 对象数组的定义与使用

对象数组的定义与一般的数组定义类似,但是其需要将每一个元素实例化。对象数组的声明形式如下。

```
类名 对象数组名[];
```

为对象数组分配内存空间的语法形式如下。

```
对象数组名=new 类名[数组长度];
```

将对象数组的声明与创建用一条语句来完成。例如,定义一个学生类对象数组,可以用下面的语句实现。

```
Student stu[] = new Student[30];
```

stu 是对象数组名,它所表示的数组一共有 30 个元素,每一个元素都是 Student 类的对象名,但是还没有实例化,所以此时还必须将每一个元素实例化,过程如下。

```
for(int i = 0;i < stu.length;i++)
    stu[i] = new Student();
```

实例化以后就可以使用每一个元素对象了。

【例 5.15】设计一个雇员类，并创建雇员类的对象数组，输出每个雇员的信息。

程序如下，程序运行结果如图 5.19 所示。

图 5.19   例 5.15 的运行结果

```java
class Employee{                                    //雇员类
    private String id;                             //编号
    private String name;                           //姓名
    private int age;                               //年龄
    private String vocation;                       //职务
    public Employee() { }                          //构造方法1
    public Employee(String id, String name, int age, String vocation){  //构造方法2
        set(id, name, age, vocation);
    }
    //设置属性的方法
    public void set(String id, String name, int age, String vocation){
        this.id = id;
        this.name = name;
        this.age = age;
        this.vocation = vocation;
    }
    public String toString(){                      //雇员信息形成一个字符串
        String mess = id + "," + name + "," + age + "," + vocation;
        return mess;
    }
}
public class Example5_15{
    public static void main(String args[]){
        Employee 雇员[] = new Employee[3];          //声明对象数组名并创建对象数组
        int i;
        for (i = 0; i < 雇员.length; i++)           //将对象数组中的每一个元素实例化
            雇员[i] = new Employee();               //用构造方法1实例化
        //每一个对象元素分别初始化
        雇员[0].set("0001", "张文军", 50, "总经理");
        雇员[1].set("0002", "李奇", 45, "副经理");
        雇员[2].set("1016", "张丽", 28, "秘书");
        for (Employee employee : 雇员)              //输出每一个雇员的信息，增强型for循环
            System.out.println(employee.toString());
    }
}
```

对象数组还可以采用初始化的方法创建，创建形式如下。

类名 对象数组名[]={对象表列};

【例 5.16】设计一个雇员类，创建雇员类的对象数组并初始化，输出每个雇员的信息。

雇员类仍然用例 5.15 的 Employee 类，主程序如下，程序运行结果如图 5.20 所示。

图 5.20   例 5.16 的运行结果

```java
public class Example5_16{
    public static void main(String args[]){
        //先创建3个雇员对象
        Employee employee1 = new Employee("0001", "张文军", 50, "总经理");
        Employee employee2 = new Employee("0002", "李奇", 45, "副经理");
```

```
        Employee employee3 = new Employee("1016", "张丽", 28, "秘书");
        //声明对象数组并直接初始化
        Employee 雇员1[] = {employee1,employee2,employee3};
        output(雇员1);                               //输出雇员信息
        System.out.println("--------------------");   //分隔线
        //声明对象数组并直接初始化, 初始化元素直接调用构造方法创建对象
        Employee 雇员2[] = {new Employee("0001", "张文军", 50, "总经理"),    //构造方法2
                            new Employee("0002", "李奇", 45, "副经理"),
                            new Employee("1016", "张丽", 28, "秘书")};
        output(雇员2);                               //输出雇员信息
    }
    //定义方法用于输出雇员信息, 注意方法是private、static
    private static void output(Employee 雇员[]){
        for(Employee employee:雇员)
            System.out.println(employee.toString());
    }
}
```

5.10　static 与 static 修饰成员

每一个对象都有自己的属性和行为。但是有的时候，一个类的所有对象有相同的属性或行为。在这种情况下，程序员就可以用关键字 static 修饰类的域或方法。使用 static 还可以定义静态初始化器。

5.10.1　static 修饰域

用关键字 static 修饰域的语法形式如下。

[访问限定词] static 数据类型 域名[=初值];

static 修饰域

用 static 修饰的域称为类域或静态域。

当一个类的所有对象的某个域或某几个域都有相同的值时，应该将这样的域声明为类域。例如，某公司的雇员出勤情况可以用一个变量 counter 记录，每个雇员签到就使 counter 值增加 1。counter 是雇员的属性，应该定义在雇员类中，但是如果每个雇员自己都有一个 counter，则 counter 无法正确记录出勤人数。解决的办法是将 counter 域声明为类域（static），则无论创建多少个雇员类的对象，这些对象的 counter 域都是同一个域，无论哪一个雇员对象改变 counter 的值，其他对象都可以得到改变后的 counter 值。

静态域可以通过对象名访问（假如可以访问），可以被方法访问，更多是通过类名访问，因为它属于这个类的所有对象，访问形式如下。

类名.静态域名

例如，例 5.5 中的表达式 "Math.PI"，其中的 PI 就是 Math 类的静态域。无论创建多少个 Math 类的对象，其圆周率的值都是一样的，所以没有必要生成 Math 类的对象，而应该将其定义成类域。

【例 5.17】设计一个雇员类，创建雇员类的对象，统计雇员的出勤情况。

【问题分析】雇员的出勤情况可以用一个静态域表示，因为静态域表示一个类所有对象的共同属性。部分程序如下，主要程序见例 5.17 源代码，程序运行结果如图 5.21 所示。

图 5.21　例 5.17 的运行结果

```
class Employee{                                //雇员类
    //属性同例 5.15，略
    static int counter = 0;                     //静态成员，初始化为 0，无访问限定词
    //其他方法同例 5.15，略
    public void 签到(){                          //方法，用于雇员签到
        System.out.println(name + "签到");
        counter++;                              //每签到一人，计数器增加 1
    }
    public int 出勤人数(){                       //方法，用于得到出勤的人数
        return counter;
    }
}
public class Example5_17{
    public static void main(String args[]){
        //声明方法略
        for (Employee employee : 雇员)
            employee.签到();
        System.out.println("今日出勤总人数（通过不同的途径得到）：");
        //可以通过任意一个雇员访问方法得到
        System.out.println("今日共有"+雇员[0].出勤人数()+"人出勤");    //通过第 0 个雇员得到
        System.out.println("今日共有"+雇员[2].出勤人数()+"人出勤");    //通过第 2 个雇员得到
        //也可以通过对象直接访问静态域
        //声明 counter 时无访问限定词，所以同一包中可用对象名访问
        System.out.println("今日共有"+雇员[1].counter+"人出勤");      //通过第 1 个雇员得到
        //也可以通过类名访问静态域
        System.out.println("今日共有" + Employee.counter + "人出勤");//通过类名得到
    }
}
```

例 5.17 源代码

从上例可以看出，静态域可以通过方法、对象名或类名访问得到，因为它属于这个类的每个对象。访问静态域更好的方法是在类中定义静态方法，用静态方法访问静态域。

5.10.2 static 修饰方法

关键字 static 还可以修饰方法，它所修饰的方法称为类方法或静态方法。定义类方法的语法形式如下。

```
static 方法类型 方法名([形式参数表列])
{方法体}
```

静态方法一般用于访问静态域。与非静态方法一样，通过对象名可以调用静态方法，更多情况下是通过类名调用静态方法。通过类名调用静态方法的形式如下。

```
类名.方法名([实际参数表列])
```

【**例 5.18**】改写例 5.17，在类中定义静态方法以访问静态域。

部分程序如下，完整程序见 5.18 源代码，程序运行结果如图 5.22 所示。

图 5.22　例 5.18 的运行结果

```
class Employee{                            //雇员类
//属性同例 5.17，略
    private static int counter = 0;        //静态成员，初始化为 0，私有域（与例 5.17 不同）
//方法同例 5.17，略
}
```

例 5.18 源代码

```
public class Example5_18{
    public static void main(String args[]){
    //声明部分略
        for (Employee employee : 雇员)
            employee.签到();
        //可以通过任一个雇员访问静态方法得到, 不提倡
        System.out.println("今日共有"+雇员[0].出勤人数()+"人出勤");        //通过第0个雇员得到
        //可以通过类名访问静态方法, 提倡
        System.out.println("今日共有"+Employee.出勤人数()+"人出勤");      //通过类名调用
        //不可以通过对象直接访问静态域, 因为静态域是私有的
        //System.out.println("今日共有"+雇员[1].counter+"人出勤");
        //不可以通过类名访问静态域, 因为静态域是私有的
        //System.out.println("今日共有"+Employee.counter+"人出勤");
    }
}
```

一般情况下, 如果类中定义了静态域, 就应该定义与之对应的静态方法。

5.10.3　静态初始化器

静态域在使用前应该进行初始化, 如例 5.17 和例 5.18 中的静态域在定义时都初始化为 0。更好的初始化静态域的方法是用静态初始化器。静态初始化器也是一个方法, 但是它没有方法名。当静态初始化器所在的类第 1 次被使用时, 静态初始化器被调用, 而且仅此一次, 以后不管这个类被使用多少次, 静态初始化器都不会再被调用。静态初始化器的定义形式如下。

```
static{
    //静态域初始化语句
}
```

【例 5.19】改写例 5.18, 在类中定义静态初始化器, 用以对静态进行初始化。

部分程序如下, 完整程序见例 5.19 源代码, 程序运行结果如图 5.23 所示。

图 5.23　例 5.19 的运行结果

```
class Employee{                              //雇员类
//同例5.18, 略
    private static int counter;              //静态成员, 没有赋初值, 私有域
    static{                                  //静态初始化器
        counter = 10;                        //初始化为10
        //非静态域不能在静态初始化器中初始化
        //age=1001;
//其他同例5.18, 略
}
```

例 5.19 源代码

5.11　其他类型的类

多数情况下, 在一个程序中定义的所有类都是相互独立的, 彼此之间没有隶属关系, 只有使用与被使用的关系。但是在有些情况下, 需要将类定义在一个比较小的范围内, 这个类的使用只限于这个小范围, 这时就可以将类定义成内部类或匿名类。

其他类型的类

5.11.1　内部类

如果一个类定义在另外一个类的内部，成为这个类的一个成员，那么作为类成员的类就称为内部类。包含内部类的类称为外部类。内部类的定义与非内部类的定义基本相同，只不过要将其放到另一个类的内部。

定义内部类时可以用访问限定词 public、protected 和 private 修饰，其可访问性与外部类中的其他成员相同。

【例 5.20】设计一个圆类，要求能计算圆的面积和周长，能表示圆的位置，并能对其进行平移变换。用内部类的方式实现（例 5.12 的另一种实现方式）。

【问题分析】在圆中定义一个点类，用这个内部点类的对象表示圆的位置。程序如下，程序运行结果如图 5.24 所示。

```
面积: 314.16, 周长: 62.83
移动前圆心位置: (15,25)
移动后圆心位置: (26,47)
```

图 5.24　例 5.20 的运行结果

```
class Circle6{                                    //圆类, 外部类
    private double radius;
    private InnerPoint center;                              //内部类的对象表示圆心
    public Circle6(double radius, int x, int y){            //构造方法
        this.radius = radius;
        center = new InnerPoint(x, y);
    }
    public int getX(){                                       //获得 x 分量
        return center.getX();
        //也可通过下面的语句直接获得, 尽管 x 在内部类中是私有的, 但是在同一个类中
        //return center.x;
    }
    public int getY(){                                       //获得 y 分量
        return center.getY();
        //也可通过下面的语句直接获得, 尽管 y 在内部类中是私有的, 但是在同一个类中
        //return center.y;
    }
    public double area(){                                    //计算面积
        return Math.PI * radius * radius;
    }
    public double perimeter(){                               //计算周长
        return 2 * Math.PI * radius;
    }
    public void move(int offsetX, int offsetY){             //移动圆
        //调用内部点类的方法实现移动
        center.move(offsetX, offsetY);
        //也可通过下面的两条语句实现移动, 尽管 x 和 y 在内部类中是私有的, 但是在同一个类中
        //center.x=center.x+offsetX;
        //center.y=center.y+offsetY;
    }
    //内部类, 用 private 修饰, 只能在当前类中被使用
    private class InnerPoint{
        private int x, y;                                    //表示位置
        public InnerPoint(int x, int y){                     //构造方法
            this.x = x;
            this.y = y;
        }
        public int getX(){                                   //获得点的 x 分量
            return x;
        }
        public int getY(){                                   //获得点的 y 分量
```

```
                return y;
            }
        public void move(int offsetX, int offsetY) {          //移动点
            x = x + offsetX;
            y = y + offsetY;
        }
    }
}
public class Example5_20{
    public static void main(String args[]){
        Circle6 circle = new Circle6(10, 15, 25);              //生成一个圆对象
        System.out.printf("面积: %.2f,周长: %.2f\n", circle.area(), circle.perimeter());
        System.out.println("移动前圆心位置: ( +circle.getX() + "," + circle.getY() + ")");
        circle.move(11, 22);                                  //移动
        System.out.println("移动后圆心位置: ("+circle.getX() + "," + circle.getY() + ")");
        //内部类 InnerPoint 用 private 修饰，所以下面的语句不能用
        //先声明一个内部类对象名p
        //Circle6.InnerPoint p;
        //在外部类创建一个内部类的方法：外部类对象名.new 内部类构造方法([实际参数])
        //p = circle.new InnerPoint(11,22);
        //System.out.println(p.getX()+","+p.getY());  //getX()和getY()不能访问
        //p.move(100,200);                            //内部类中的move()方法不能访问
        //System.out.println(p.getX()+","+p.getY());
        //如果将内部类 InnerPoint 用 public 修饰，则上一组语句可用
    }
}
```

内部类使程序结构更紧凑。如果一个类只在某一个类中使用，则将该类定义为内部类是比较合适的。

5.11.2　匿名类

匿名类即无名类，使用时直接用匿名类生成一个对象。

【例 5.21】使用匿名类描述一架飞行的飞机和一艘航行的轮船。
程序如下，程序运行结果如图 5.25 所示。

图 5.25　例 5.21 的运行结果

```
class 交通工具{                          //交通工具类
    public void running(){               //交通工具运行
        System.out.println("一个交通工具在运行! ");
    }
}

public class Example5_21{
    public static void main(String args[]){
        //声明一个交通工具类的对象 aPlane, 表示一架飞机
        交通工具 aPlane;
        //实例化，但是没有定义飞机类，所以定义一个匿名飞机类
        aPlane=new 交通工具()          //匿名飞机类
        //第1行至第5行是类体
        {                                                      //1
            public void running() {                            //2 定义飞行方法
                System.out.println("一架飞机正在空中飞行! ");  //3
            }                                                  //4
        };                                                     //5
        //可以写成一行，但不提倡
```

```
交通工具 aShip=new 交通工具()        //下一行可以接在此处续写
{public void running(){System.out.println("一艘轮船正在水中航行！");}};
aPlane.running();                    //飞机飞行
aShip.running();                     //轮船航行
    }
}
```

在上面的程序中，一架飞机和一艘轮船都是交通工具，但是都是具体的交通工具，所以程序应该给出具体交通工具的实际运行状态。由于在程序中没有定义飞机类和轮船类，所以程序应该临时定义相应的匿名类并同时创建该类的对象，从而表现出具体交通工具的运行状态。

匿名类实际上是某一个类的子类，如上述程序中的两个匿名类都是交通工具类的子类。如果一个类在一个程序中只使用一次，则定义成匿名类比较合适。

5.11.3　局部类

如果一个类定义在方法体中，或者定义在语句中，则该类称为局部类。它的使用范围仅限于所在的方法体或语句。

5.12　小结

面向对象技术有 3 个特征，分别是数据封装、继承和多态。

类是对一类具有相同属性和行为的对象的封装。定义类之前必须先进行抽象，一般地，应该先抽象出属性，再根据属性的变化定义相应的方法。

某一类对象本身比较复杂可以分解为若干相对简单的对象，简单对象根据需要还可以再分解。有了简单对象后，再将简单对象进行组合形成较复杂的对象，所以这时需要定义组合类。

每一个对象都有自己的属性。在某些情况下，一个类的所有对象都有共同的一个或多个属性值，这样的属性可以声明为类属性或静态属性。类属性一般通过类方法访问，所以程序还需要定义相应的类方法。

封装时要考虑属性和方法的特点，使用必要的访问限定词限制对属性和方法的访问，以便对对象起到保护作用。定义类时可以用包对类进行管理，需要时可以将包中的类引入当前程序中。

定义一个类后就相当于在程序中定义了一个新的数据类型。有了新的数据类型就可以定义这个类型的变量了，由类所定义的变量就称为对象。创建对象时必须调用构造方法，类中没有适当的构造方法则不能创建相应的对象，所以定义类时应该在类中定义足够多的构造方法。如果类中定义了静态域，则可以定义静态初始化器对静态域进行初始化。静态初始化器只在它所在的类第一次被使用时调用一次。

如果需要一个类的多个对象，则此时可以定义对象数组。定义对象数组时，除了创建对象数组外，还需要对每一个数组元素实例化。

对象中的域或方法是通过对象进行访问的。此外，也可以定义静态域或静态方法。静态域或静态方法可以通过类名访问，也可以通过对象名访问。

定义方法时如果有参数，则调用方法时应该向方法传递数据。数据传递时是将实际参数的值传递给形式参数。如果实际参数是一个表达式，则先将表达式的值计算出来后再传递给形式参数。如果实际参数是一个对象类型或数组类型，传递时也是传递值，但这个值是数组或对象在内存中的地址，所以当地址值被传递后，被调方法可以通过这个地址访问数组中的元素或对象（可以读其值，也可以写其值）。如果重写数组元素的值或对象属性值，则方法调用结束后在主调方法中可以得到改变后的数组或对象。

5.13 习题

1. 面向对象技术有哪几个特征?

2. 什么是数据封装?

3. 什么是构造方法? 构造方法有什么作用?

4. 什么是访问权限? 叙述每种访问权限的作用。

5. 设计一个学生类, 学生信息有身份证号、学号、专业、姓名、性别、年龄及数学、英语、Java 程序设计 3 门课程的成绩。创建学生类的对象并输出对象的信息。

6. 设计一个教师类, 教师信息有身份证号、教师号、专业、姓名、性别、年龄及授课的学时数。创建教师类的对象并输出对象的信息。

7. 设计一个线段类, 每一条线段用两个端点的坐标表示, 在类中定义计算线段长度的方法、对线段进行平移的方法和将线段绕原点旋转的方法。创建线段类的对象并进行相应的操作。

8. 设计一个自然数类, 该类的对象能表示一个自然数。在类中定义计算 1 到这个自然数的各个数之和的方法和判断该自然数是否是素数的方法。创建自然数的对象并进行相应的操作。

9. 设计一个三角形类, 每一个三角形由 3 个顶点的坐标表示。在类中定义计算三角形的周长和面积的方法及对三角形进行平移和绕原点旋转的方法。创建三角形类的对象并进行相应的操作。

10. 设计一个分数类, 分数的分子和分母用两个整型数表示, 在类中定义对分数进行加法、减法、乘法和除法运算的方法。创建分数类的对象, 调用方法运算并输出运算结果。

11. 设计一个复数类, 复数类的实部和虚部都是整型数, 在类中定义对复数进行加法、减法和乘法运算的方法。创建复数类的对象, 调用方法运算并输出运算结果。

12. 设计一个矩阵类, 类中的方法能够对矩阵进行加法、减法和乘法运算。创建矩阵类的对象, 调用方法运算并输出运算结果。

第6章 继承与多态

本章要点

- 子类及其对象。
- 域的隐藏和方法的重写。
- 对象的赋值兼容规则。
- 多态。
- 泛型。

人们在认识世界的过程中，习惯将世界中的事物按规则分类，以便理解、认识世界。一般地，先抽象、归纳一个一般的类，然后对这个一般的类进行细分得到多个相对特殊的类，每一个特殊的类如果有必要，还可以再分成多个相对特殊的类，依此类推，直到没有必要再分类为止。在面向对象技术中，这种分类方法就可以称为继承（或派生），即在一般类的基础上派生出特殊类。

虽然特殊类的事物也是一般类事物的一种，但是特殊类事物与一般类事物还是有所不同的，与同一个一般类的其他特殊类的事物也有所不同。在面向对象技术中，这种不同就可以称为多态性。

通常，对于多个属性和行为相同（封装方式相同），但属性的类型（数据类型）不同的对象，我们可以对每一个类型单独定义类，但这样会很烦琐。能不能只定义一个类，其对象就可以表示多种不同类的对象呢？答案就是使用泛型。采用泛型类就可以将封装方式相同但属性类型不同的多个类用一个泛型类表示，以提高编程效率。

本章先讲解面向对象技术中的继承和多态，再介绍泛型的定义和使用。

6.1 子类及其对象

定义新类时，可以在已有类的基础上再定义新类，则新类可以拥有已有类中的所有属性和行为。这种定义类的方式称为继承或派生。

通过继承可以实现代码重用，提高软件开发效率，还可以实现对象的多态性。在继承过程中，已有的类称为基类、父类或一般类，新生成的类称为派生类、子类或特殊类。有了子类后就可以定义子类对象了。

子类及其对象

6.1.1 子类的定义

子类的定义实际上就是定义类的过程，只不过是在父类的基础上定义，所以定义子类时需要指明其父类。子类的定义形式如下。

```
class 子类名 extends 父类名
{//子类类体
    ...
}
```

用关键字 extends 指明父类（子类对父类的扩展）。子类类体中增加了子类中有、父类中无的域和方法，因为子类与父类不完全相同，增加新成员可以表示出子类相对于父类的特殊之处。

Java 只支持单重继承，也就是一个类最多只能有一个除 Object 类外的父类，而且除了 Object 类之外每个类都有一个父类（Java 基础类中有一个类 Object，它是所有类的直接父类或间接父类）。如果在定义一个类时没有说明该类继承自哪一个类，则该类的父类是 Object。前面几章的例子中定义的所有类的父类都是 Object。

6.1.2　子类成员的可访问性

子类继承自父类的成员在子类中的访问权限与在父类中相同。

子类的可访问性指的是子类继承自父类的成员是否可以被子类中的方法直接访问，在子类类体外是否可以通过子类对象访问继承自父类的成员。

通过继承，子类可以将父类中的所有域和方法继承下来，成为自身的域和方法。但是，由于访问限制，继承自父类的域或方法不一定都能被子类中的方法直接访问，在子类类体外继承自父类的成员不一定都能通过子类对象直接访问，参见表 5.1 所示的访问权限的作用范围。子类成员的可访问性具体体现在以下 6 个方面。

- 父类的私有成员可以被子类继承，但其在子类中不能被子类的方法直接访问，在子类类体外也不能通过子类对象访问，只能通过继承自父类的且子类可以访问的方法间接访问。
- 父类中的公有成员可以被子类中的方法直接访问，在子类类体外可以通过子类对象访问。
- 父类与子类在同一个包中，则父类中的受保护成员可以被子类中的方法直接访问，在子类类体外可以通过子类对象访问。
- 父类与子类不在同一个包中，则父类中的受保护成员可以被子类中的方法直接访问，但不可以在子类类体外通过子类对象访问。
- 父类与子类在同一个包中，则父类中的友好成员可以被子类中的方法直接访问，在子类类体外可以通过子类对象访问。
- 父类与子类不在同一个包中，则父类中的友好成员不可以被子类中的方法直接访问，也不可以在子类类体外通过子类对象访问，只能通过继承自父类的且子类可以访问的方法间接访问。

【例 6.1】设计一个圆类，该类能够表示圆的位置和大小、能够计算圆的面积和周长、能够对圆进行平移。创建圆类的对象并进行相应的操作，输出操作后的结果。

【问题分析】本题与例 5.12 是同一问题。例 5.12 是用组合类的方法实现的，本例采用继承的方式来实现。同样，先定义一个点类，在点类的基础上派生出圆类。通过派生，利用点类的坐标属性表示圆的位置，利用点类的方法实现对圆的平移操作。程序如下，程序运行结果如图 6.1 所示。

面积：314.16，周长：62.83
移动前圆的位置：(15,25)
移动后圆的位置：(26,47)

图 6.1　例 6.1 的运行结果

```
class Point{                          //点类，父类
    protected int x,y;       //受保护，可以被子类访问，本例中也可以无访问修饰词
    public Point(){}                  //构造方法
    public Point(int x,int y){        //构造方法
        this.x = x;
        this.y = y;
    }
    //下面的方法都是公有的，可以被子类继承并直接访问
    public int getX(){                //获得 x 分量
        return x;
    }
    public int getY(){                //获得 y 分量
```

例 6.1 编程视频

```
            return y;
        }
        public void move(int offsetX,int offsetY){        //平移点
            x = x + offsetX;
            y = y + offsetY;
        }
    }
    class Circle extends Point{                            //Circle 是子类，继承自父类 Point
        private double radius;                             //圆的半径
        public Circle(){}                                  //构造方法
        public Circle(double radius,int x,int y){          //构造方法
            this.radius=radius;                            //本身域的初始化
            this.x = x;                                    //继承自父类的域 x 和 y 的初始化
            this.y = y;
        }
        public double area(){                              //计算面积
            return Math.PI*radius*radius;
        }
        public double perimeter(){                         //计算周长
            return 2*Math.PI*radius;
        }
        /*
         * 本类中无须再定义下面的方法，因为本类对象可以
         * 直接使用继承自 Point 类中的相应方法
        *public int getX(){}
        *public int getY(){}
        *public void move(int offsetX,int offsetY){}*/
    }
    public class Example6_01{
        public static void main(String args[]){
            Circle aCircle = new Circle(10,15,25);         //生成派生类对象
            System.out.printf("面积: %.2f,周长: %.2f\n",aCircle.area(),aCircle.perimeter());
            System.out.println("移动前圆的位置: ("+aCircle.getX()+","+aCircle.getY()+")");
            aCircle.move(11, 22);
            System.out.println("移动后圆的位置: ("+aCircle.getX()+","+aCircle.getY()+")");
        }
    }
```

在例 6.1 中，Circle 是子类，Point 是父类。通过继承，Circle 类拥有 Point 类中的所有域和方法，利用 Point 类中的域 x 和 y 作为圆心坐标，同时继承来的所有方法都可以对圆心进行操作。但是，圆类不是点类，圆类需要拥有描述圆的大小、计算圆的面积和周长等不同于点类的属性和操作，所以在定义派生类时需要增加新的成员。派生类也属于基类，但又有别于基类，所以称派生类为特殊类。

▶ **开动脑筋**

组合与继承有什么区别？哪一种方式更好？

6.1.3　instanceof 运算符

instanceof 运算符用于判断一个对象是否是某一个类的实例对象，或者是否是某一个类的子类的实例对象。instanceof 的语法形式如下。

对象名 instanceof 类名

该表达式的值是逻辑值。如果一个对象是一个类或其子类的实例对象，则表达式的值为 true；

如果一个对象是某一个类或其子类的对象，但没有实例化，则表达式的值为 false。

【例 6.2】instanceof 的用法。

程序如下，程序运行结果如图 6.2 所示。

```
对象base不是Base类的实例。
对象derived不是Base类或其子类的实例。
对象base和对象derived都实例化后：
对象base是Base类的实例。
对象derived是Base类或其子类的实例。
```

图 6.2　例 6.2 的运行结果

```
class Base{}                                    //定义基类
class Derived extends Base{}                    //定义派生类
public class Example6_02{
    public static void main(String args[]){
        Base base = null;                       //对象 base 不是 Base 类的实例对象
        Derived derived = null;                 //对象 derived 不是 Derived 类的实例对象
        if(base instanceof Base)                //判断 base 是否是 Base 类的实例对象
            System.out.println("对象 base 是 Base 类的实例。");
        else
            System.out.println("对象 base 不是 Base 类的实例。");
        if(derived instanceof Base)             //判断 derived 是否是 Base 类或其子类的实例对象
            System.out.println("对象 derived 是 Base 类或其子类的实例。");
        else
            System.out.println("对象 derived 不是 Base 类或其子类的实例。");
        base = new Base();                      //实例化
        derived = new Derived();                //实例化
        System.out.println("对象 base 和对象 derived 都实例化后：");
        if(base instanceof Base)                //再判断
            System.out.println("对象 base 是 Base 类的实例。");
        else
            System.out.println("对象 base 不是 Base 类的实例。");
        if(derived instanceof Base)             //再判断
            System.out.println("对象 derived 是 Base 类或其子类的实例。");
        else
            System.out.println("对象 derived 不是 Base 类" + "或其子类的实例。");
    }
}
```

6.2 域的隐藏和方法的重写

通过继承，子类可以把父类中的所有域和方法都继承下来作为自身的域和方法。但是，子类根据需要也可以定义与继承自父类的域同名的域，在子类中只能访问到子类中定义的域而不能访问到继承自父类的同名域，这种情况称为域的隐藏。子类根据需要可以将继承自父类的方法重新定义以适合子类对象的需要，这种情况称为方法的重写。

域的隐藏和方法的重写

6.2.1 域的隐藏

子类中定义的域的名称与继承自父类的域的名称相同，则在子类中隐藏继承自父类的域，子类中的方法不能访问到父类中的被隐藏的域。

【例 6.3】域隐藏举例。

程序如下，程序运行结果如图 6.3 所示。

```
1234567890
12345678900
```

图 6.3　例 6.3 的运行结果

```
class A{                             //父类
    int var;                         //整型域，无访问属性，可被子类直接访问
```

```
    public void setVarA(int v){                      //设置域值
        var = v;
    }
    public int getVarA(){                            //获得域值
        return var;
    }
}
class B extends A{                                    //子类，继承自A
    //长整型域，私有，与继承自父类的域同名
    //本类隐藏继承自父类的同名域
    private long var;
    public void setVarB(long v){                     //设置域值
        var = v;                                     //访问的var是本身类定义的，不是继承自父类的
    }
    public long getVarB(){                           //获得域值
        return var;                                  //访问的var是本身类定义的，不是继承自父类的
    }
}
public class Example6_03{
    public static void main(String args[]){
        B b = new B();                               //创建对象b，b中有两个同名域var
        b.setVarA(1234567890);                       //调用继承自父类的方法设置继承自父类的var
        b.setVarB(12345678900L);                     //调用本身的方法设置本身类定义的var
        System.out.println(b.getVarA());             //输出继承自父类的var
        System.out.println(b.getVarB());             //输出本身类定义的var
    }
}
```

由于子类与父类的域同名，子类中定义的方法只能访问子类本身定义的域，而不能访问到继承自父类的域；子类继承自父类的方法访问同名域时，只能访问到父类的域。一般地，如果父类中定义的域表示的数据范围或者是数据类型不能满足子类的需要，子类就需要重定义同名的域。

6.2.2　方法的重写

子类对象与父类对象是同一类对象，但子类对象不完全与父类对象相同，子类有自己的特殊性，所以当子类继承父类的方法后，子类根据自身的需要可以对继承的方法重新定义，以便使子类对象表现出与父类不同的行为。这种重新定义的过程称为方法的重写（override）。

【例6.4】某公司给雇员发工资。雇员中有经理、技术人员和一般雇员，该公司给雇员定的工资标准是：一般雇员工资是固定工资，经理工资在一般雇员工资的基础上加本月津贴，技术人员的工资在一般雇员工资的基础上加技术津贴，技术津贴为工作小时数×单位津贴。

【问题分析】经理和技术人员都是公司职员，但是工资的计算方法不同，所以应该在一般雇员类的基础上派生出经理类和技术人员类，在这两个类中对工资的计算方法再分别定义，以便能正确计算出每类人员的工资。程序如下，程序运行结果如图6.4所示。

图6.4　例6.4的运行结果

```
class Employee{                                      //雇员类，父类
    protected String name;                           //姓名
    protected double 工资;                            //工资
    public Employee(){ }                             //构造方法
    public Employee(String name, double 工资){        //构造方法
        this.name = name;
```

继承与多态　第6章

```
            this.工资 = 工资;
        }
        public double 领工资(){                      //给雇员发工资
            return 工资;
        }
        public String getName(){
            return name;
        }
    }

    class Manager extends Employee{              //定义经理子类，Employee 是父类
        private double 津贴;
        public Manager(String name, double 工资, double 津贴){    //构造方法
            this.name = name;
            this.工资 = 工资;
            this.津贴 = 津贴;
        }
        public double 领工资(){                      //重写继承自父类的方法，因为各类人员的工资计算方法不同
            return 工资 + 津贴;
        }
    }
    class Technician extends Employee{           //定义技术人员子类，Employee 是父类
        private int 工作小时数;
        private double 单位津贴;
        public Technician(String name, double 工资, int 工作小时数, double 单位津贴) {
            this.name = name;
            this.工资 = 工资;
            this.工作小时数 = 工作小时数;
            this.单位津贴 = 单位津贴;
        }
        public double 领工资(){                      //重写继承自父类的方法，因为各类人员的工资计算方法不同
            return 工资 + 工作小时数 * 单位津贴;
        }
    }
    public class Example6_04{
        public static void main(String args[]){
            //创建 3 个雇员对象
            Employee 秘书 = new Employee("张秘书", 2800.00);
            Manager 经理 = new Manager("王经理", 2800.00, 2600.00);
            Technician 工程师 = new Technician("刘工", 2800.00, 160, 15.00);
            //雇员领工资
            System.out.printf("%s工资:%.2f\n", 秘书.getName(), 秘书.领工资());
            System.out.printf("%s工资:%.2f\n", 经理.getName(), 经理.领工资());
            System.out.printf("%s工资:%.2f\n", 工程师.getName(), 工程师.领工资());
        }
    }
```

6.2.3 super 关键字

super 用于表示当前类的直接父类。

　　父类中的域可能被子类隐藏，父类中的方法可能被子类重写。如果父类中的域被隐藏或方法被重写，则在子类中就访问不到这样的父类成员了。但是，在有些情况下，还想访问被隐藏的域或调用被重写的方法，这种情况下则可以通过关键字

super 关键字

super 实现相应的访问。

如果想明确地访问继承自父类中的域，程序可以通过下面的形式实现。

```
super.域名
```

这条语句表示访问当前类的直接父类中的域。

如果想明确地调用继承自父类中的方法，程序可以通过下面的形式实现。

```
super.方法名([实际参数])
```

这条语句表示调用当前类的直接父类中的方法。

super 还可以用于调用直接父类的构造方法。当创建子类对象时，继承自父类的域也要初始化。如果继承自父类的域可以被子类直接访问，则在子类的构造方法中可以直接对继承的域进行初始化（如例 6.1 中，子类 Circle 中的构造方法直接对继承自父类的 x 和 y 进行初始化）。如果继承自父类的域不能被子类直接访问或不方便直接初始化，则可以用 super 调用父类的构造方法对继承自父类的域进行初始化。调用形式如下。

```
super([实际参数]);
```

该条语句在子类的构造方法中必须是第一条语句。

调用父类的构造方法遵循以下规则。

* 在构造子类对象时，父类的构造方法一定会被调用。
* 如果子类的构造方法使用了 super 调用父类的构造方法，则按给定的参数调用父类中相应的构造方法。
* 如果在子类的构造方法中没有使用 super 调用父类的构造方法，则父类中没有参数的构造方法会被自动调用。
* 如果子类没有使用 super 调用父类的构造方法，并且父类中也没有定义无参数的构造方法，则编译不能通过。
* 如果父类和子类中都定义了实例初始化器，则构造子类对象时，调用顺序为"父类的实例初始化器→父类的构造方法→子类的实例初始化器→子类的构造方法"。

在 5.3.5 小节中介绍过关键字 this，this 表示的是当前类的对象；super 表示的是当前类的直接父类。一般地，this 和 super 配合使用，以明确地区分子类和父类。

【例 6.5】平面上有若干条线段，已知每条线段两个端点的坐标，设计线段类并创建线段类的对象表示线段，要求用继承的方式实现。

【问题分析】因为已知线段两个端点的坐标，所以这里可以设计一个点类，其内的域 x 和 y 表示位置，点类的对象可以表示端点。本题要求用继承的方式实现，所以定义的线段类继承自点类，点类中的域 x 和 y 可以表示线段的一个端点。线段的另一个端点再通过单独定义域 x 和 y 表示。这样的定义方式会造成域的隐藏和方法的重写，所以在线段类中要使用 super 关键字访问父类的域和方法（包括构造方法）。程序如下。

```
class Point{                        //父类
    private int x,y;                //位置，私有域
    {                               //实例初始化器
        x = y = 0;
        System.out.println("父类 Point 中的实例初始化器被调用! ");
    }
    public Point(){                 //无参构造方法
        System.out.println("父类 Point 中的无参数构造方法被调用! ");
    }
```

```java
    public Point(int x,int y){            //有参构造方法
        this.x = x;
        this.y = y;
        System.out.println("父类 Point 中的有参数构造方法被调用! ");
    }
    public int getX(){                    //获取 x 坐标
        return x;
    }
    public int getY(){                    //获取 y 坐标
        return y;
    }
    public void move(int offsetX,int offsetY){    //平移点
        x = x + offsetX;
        y = y + offsetY;
    }
    public String toString(){             //点的位置形成一个字符串
        return "("+x+","+y+")";
    }
}
class Line extends Point{                  //子类 Line 继承 Point 类
    //本身再定义域表示线段的一个端点的坐标
    //另一个端点的坐标用继承自父类的 x 和 y 表示，但子类中不能直接访问
    private int x,y;
    {                                      //实例初始化器
        x = y = 0;                         //本身定义的域初始化
        System.out.println("子类 Line 中的实例初始化器被调用! ");
    }
    public Line(){                         //无参构造方法，方法中没有调用父类构造方法的语句
                                           //但父类的无参构造方法一定被调用
        System.out.println("子类 Line 中的无参数构造方法被调用! ");
    }
    public Line(int x1,int y1,int x2,int y2){//有参构造方法
        super(x1,y1);                      //调用父类的构造方法对继承自父类的 x 和 y 初始化
                                           //不能用 super.x=x1;，因为父类中的 x 是 private
        this.x = x2;                       //本身类定义的域初始化, this 可不用
        this.y = y2;
        System.out.println("子类 Line 中的有参数构造方法被调用! ");
    }
    int getStartX(){                       //获取起点的 x 坐标
        return super.getX();               //明确地调用继承自父类的方法
    }
    int getStartY(){                       //获取起点的 y 坐标
        return getY();                     //明确地调用继承自父类的方法，可以不用 super
    }
    int getEndX(){                         //获取终点的 x 坐标
        return this.x;
    }
    int getEndY(){                         //获取终点的 y 坐标
        return this.y;
    }
    public void move(int offsetX,int offsetY){    //平移线段
        super.move(offsetX, offsetY);      //调用父类中的 move()，必须加 super
                                           //如果不加 super，则调用自身，形成无限递归调用
        x += offsetX;
        y += offsetY;
```

```
        }
        public double length(){                    //计算线段的长度
            int dx = this.x-super.getX();
            int dy = y-getY();                      //this 和 super 都可以没有
            return Math.sqrt(dx*dx+dy*dy);
        }
        public String toString(){                  //线段的位置形成一个字符串
            String mess = super.toString();
            mess += "-("+x+","+y+")";
            return mess;
        }
    }
public class Example6_05{
    public static void main(String args[]) {
        //生成一个线段对象,要分别调用父类、子类中的实例初始化器和构造方法
        Line aLine = new Line(5,8,16,20);
        System.out.printf("线段的长度: %.2f\n",aLine.length());
        System.out.println("线段移动前位置: "+aLine.toString());

        aLine.move(15, 10);                          //移动线段
        System.out.println("线段移动后位置: "+aLine.toString());
        System.out.println("---------------------------");
        Line newLine = new Line();                    //用无参构造方法创建对象
        System.out.println("新线段的位置: "+newLine.toString());
    }
}
```

程序运行结果如图 6.5 所示。

本例和前面的一些例子中都有方法 toString( ),它的作用一般是使对象的信息形成一个字符串。实际上,toString( )是类 Object 中定义的方法,由于除 Object 类之外的所有类都是 Object 的子类,因此每一个子类都可以访问方法 toString( )。但是由于每一个类都不同于其他类,因此在子类中应该将 toString( )方法重写以获得子类对象的正确信息。

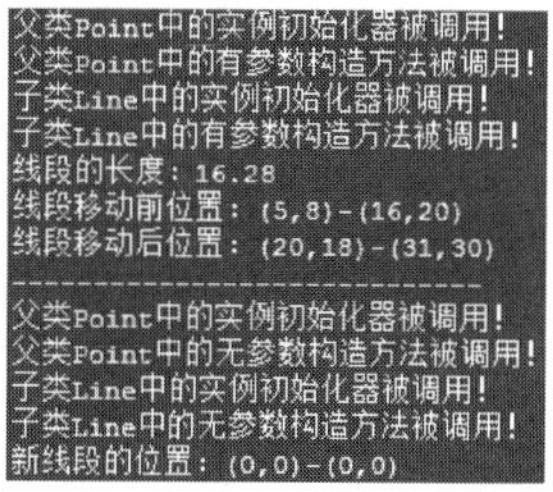

```
父类Point中的实例初始化器被调用!
父类Point中的有参数构造方法被调用!
子类Line中的实例初始化器被调用!
子类Line中的有参数构造方法被调用!
线段的长度: 16.28
线段移动前位置: (5,8)-(16,20)
线段移动后位置: (20,18)-(31,30)
---------------------------
父类Point中的实例初始化器被调用!
父类Point中的无参数构造方法被调用!
子类Line中的实例初始化器被调用!
子类Line中的无参数构造方法被调用!
新线段的位置: (0,0)-(0,0)
```

图 6.5 例 6.5 的运行结果

▶开动脑筋

Line 类还可以用以下两种方式定义。
第一种定义采用继承和组合的方式。
```
class Line extends Point {
    private Point p;                //被组合的对象
…
}
```
第二种定义只采用组合的方式。
```
class Line {
    private Point p1,p2;           //被组合的对象
…
}
```
请思考,3 种方式中哪一种方式更好呢?

6.3 对象的赋值兼容规则

在有继承关系的类中可以用父类对象表示子类的对象,这种规则称为赋值兼容规则。

例如，类 B 是类 A 的子类，则下面的赋值是正确的。

```
A a=new B();
```

对象 a 是 A 类的对象名，但是它实际上表示的是子类 B 的对象，符合赋值兼容规则。当用父类对象表示子类对象时，父类对象称为子类对象的上转型对象，如对象 a 是 B 类对象的上转型对象。

当一个父类对象表示的是子类对象时，还可以将该父类对象强制转换成子类对象，举例如下。

对象的赋值
兼容规则

```
B b=(B)a;
```

父类对象 a 实际上表示的是子类对象 b，所以这里可以将 a 强制转换成 B 类型"(B) a"，再用一个 B 类的对象名表示。将上转型对象转换为子类对象，则该子类对象称为下转型对象，如"(B) a"是一个下转型对象。

当用一个父类对象表示子类对象后，父类对象遵循以下规则。

- 可以访问子类继承自父类的域或被子类隐藏的域。
- 可以调用子类继承自父类的方法或被子类重写的方法。
- 不能访问子类相对于父类新增加的域或方法。

因此，通过父类访问的域或方法一定是继承自父类的域或方法、隐藏的继承自父类的域，或者是重写的继承自父类的方法。

使用赋值兼容规则主要是为了实现多态性。

6.4 final 关键字

关键字 final 可以修饰类、方法，还可以修饰域。

final 关键字

6.4.1 final 修饰类

用 final 修饰的类称为最终类，修饰的语法形式如下。

```
final class 类名 {
    …
}
```

最终类不能派生子类。定义最终类的目的是不希望父类中的域被子类隐藏，以及方法被子类重写，这样可以对类起到保护作用。典型的最终类就是 String 类。

6.4.2 final 修饰方法

用 final 修饰的方法称为最终方法，修饰的语法形式如下。

```
[访问限定词] [static] final 方法类型 方法名([参数]) {
    …
}
```

最终方法可以被子类继承，但不能被子类重写，从而对父类的方法起到保护作用。

6.4.3 常量

用 final 修饰的域称为最终域，又称为常量。修饰的语法形式如下。

```
[访问限定词] [static] final 数据类型 域名=初值;
```

常量名一般都使用大写字母。定义常量时必须给出初值，不能用默认值。在程序运行过程中，常量的值不能改变。如果采用赋值的方式试图改变常量的值，则会产生编译错误。

如果类中定义了常量，则该类的所有对象都有相同的常量值。因为没有必要让每一个对象都有一个相同的、单独的常量，所以应该让常量成为类常量，用 static 修饰。因为常量的值不能改变，即使在类之外能够访问这个常量也不能改变其值，所以其访问限定词应该为 public，以确保在类之外的其他地方都能够使用常量。举例如下。

```
public static final MAX=1024;
```

用圆周率时可以使用表达式 "Math.PI"，Math 是 Java 定义的数学类，PI 是该类中定义的常量。

6.5 多态

多态

6.5.1 多态的概念

同一类对象表现出的不同行为称为多态。

多态在有继承关系的对象中实现。例如，有一个类 Base，它派生出多个子类，子类下面还派生子类，这些子类的对象都可以称为 B 类的对象（赋值兼容规则），但是，每一个子类对象的行为都与其他子类对象或 Base 类对象的行为不同，这种行为上的不同称为多态性。

程序设计语言本身必须支持多态性，编程时才能够实现多态性。

6.5.2 多态的实现

经过下面 4 步可以实现多态性。
- 定义一个基类，在此基类的基础上再派生出若干个子类。
- 子类要重写父类中的方法，使子类对象能够表现出子类的行为。
- 用父类对象名表示子类对象（赋值兼容规则）。
- 通过父类对象名调用被子类重写的方法。

根据赋值兼容规则，当父类对象名表示的是子类对象时，父类对象所调用的方法一定是继承自父类或重写的父类的方法，从而使子类对象的行为正确表示出来。每一个子类对象都能正确地表现出不同于其他子类对象的行为，从而体现出对象行为的多态性或多样性。

在程序运行过程中，Java 虚拟机能够判断父类对象表示的是哪一个子类的对象，不需要程序员判断，从而提高编程效率，提高程序运行的正确性。

【例 6.6】有多种交通工具，利用多态性表现出每种交通工具的正确运行状态。

【问题分析】要表现出多态性，就应该定义父类和子类。先定义一个交通工具 Transport 类，类中定义一个表示交通工具运行的方法 run( )。在交通工具类的基础上，派生出汽车、飞机、轮船类，类中重写父类 Transport 中的方法 run( )。用父类 Transport 的对象表示每一个具体交通工具的对象，然后调用方法 run( )，使每种交通工具表现出自身的行为。程序如下。

```
class Transport{                              //交通工具类
    int speed;
    String name;
    public Transport(){}                      //构造方法
    public Transport(String name,int speed){  //构造方法
        this.speed = speed;
        this.name = name;
    }
    public void run(){                        //交通工具运行
```

```java
        System.out.println("交通工具在运行！");
    }
}
class Plane extends Transport{                          //飞机子类
    public Plane(String name,int speed){               //构造方法
        super(name,speed);                             //调用父类构造方法
    }
    public void run(){                                 //重写父类方法
        System.out.println(name+"飞机以"+speed+"km/h 的速度在空中飞行。");
    }
}
class Ship extends Transport{                           //轮船子类
    public Ship(String name,int speed){
        super(name,speed);
    }
    public void run(){                                 //重写父类方法
        System.out.println(name+"轮船以"+speed+"节的速度在水中航行。");
    }
}
class Rocket extends Transport{                         //火箭子类
    public Rocket(String name,int speed){
        super(name,speed);
    }
    public void run(){                                 //重写父类方法
        System.out.println(name+"火箭以"+speed+"km/h 的速度在太空中穿行。");
    }
}
class Vehicle extends Transport{                        //汽车子类
    public Vehicle(String name,int speed){
        super(name,speed);
    }
    public void run(){                                 //重写父类方法
        System.out.println(name+"汽车以"+speed+"km/h 的速度在公路上行驶。");
    }
}
class Car extends Vehicle{                              //汽车类派生小轿车子类
    public Car(String name,int speed){
        super(name,speed);
    }
    public void run(){                                 //重写父类方法
        System.out.println(name+"轿车以"+speed+"km/h 的速度在公路上飞驰。");
    }
}
class Truck extends Vehicle{                            //汽车类派生卡车子类
    public Truck(String name,int speed){
        super(name,speed);
    }
    public void run(){                                 //重写父类方法
        System.out.println(name+"卡车以"+speed+"km/h 的速度在公路上行驶。");
    }
}
public class Example6_06{
    public static void main(String args[]){
        Transport aTransport;                          //声明一个交通工具类的对象
        aTransport = new Rocket("长征 4 号",2200);      //赋值兼容规则，表示火箭对象
        aTransport.run();                              //调用 run()方法
```

```
        aTransport = new Car("红旗",120);           //表示轿车对象
        aTransport.run();
        aTransport = new Plane("空客A320",800);    //表示飞机对象
        aTransport.run();
        aTransport = new Ship("辽宁舰",23);         //表示轮船对象
        aTransport.run();
        aTransport = new Truck("东风",80);          //表示卡车对象
        aTransport.run();
        aTransport = new Vehicle("金龙",70);        //表示汽车对象
        aTransport.run();
    }
}
```

程序运行结果如图 6.6 所示。

例 6.6 程序中类的类图如图 6.7 所示。

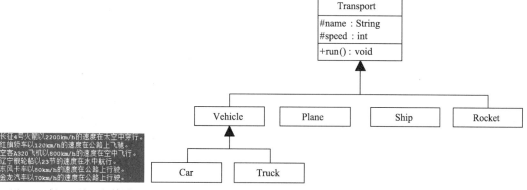

图 6.6　例 6.6 的运行结果　　　　图 6.7　例 6.6 程序中类的类图

在例 6.6 程序中，语句"aTransport.run( );"出现了多次。同样的语句，执行结果却不同——体现出交通工具工作状态的多态性。aTransport 是 Transport 类的对象名，Transport 是其他类的父类，根据类型兼容规则，用对象 aTransport 可以表示任何一个子类的对象。当执行语句"aTransport.run( );"时，系统要判断对象 aTransport 表示的是哪一个类的对象，从而调用这个对象所在类中的 run( )方法。

利用语言的多态性能力可以极大地简化程序设计，提高编程效率和程序运行的稳定性，如例 6.6 直接调用方法而不用判断，尤其当某一个类的派生层次较深时，更能体现出多态性的优越性。

6.6　abstract 关键字

关键字 abstract 可以修饰类，也可以修饰类中的方法。

abstract 关键字

6.6.1　abstract 修饰类

用关键字 abstract 修饰的类称为抽象类。定义抽象类的语法形式如下。

```
abstract class 类名
{
    ...
}
```

类是对具有相同属性和行为的对象的抽象。抽象类中也可以定义属性和行为，但是所描述的对象是抽象的、不存在的，所以抽象类不能生成对象实例。抽象类不能用关键字 final 修饰。

继承与多态　第6章

使用抽象类可以将原来零散的、无关系的类归为一类，便于管理。根据类型兼容规则，程序员可以用抽象类的对象统一表示零散的、无关系类的对象，可以利用语言的多态性使对象表现出自身的行为。

6.6.2　abstract 修饰方法

用关键字 abstract 修饰的方法称为抽象方法。定义抽象方法的语法形式如下。

```
[访问限定词] abstract 数据类型 方法名([参数表列]);
```

抽象方法只有方法的头部，没有方法体。抽象方法应该定义在父类中，便于为子类提供统一的行为；父类派生出子类后，子类再对继承自父类的抽象方法进行定义。抽象方法不能用关键字 final 修饰。

抽象类中可以有非抽象（实例）方法，也可以有抽象方法。但是，如果一个类中有抽象方法，该类就必须定义成抽象类。

【例 6.7】有若干个圆和矩形，已知每个圆的半径和矩形的长、宽，计算这些圆和矩形的面积与周长。

【问题分析】圆和矩形都是图形，应该用一个共同的父类表示这两种图形。这两种图形没有共同的属性，但是有共同的方法（计算面积和周长），所以父类中只定义方法。父类能够表示图形，但不能表示哪一种具体的图形，所以父类应该定义成抽象类。父类不能表示哪一种具体的图形，也无法计算图形的面积，因为每一种图形计算面积的方法都可以不一样，所以父类中的方法应该定义成抽象方法。程序如下，程序运行结果如图 6.8 所示。

```
圆的面积: 314.16，周长: 62.83
矩形的面积: 200.00，周长: 60.00
圆的面积: 4.91，周长: 7.85
矩形的面积: 7.29，周长: 11.06
```

图 6.8　例 6.7 的运行结果

```
abstract class Shape{                                    //抽象图形父类
    public abstract double area();                       //抽象方法
    public abstract double perimeter();
}
class Circle extends Shape{                              //子类圆
    private double radius;                               //半径
    public Circle(double radius){                        //构造方法
        this.radius = radius;
    }
    public double area(){                               //重写父类的抽象方法计算面积
        return Math.PI*radius*radius;
    }
    public double perimeter(){                          //重写父类的抽象方法计算周长
        return 2*Math.PI*radius;
    }
}
class Rectangle extends Shape{                           //子类矩形
    private double width,height;                         //矩形的宽和长

    public Rectangle(double width,double height){        //构造方法
        this.width = width;
        this.height = height;
    }
    public double area(){                               //重写父类的抽象方法计算面积
        return width*height;
    }
    public double perimeter(){                          //重写父类的抽象方法计算周长
        return 2 *(width+height);
    }
}
```

例 6.7 编程视频

```
public class Example6_07{
    public static void main(String args[]){
        Shape shape;                              //父类对象名
        double area,perimeter;
        shape = new Circle(10);                   //类型兼容,表示圆类的对象
        area = shape.area();                      //利用多态性,计算面积
        perimeter = shape.perimeter();            //利用多态性,计算周长
        System.out.printf("圆的面积: %.2f, 周长: %.2f\n",area,perimeter);
        shape = new Rectangle(20,10);             //类型兼容,表示矩形类的对象
        area = shape.area();
        perimeter = shape.perimeter();
        System.out.printf("矩形的面积: %.2f, 周长: %.2f\n",area,perimeter);
        //---------再计算一次------------
        shape = new Circle(1.25);
        area = shape.area();
        perimeter = shape.perimeter();
        System.out.printf("圆的面积: %.2f, 周长: %.2f\n",area,perimeter);
        shape = new Rectangle(3.36,2.17);
        area = shape.area();
        perimeter = shape.perimeter();
        System.out.printf("矩形的面积: %.2f, 周长: %.2f\n",area,perimeter);
    }
}
```

程序中多次出现语句 "area=shape.area( );" 和 "perimeter= shape.perimeter( );", shape 是父类对象名, 每一时刻表示的都可能是不同类的对象, 运行时系统要判断 shape 表示的是哪一个子类的对象, 然后调用该子类中的相应方法计算面积或周长。这里也是利用语言的多态性, 不需要程序员判断。

6.7 泛型

泛型的概念和
声明泛型类

6.7.1 泛型的概念

通过对前一章和本章内容的学习, 我们知道可以从多个具体对象抽象出类, 反过来则可以用类统一定义对象变量。是否有比类更高一层的抽象表示形式呢? 答案是有, 那就是泛型。泛型是通用类型的类, 泛型类对象可以表示多种不同的类的对象。类是对属性和行为的封装, 习惯上, 如果多个对象的属性和行为相同 (封装方式相同), 但属性的类型 (数据类型) 不同, 则应该针对每一个类型单独定义类。采用泛型类就可以将封装方式相同但属性类型不同的多个类用一个泛型类表示, 从而减少程序开发的工作量, 提高软件的开发效率。泛型的本质是参数化类型, 也就是说所操作的数据类型被指定为一个参数。

6.7.2 声明泛型类

泛型类是带有类型参数的类, 类中有域和行为。域的数据类型可以是已有类型, 也可以是 "类型参数" 的类型。泛型类方法的类型、参数和方法中的局部变量可以是已有类型, 也可以是 "类型参数" 的类型。泛型类的定义形式如下。

```
class 泛型类名<类型参数表列>{
    类体
}
```

在 "泛型类名" 后的 "<>" 中指明类型参数的名称, 如果有多个, 则用英文逗号分隔。类型

参数的名称就是在类体中要用到的表示数据类型的符号，一般是合法的标识符就行，但通常用 T、E、K、V 等表示。约定 T（type）表示具体的一个 Java 类型，K、V 分别代表 Java 键值对中的 key 和 value，E 代表 element。

定义泛型类后就可以定义泛型类的对象，定义形式如下。

泛型类名[<实际类型表列>] 对象名=new 泛型类名[<实际类型表列>]([形参表]);

或

泛型类名[<实际类型表列>] 对象名=new 泛型类名[<>]([形参表]);

实际类型不能是基本数据类型，必须是类或接口类型。<实际类型表列>也可以不写，如果不写，则将泛型类中的所有对象都看作 Object 类的对象。此外，也可以用 "?" 代替 "实际类型表列"，"?"表示可以是任何一个类，它被叫作通配符。泛型的使用比较复杂，更具体的内容请参考本章 6.7.6 小节。

先看一个非泛型类的例子。

【例 6.8】设计一个数组类，该类的对象能表示任何类型的对象数组。

【问题分析】数组类是将数组定义在类中，则数组类的每一个对象就可以表示一个数组。如果想表示任意类型对象的数组，则数组类中封装的数组的类型应该是 Object，因为它是所有类的父类，按赋值兼容规则可以表示任何子类的对象。程序如下。

```
class Array{                          //数组类
    int n;                            //数组的总长度
    int total;                        //数组的实际长度
    private Object arr[];             //Object 类型元素
    public Array(int n){              //构造方法
        this.n = n;
        total = 0;
        arr = new Object[n];
    }
    public void add(Object obj){      //将一个对象加到数组中
        arr[total++] = obj;
    }
    public Object indexOf(int i){     //获得数组中第 i 个元素对象
        return arr[i];
    }
    public int length(){              //获得对象中数组的长度
        return total;
    }
}
public class Example6_08{
    public static void main(String args[]){
        int i;
        String str[] = new String[2];    //String 型对象数组
        str[0] = "Beijing";
        str[1] = "Shanghai";
        Array arrObj1 = new Array(10);    //创建数组类对象
        for(i = 0;i < str.length;i++)     //将每个元素加到数组对象中
            arrObj1.add(str[i]);
        for(i = 0;i < arrObj1.length();i++) {  //将数组对象中的元素值输出
            String s = (String)arrObj1.indexOf(i);
                                          //获得其中第 i 个元素并将其强制转换成 String 型
            System.out.println(s);
        }
        //------------------------------------------------
        System.out.println("--------------------------");
```

```
        Object arr[] = new Object[2];              //创建一个Object型数组
        arr[0] = "Shenzhen";                       //第1个元素是String型
        arr[1] = new Integer(123);                 //第2个元素是Integer型
        Array arrObj2 = new Array(10);             //再创建一个数组类对象
        for(i = 0;i < arr.length;i++)              //将每个元素加到数组对象中
            arrObj2.add(arr[i]);
        for(i = 0;i < arrObj2.length();i++){       //用与第1个数组类对象相同的方式输出
            String s = (String)arrObj2.indexOf(i);
            //运行时出错了。当i=1时，对象的实际类型是Integer，不能强制转换成String
            System.out.println(s);
        }
        //-------------------------------------------------------------
        //如果想将第2个数组类的对象arrObj2正确输出，应采用下面的形式
        //但是由于执行上面的循环时程序已经终止，因此这部分语句执行不到
        String s = (String)arrObj2.indexOf(0);     //单独获得，单独输出
        System.out.println(s);
        Integer integer = (Integer)arrObj2.indexOf(1);
        System.out.println(integer.intValue());
    }
}
```

程序运行结果如图6.9所示。

图6.9 例6.8的运行结果

如果如例6.8所示定义数组类，数组类对象中的数组元素可以是不同类型的，则在使用时必须知道数组对象中数组的每一个元素的类型，才能将其转换成正确的类型。如果不做特别的标识，则无法知道每一个元素的类型。

如果使用泛型，则可以保证每一个数组类对象中的元素都是同一类型的。

【例6.9】定义一个泛型数组类，并创建数组类的对象。

程序如下，程序运行结果如图6.10所示。

图6.10 例6.9的运行结果

```
class GenericArray<T>{                    //泛型类，类型参数名T
    int n;                                //数组的总长度
    int total;                            //数组的实际长度
    private Object arr[];                 //Object型对象数组
    public GenericArray(int n){           //构造方法
        this.n = n;
        total = 0;
        arr = new Object[n];
    }
    public void add(T obj){               //将一个T型对象加到数组中
        arr[total++] = obj;
    }
    public T indexOf(int i){              //获得第i个元素，返回值类型是T型
        return (T)arr[i];                 //返回前强制转换成T型
    }
    public int length(){
        return total;
    }
}
```

```
public class Example6_09{
    public static void main(String args[]) {
        int i;
        String str[] = new String[2];                    //一个 String 类的对象数组
        str[0] = "Beijing";
        str[1] = "Shanghai";
        //创建一个泛型类对象，所有元素均为 String 型
        GenericArray<String> arrObj1 = new GenericArray<String>(10);
        for(i = 0;i < str.length;i++)                     //将每个元素加到数组对象中
            arrObj1.add(str[i]);
                for(i = 0;i < arrObj1.length();i++)       //输出元素
            //获得第 i 个元素后直接输出，不用强制类型转换
            System.out.println(arrObj1.indexOf(i));
        //-------------------------------------------------
        System.out.println("-----------");
        Integer intObj[] = new Integer[2];               //一个 Integer 类的对象数组
        intObj[0] = new Integer(123);
        intObj[1] = new Integer(-456);
        //创建一个泛型类对象，所有元素均为 Integer 型
        GenericArray<Integer> arrObj2 = new GenericArray<>(10);
        for(i = 0;i < intObj.length;i++)                 //将每个元素加到数组对象中
            arrObj2.add(intObj[i]);
                for(i = 0;i < arrObj1.length();i++)      //输出元素
            //获得第 i 个元素后直接输出，不用强制类型转换
            System.out.println(arrObj2.indexOf(i).intValue());
        //-------------------------------------------------
        System.out.println("-----------");
        Object obj[] = new Object[2];                    //一个 Object 类的对象数组
        obj[0] = "Beijing";                              //第 0 个元素是 String 型
        obj[1] = new Integer(-123);                      //第 1 个元素是 Integer 型
        //创建一个泛型类对象，所有元素均为 String 型
        GenericArray<String> arrObj3 = new GenericArray<>(10);
        arrObj3.add("Beijing");
        //泛型类对象 arrObj3 只能加 String 型对象
        //arrObj3.add(-123);//写成这条语句的形式编译不能通过
        for(i = 0;i < arrObj3.length();i++)
            System.out.println(arrObj3.indexOf(i));
    }
}
```

6.7.3　声明泛型接口

除了可以定义泛型类外，还可以定义泛型接口。本小节的内容学习需要学习者具备接口的知识背景。关于接口的定义等相关知识，请参阅第 7 章的内容。泛型接口的定义形式如下。

声明泛型接口和
声明泛型方法

```
interface 接口名<类型参数表列>{
    …
}
```

在实现接口时，也应该声明与接口相同的类型参数。实现接口的语法形式如下。

```
class 类名<类型参数表列> implements 接口名<类型参数表列>{
    …
}
```

【例 6.10】 定义泛型接口并实现泛型接口。

程序如下，程序运行结果如图 6.11 所示。

图 6.11　例 6.10 的运行结果

```java
interface Generics<T>{                                    //泛型接口
    public T next();
}
class SomethingGenerics<T> implements Generics<T>{    //泛型类，实现泛型接口
    private T something[];                               //泛型域
    int cursor;                                          //游标，标识 something 中的当前元素
    public SomethingGenerics(T something[]){            //构造方法
        this.something=something;
    }
    public T next(){                                    //获取游标处的元素，实现接口中的方法
        if(cursor < something.length)
            return (T)something[cursor++];
        return null;                                     //超出范围，则返回空
    }
}
public class Example6_10{
    public static void main(String args[]){
        String str[] = {"Beijing","Shanghai","Tianjin"};  //String 对象数组，直接实例化
        Generics<String> cityName = new SomethingGenerics<String>(str);//创建泛型对象
        while(true){                                     //遍历，将泛型对象表示的元素输出
            String s = cityName.next();

            if(s != null)
                System.out.print(s+" ");
            else
                break;
        }
        System.out.println();
        Integer num[] = {123,-456,789};                 //Integer 对象数组，直接实例化
        Generics<Integer> numGen = new SomethingGenerics<Integer>(num);//创建泛型对象
        while(true){                                     //遍历，将泛型对象表示的元素输出
            Integer i = numGen.next();
            if(i!=null)
                System.out.print(i+" ");
            else
                break;
        }
        System.out.println();
    }
}
```

6.7.4　声明泛型方法

方法也可以是泛型方法，即定义方法时声明了类型参数，这样的类型参数只限于在该方法中使用。泛型方法可以定义在泛型类中，也可以定义在非泛型类中。泛型方法的定义形式如下。

```
[访问限定词] [static]<类型参数表列> 方法类型 方法名([参数表列]){
    …
}
```

【例 6.11】 泛型方法的定义与使用。

程序如下，程序运行结果如图 6.12 所示。

```java
import java.util.Date;                                   //引入日期类
```

图 6.12　例 6.11 的运行结果

继承与多态 / 第6章

```java
public class Example6_11{
    public static <T> void print(T t){            //泛型方法
        System.out.println(t);
    }
    public static void main(String args[]){
        //调用泛型方法
        print("Apple");
        print(123);
        print(-487.76);
        print(new Date());
    }
}
```

6.7.5　泛型参数的限定

在例 6.9 中定义的泛型数组类可以接收任意类型的类。但是，有时候只想接收指定类型范围内的类，因为类型过多可能会产生错误，这时可以对泛型的参数进行限定。参数限定的语法形式如下。

泛型参数的限定

类型形式参数 extends 父类

"类型形式参数"是指声明泛型类时所声明的类型，"父类"表示只有这个类下面的子类才可以作为实际类型参数。

【例 6.12】定义一个泛型类，找出多个数据中的最大数和最小数。

【问题分析】数值型数对应的数据类型类有 Byte、Double、Float、Integer、Long、Short，它们都是 Number 类的子类，所以我们可以把类型参数限定为 Number，也就是说只有 Number 的子类才能作为泛型类的实际类型参数。这些数据类型类中都重写了 Number 类中的方法 doubleValue( )，所以在找最大数和最小数时可以通过调用 doubleValue( )方法获得对象表示的数值，从而进行比较。程序如下，程序运行结果如图 6.13 所示。

图 6.13　例 6.12 的运行结果

```java
class LtdGenerics<T extends Number>{      //泛型类，实际类型只能是 Number 的子类，Ltd=Limited
    private T arr[];                      //域，数组
    public LtdGenerics(T arr[]){          //构造方法
        this.arr = arr;
    }
    public T max(){                       //找最大数
        T m = arr[0];                     //假设第 0 个元素是最大值
        for(int i = 1;i < arr.length;i++)     //逐个判断
            if(m.doubleValue()<arr[i].doubleValue())
                m = arr[i];               /*Byte, Double, Float, Integer, Long, Short
                                          *的对象都可以调用doubleValue()方法得到对应的双精度数*/
        return m;
    }
    public T min(){                       //找最小数
        T m = arr[0];                     //假设第 0 个元素是最小值
        for(int i = 1;i < arr.length;i++)     //逐个判断
            if(m.doubleValue() > arr[i].doubleValue())
                m = arr[i];
        return m;
    }
}
public class Example6_12{
    public static void main(String args[]) {
```

```
        //定义整型数的对象数组，自动装箱
        Integer integer[] = {34,72,340,93,852,37,827,940,923,48,287,48,27};
        //创建泛型类的对象，实际类型 Integer
        LtdGenerics<Integer> ltdInt = new LtdGenerics<Integer>(integer);
        System.out.println("整型数最大值: "+ltdInt.max());
        System.out.println("整型数最小值: "+ltdInt.min());
        //定义双精度型的对象数组，自动装箱
        Double db[] = {34.98,23.7,4.89,78.723,894.7,29.8,34.79,82.,37.48,92.374};
        //创建泛型类的对象，实际类型 Double
        LtdGenerics<Double> ltdDou = new LtdGenerics<Double>(db);
        System.out.println("双精度型数最大值: "+ltdDou.max());
        System.out.println("双精度型数最小值: "+ltdDou.min());
        String str[] = {"apple","banana","pear","peach","orange","watermelon"};
        //下面的语句不允许用于创建泛型类的对象，因为 String 不是 Number
        //类的子类，如果加上本条语句，程序编译不能通过
        //LtdGenerics<String> ltdStr = new LtdGenerics<String>(str);
    }
}
```

6.7.6 泛型及通配符的使用

前面主要阐述了如何定义泛型类、泛型接口、泛型方法。泛型在实际使用时可以直接传入具体类型。

【例6.13】泛型及泛型通配符的简单使用。

泛型及通配符的
使用

```java
class Fruit {
    public void taste(){
        System.out.println("It is sweet!");
    }
}
class Apple extends Fruit {}
class RedApple extends Apple {}
class Plate<T>{
    private T item;
    public Plate(T t){
        item = t;
    }
    public void set(T t){
        item = t;
    }
    public T get(){
        return item;
    }
}

public class Example6_13{
    public static void main(String[] argv){
        //---No.1----
        Plate<Fruit> app1 = new Plate<Fruit>(new Fruit());
        Plate<Apple> app2 = new Plate<Apple>(new Apple());
        Plate<RedApple> app3 = new Plate<RedApple>(new RedApple());
        //---No.2----
        Plate<Fruit>  app4 = new Plate<Fruit>(new Apple());    //OK
        Plate<Fruit>  app5 = new Plate<Fruit>(new RedApple()); //OK
        Plate<Apple>  app6 = new Plate<Apple>(new RedApple()); //OK
        Fruit f=app6.get();
        f.taste();
        //---No.3----
        //Plate<Fruit>  app7 = new Plate<Apple>(new Apple());//去掉注释，编译不通过
```

```
        //Plate<Apple> app8 = new Plate<RedApple>(new RedApple());//去掉注释，编译不通过
    }
}
```

上面 main( )方法中的第一段代码体现了泛型的最基本用法，定义泛型类型变量的时候直接传入对应的实际类型；第二段代码体现了类型兼容和多态的用法；第三段代码去掉注释，编译不通过。原因是苹果是从水果派生的，红苹果是从苹果派生的，但用来装苹果的盘子并不是从装水果的盘子派生的。现实中也是，装水果的盘子和装苹果的盘子没有这种关系，装苹果的盘子和装红苹果的盘子也没有这种关系。为了拥有更强的通用表示和类型兼容能力，Java 引入了上界通配符和下界通配符。

上界通配符的定义形式如下。

```
C<? extends T>
```

C 表示泛型类，T 表示类型或者接口，?代表泛型里的元素类型，"? extends T" 表示它必须是 T 的子类（也包括自身）或实现了 T 接口的类。

下界通配符的定义形式如下。

```
C<? super T>
```

这里的 T 同样只能是一个类或接口，?代表泛型里的元素类型，"? super T" 表示它必须是 T 的超类（包括自身）。

通配符所代表的其实是一组类型，但具体的类型是未知的。

在上面的第三段代码段之后，增加如下代码。

```
//---No.4----
//Plate<? extends Apple> plat1 = new Plate<Fruit>(new Fruit());//去掉注释，编译不通过
Plate<? extends Apple> plat2 = new Plate<Apple>(new Apple()); //ok
Plate<? extends Apple> plat3 = new Plate<RedApple>(new RedApple());//ok
//---No.5----
Plate<? super Apple> plat4 = new Plate<Fruit>(new Fruit());//ok
Plate<? super Apple> plat5 = new Plate<Apple>(new Apple()); //ok
//Plate<? super Apple> plat6 = new Plate<RedApple>(new RedApple());//编译不通过
```

可以看到，通过通配符的这种表示方法，实现了传入类型之间的继承或派生关系，外在的泛型之间也可以建立某种关系。这段代码体现了上界通配符<? extends>和下界通配符<? super>的基本特征和简单用法。另外，对于<? extends Object>，由于 Object 是其他所有类的直接父类或间接父类，Java 把它缩写为<?>。

从某种角度讲，Plate<? extends Fruit>是 Plate<Fruit>、Plate<Apple>及 Plate<RedApple>的基类。而 Plate<? super RedApple>是 Plate<Fruit>、Plate<Apple>及 Plate<RedApple>的基类。但也要注意的是，Plate<? extends Fruit>和 Plate<? super RedApple>之间没有关系，至少在目前已有版本范围内没有关系，不能互相赋值。

上下界通配符让 Java 不同泛型之间的转换更容易了。但这样的转换也有一定的副作用，那就是容器的部分功能可能失效。

```
//---No.6----
Plate<? extends Apple> p = new Plate<Apple>(new Apple()); //ok
//p.set(new Apple());    //去掉注释，编译不通过
//p.set(new RedApple());//去掉注释，编译不通过
//表明不能存入任何元素
//---No.7----读取出来的只能存放在 Apple 或它的基类对象中
Apple ap1 = p.get();
Object ob = p.get();
```

```
//RedApple ra0 = p.get();//去掉注释，编译不通过
```

其原因是编译器只知道容器内是 Apple 或者它的派生类，但具体是什么类型不知道，所以取出来的时候向上转型为基类。本例中，可能是 Apple，也可能是 RedApple。编译器在看到前面用 Plate<Apple>赋值以后，并没有给盘子标上"苹果"，而是标上一个占位符 capture#1，表示捕获一个 Apple 或 Apple 的子类，具体是什么类不知道，代号为 capture#1。然后无论是想往里插入 Apple 或者 RedApple，编译器都不知道能不能与这个 capture#1 匹配，所以就都不允许。

再看下面这一段代码。

```
//---No.8----
Plate<? super Apple>  q = new Plate<Apple>(new Apple()); //ok
q.set(new Apple());
q.set(new RedApple());
//Apple ra = q.get();//去掉注释，编译不通过
Object ob1 = q.get();//编译通过
```

下界通配符规定了元素的下限，实际上是"放松"了容器元素的类型控制。既然元素是 Apple 的基类，那往里存比 Apple 小的都可以。但往外读取元素就费劲了，只有所有类的基类 Object 对象才能装下。这样，元素的类型信息就会全部丢失。

总结一下，上界<? extends T>不能往里存，只能往外取：<? extends T>会使往盘子里放东西的 set( ) 方法失效，但取东西的 get( )方法还有效，取出来的东西只能存放在 T 或它的基类里面，向上转型。下界<? super T>不影响往里存，但往外取只能放在 Object 对象里：使用下界<? super T>会使从盘子里取东西的 get( )方法部分失效，只能存放到 Object 对象里，因为规定的下界对于上界并不清楚，所以只能放到最根本的基类 Object 中；set( )方法正常。

什么时候使用上界通配符，什么时候使用下界通配符呢？一般情况下遵循 PECS（producer extends consumer super）原则。PECS 原则中，producer extends 的含义为生产者使用 extends 来确定上界，往里面放东西表示生产。consumer super 的含义为消费者使用 super 来确定下界，往外取东西表示消费。

频繁往外读取内容的，适合用上界 extends，注意 extends 可用于返回类型的限定，不能用于参数类型的限定。经常往里插入内容的，适合用下界 super，注意 super 可用于参数类型的限定，不能用于返回类型的限定。

实际应用中泛型更多的是配合集合（第 10 章中会详细介绍）使用，这里不做深入介绍。

6.8 小结

类是具有相同属性和行为的对象的抽象。通常情况下，并不直接定义每一个类，而是先定义一个公共的父类，这个父类包括所有子类对象的共同属性和行为。因为每一个子类还有自己特殊的属性和行为，所以在父类基础上再定义子类自己的属性和行为。虽然子类中并没有对所有的属性和行为进行定义，但是通过继承也完整地定义了子类应该具有的属性和行为。

通过继承，可以实现代码重用，提高编程效率，提高程序运行的稳定性。继承是实现多态性的前提。

在继承过程中，子类可以定义与父类同名的域；定义后，在子类中隐藏父类的域，子类还可以将继承自父类的方法重写。在子类对象中，如果想访问父类中被隐藏的域或调用父类中被重写的方法，此时可以用关键字 super。this 和 super 可以配合使用。

父类对象可以表示子类对象，称为类型兼容规则。

多态性指的是同一类对象具有的不同行为，具体指的是有共同父类的子类对象的不同行为。

实现时用父类对象表示子类对象，运行时系统能够判断父类对象表示的是哪一个子类的对象，然后调用子类对象所在类中的方法，这个调用过程不需要程序员判断，从而可以提高编程的效率。

为了实现多态性，程序员可以将原本不相关的类抽象出一个共同的父类，用这个父类对象表示子类对象。如果这个父类没有必要创建实例，则这种情况下可以声明为抽象类。如果不希望一个类有子类，则这种情况下可以将该类声明为最终类。

泛型是通用类型的类，泛型类对象可以表示多种不同类的对象。在某些场合能较大幅度减少程序开发的工作量，提高软件的开发效率。在实际编程中，自定义泛型比较少，更多的是利用系统定义的集合类。利用系统的集合类，可以更高效地开发程序，而且有利于程序运行的稳定性和可靠性。

6.9 习题

1. 什么是继承？
2. 什么是域的隐藏和方法的重写？
3. this 和 super 有什么作用？
4. 什么是多态性？如何实现多态性？
5. 在一个学校中有教师和学生两类人员。学生信息有身份证号、学号、专业、姓名、性别、年龄及数学、英语、Java 程序设计 3 门课程的成绩。教师信息有身份证号、教师号、专业、姓名、性别、年龄及授课的学时数。创建学生和教师的对象并输出对象的信息，要求编程实现。
6. 有若干个直柱体（底面与柱面垂直），其底面可能是圆形、矩形或三角形。已知柱体的高度、圆的半径、矩形的宽度和高度及三角形的 3 条边长（一定能构成三角形），计算柱体的体积和表面积（包括两个底的面积），要求编程实现。
7. 某学校教师的工资=基本工资+课时补贴。教授的基本工资为 5000 元，每学时补贴 70 元；副教授的基本工资为 3500 元，每学时补贴 60 元；讲师的基本工资为 2600 元，每学时补贴 55 元。已知每名教师的学时数，计算每名教师的每月工资，要求编程实现。
8. 某家庭有电视机、洗衣机、电冰箱和微波炉，现要求编写程序显示家用电器的工作状态：电视机在播放节目、洗衣机在洗衣服、电冰箱在制冷及微波炉在加热食物。

第7章 接口、Lambda 表达式和枚举

本章要点

- 接口的定义。
- 接口与 abstract 类的区别。
- 接口的实现。
- 接口的功能扩展。
- Lambda 表达式。
- 枚举。

接口（infterface）是 Java 提供的一个重要类型，是对抽象类（abstract class）的进一步抽象。通过接口的继承和接口回调技术可以实现"多重继承"，并实现"行为"上的多态。面向接口编程是一种十分重要的编程思想和技术，我们需要在学习中不断深入领会。

Lambda 表达式是一种提高编程效率的表达形式，配合函数式接口或匿名类可以使得程序代码更加简洁明了。

枚举可以将对象的所有值一一列举出来，从而提高程序的可读性和健壮性。

7.1 接口

7.1.1 接口的概念与定义

接口的概念与
定义

1. 接口的概念

在我们的日常生活中，经常用到各种物品或设备。为了保证它们能准确无误地连接在一起，通常会采用统一的接口和规范。生活中最常见的就是电源插头和插座。只要是我国的电气设备，其电源插头都是一样的，这是因为所有的生产厂家都使用了相同的规范和标准。但在这个规范中，只会定义插头、插座的样式和尺寸，以及各引脚的作用和电压等行为规范，不会给出具体的做法要求，具体的实现由各生产厂家自行确定。

Java 中充分借鉴了这种既规范又灵活的形式，引入了接口这个概念。Java 接口是由若干常量和方法声明组成的集合。接口中的方法只有声明，没有实现，因此这些方法可以在不同的地方被不同的类实现，而这些实现可以具有不同的行为（功能）。

在接口中只给出方法的声明而没有给出方法的实现，目的是规范对象的行为，告诉接口的实现者必须做什么，但不要求怎么做，由实现者根据自身情况决定怎么做。接口中定义的常量是接口的特征属性，用于规范接口要求。

由于接口中的方法都是抽象的，所以接口只能被继承，不能用 new 实例化。

2．接口的定义

接口的定义形式如下。

```
[修饰符] interface 接口名称 [extends 父接口名列表]
{
    [public] [static] [final] 数据类型 变量名 = 常量值;
    [public] [abstract] 返回值类型 方法名(参数列表);
}
```

其中，接口的修饰符是可选项，它用于指定接口的访问权限，可为 public，如果省略，则使用默认的访问权限，即允许为同一个包下的类所继承；接口名称用于指定接口的名称，必须是合法的 Java 标识符，一般要求首字母大写；extends 用于指定要定义的接口继承于哪些接口；接口中的变量均用 public static final 修饰，即均为常量，所以前面的修饰符可省略；接口中的方法均用 public abstract 修饰，即均为抽象方法，只有定义而没有被实现，所以前面的修饰符也可省略。

例如，定义一个接口 Cubage，实现计算物体的体积，代码如下。

```
public interface Cubage{
    public static final double PI = 3.1415926;
    public abstract double doCubage();
}
```

这个接口中定义了一个常量 PI，表示圆周率；定义了一个方法 doCubage( )，用于计算物体的体积。

为什么要把体积的计算抽象成一个接口呢？因为很多物体都需要计算体积，但是不同物体计算体积的公式各不相同，例如圆柱、圆锥、立方体，甚至一些不规则物体等，而且并不是所有物体都需要计算体积。所以当需要求得这类物体的体积时，只要继承这个接口并重写相应的方法就能实现体积的计算，从而实现行为的多态性。

7.1.2　接口与 abstract 类的区别

在 Java 中，abstract class 和 interface 是支持抽象类定义的两种机制。这两种机制有一定的相似性，均可以定义抽象方法，实现面向抽象编程，所以在使用过程中经常出现混淆的情况。实际上，两者有很大的区别。

1．语法上的不同

（1）抽象类中既可以包含抽象方法，也可以包含非抽象的普通方法，而接口中除默认方法、静态方法外，所有的方法必须是抽象方法。

（2）抽象类中的抽象方法的访问类型可以是 public、protected 和默认类型，但接口中的抽象方法只能是 public 类型。

（3）抽象类中可以有普通成员变量，而接口中的所有变量均为 public static final 修饰，即均为常量。

（4）抽象类中可以有构造方法，而接口内不能有构造方法。

（5）一个类可以实现多个接口，但只能继承一个抽象类。

2．设计思想上的不同

（1）抽象类是对一类事物的抽象，其中包括属性和行为；而接口是对行为的抽象，是对类局部（行为）进行抽象。例如，灯和计算机是不同类的两种事物，但它们都有两个行为，即开、关（这里的开关指的是动作）。因此在设计的时候，我们可以将灯设计为一个类 Lamp，将计算机设计为一个类 Computer。但是不能将开关这个特性设计成为类，因为它是一个行为特征，是个动作，而不是一类事物的抽象描述。这时，就可以把"开关"设计为一个接口 On_Off，其中包含方法 on( )和 off( )。Lamp 和 Computer 继承并实现接口 On_Off 中的方法 on( )和 off( )。如果有不同类别的灯，例如台灯、壁灯等，它们可以直接继承 Lamp，而笔记本计算机、工作站等可以直接继承 Computer。这种继承是对类的继承，即子类一定是抽象类，所以是一种"is-a"（是不是）关系，例如，台灯是灯；而接口的继承是完成一种行为，所以是一种"like-a"（能不能）关系，例如，灯能开关，则可以实现这个接口，而杯子不能开关，就不实现这个接口。

（2）从可扩展性方面，两者也有很大区别。抽象类作为子类的父类，相当于是一个模板。子类可以在这个模板基础上进一步修饰和处理。如果要对抽象类功能进行修改或扩充，如增加一个新的方法，程序员只要修改抽象类本身，在抽象类中增加具体的实现就可以，而不需要修改子类。而接口是一种行为规范，如果接口进行了方法扩充，则所有实现这个接口的类都必须进行相应的改动，这种改动将是巨大的。为了解决这个问题，Java 对接口做了调整，新增了默认方法，这种改变无疑使得接口的性能更强了。

7.2 接口的实现

接口的实现

7.2.1 用类实现接口

对接口的实现是通过类的继承来完成的。类使用关键字 implements 来继承接口，具体语法形式如下。

```
[修饰符] class 类名[extends 父类名] [implements 接口A,接口B,…]
{
    类成员变量和成员方法;
    为接口A中的所有方法编写方法体, 实现接口A;
    为接口B中的所有方法编写方法体, 实现接口B;
    …
}
```

定义类时，如果该类需要使用接口，则通过 implements 关键字来声明要实现的接口。如果继承某一父类，则使用关键字 extends。一个类只能继承自一个父类，但可以同时继承多个接口。

在类体中，需要对继承接口的所有方法进行实现，除非该类是 abstract 类。举例如下。

```
class Cylinder implements Cubage
{}//建立一个圆柱体类, 继承Cubage接口, 实现体积计算
class Cone implements Cubage
{}//建立一个圆锥体类, 继承Cubage接口, 实现体积计算
```

7.2.2 定义接口中的方法

如果一个非抽象类实现了某个接口，那么这个类就要重写接口中的所有方法。而且，接口中的方法均用 public abstract 修饰，所以在类重写这些方法时也要用 public 进行修饰，因为访问权限不允许降低。

例如，在类 Cylinder 中重写 doCubage( )方法，代码如下。

```
double doCubage(){
    return (Cubage.PI*r*r*h);
}
```

在类 Cone 中重写 doCubage( )方法，代码如下。

```
double doCubage(){
```

```
        return (Cubage.PI*r*r*h/3);
    }
```

【例 7.1】 定义接口并实现接口，计算圆柱和圆锥的体积。主要程序如下，完整程序见例 7.1 源代码。

```
interface Cubage {                              //声明接口
    public static final double PI = 3.14;       //常量
    public double doCubage();                   //抽象方法
}

class Cylinder implements Cubage
{//创建圆柱类，实现 Cubage 接口
    double r;                                   //圆柱底半径
    double h;                                   //圆柱高
    public double doCubage()
    {//重写接口的 doCubage()方法，实现多态
        return(Cubage.PI*r*r*h);
    }
}
class Cone implements Cubage
{//创建圆锥类，实现 Cubage 接口
    double r;                                   //圆锥底半径
    double h;                                   //圆锥高
    public double doCubage()
    {//重写接口的 doCubage()方法，实现多态
        return(Cubage.PI*r*r*h/3);
    }
}
public class Example7_01
{//实现 Cubage 接口举例
    public static void main(String[] args) {
        Cylinder cylinder = new Cylinder(2.5,4);    //创建圆柱对象
        Cone cone = new Cone(3,4);                  //创建圆锥对象
        System.out.println("圆柱的体积是: "+cylinder.doCubage());
        System.out.println("圆锥的体积是: "+cone.doCubage());
    }
}
```

程序运行结果如图 7.1 所示。

```
圆柱的体积是: 78.5
圆锥的体积是: 37.68
```

图 7.1 例 7.1 的运行结果

7.3 接口与多态

7.3.1 接口多态的概念

接口与多态

接口多态是指不同的类在实现同一个接口时具有不同的实现过程。接口变量回调接口方法时就具有多种不同的形态。实现接口的多态性通常会使用到 Java 的接口回调技术。

接口回调本质上与继承中的上转型相同，不同之处在于：接口回调是用接口句柄来获得并调用实现这个接口的子类的引用，而上转型是用父类句柄来获得并调用实现此父类的子类的引用。

7.3.2 通过接口实现多态

在定义接口时，将不同类的相同行为抽象出来成为接口，每个类对接口中的方法给出具体的行为实现。这样，当通过接口句柄调用方法时，系统会根据具体的子类对象决定执行哪个类中相应的方法，从而实现行为多态。下面看一个例子。

【例7.2】一个公司的员工，每天上班后打开桌上的工作灯，打开计算机开始工作。下班前，关闭计算机和台灯，然后下班。请通过编程描述这一过程。

【问题分析】根据问题描述，我们可以确定有员工、台灯和计算机3个类。它们之间的相互关系是员工使用台灯和计算机，产生的行为是开、关台灯和计算机，并且这个行为对台灯和计算机产生的结果不相同，灯是打开、熄灭，计算机是启动系统、关闭系统。另外，台灯和计算机都要有开、关行为。然而，这两类完全不同，因此考虑将开、关行为抽象成接口来实现。部分程序如下，完整程序见例7.2源代码。程序运行结果如图7.2所示。

图 7.2　例 7.2 的运行结果

```java
interface On_Off
{//定义一个可"开关"的行为接口
    int ON = 1;                      //常量 ON 为"开"状态
    int OFF = 0;                     //常量 OFF 为"关"状态
    void on();                       //定义"开"方法
    void off();                      //定义"关"方法
}

class Lamp implements On_Off
{//定义一个 Lamp 类，该类实现 On_Off 接口，可实现"开关"行为
    int on = On_Off.OFF;             //开关状态
    public void on()
    {//重写接口方法
     //进行开灯操作，如果灯关闭，则打开，否则提示已开灯
        if(on ==On_Off.OFF)
        {
            System.out.println("开灯! ");
            on = On_Off.ON;
        }
        else
            System.out.println("灯已经开了");
    }
    public void off()
    {//重写接口方法
     //进行关灯操作，如果灯打开，则关闭，否则提示已关灯代码略
    }
}
class Computer implements On_Off
{//定义一个 Computer 类，该类实现 On_Off 接口，可实现"开关"行为
    String logo;                     //标识
    int on = On_Off.OFF;             //初始开关状态
    Computer(){}
    Computer(String logo)
    {//带有参数的构造方法
        this.logo = logo;
    }
    public String getLogo()
```

例 7.2 源代码

```
        {
            return logo;
        }
        public void setLogo(String logo)
        {
            this.logo = logo;
        }
        public void on()
        {//重写 On_Off 接口的 on()方法
         //实现开机行为，如果计算机关闭则进行开机操作，否则提示已开机
            if(on==On_Off.OFF)
            {
                System.out.println("计算机正在开机……开机成功");
                on = On_Off.ON;
            }
            else
                System.out.println("计算机已开机");
        }
        public void off()
        {//重写 On_Off 接口的 off()方法
         //实现关机行为，如果计算机已开机，则进行关机操作，否则提示已关机，代码略
        }
}
class Person
{//操作者
    String name;
    public Person(String s)
    {
        name = s;
        System.out.println("创建一个操作者: "+s);
    }
    public void doOn(On_Off o)
    {//操作者进行开操作
        System.out.println(name+"正在进行开操作: ");
        o.on();                            //接口回调
    }
    public void doOff(On_Off o)
    {//操作者进行关操作
        System.out.println(name+"正在进行关操作: ");
        o.off();                           //接口回调
    }
}
public class Example7_02
{
    public static void main(String[] args)
    {//生成实例，完成具体操作
        Person zhangsan = new Person("张三");           //创建一个员工 "张三"
        Computer computer = new Computer("lenovo"); //创建一个计算机对象
        Lamp lamp = new Lamp();           //创建一个灯对象
        zhangsan.doOn(lamp);              //开灯
        zhangsan.doOn(computer);          //开计算机
        zhangsan.doOn(computer);          //开计算机
        zhangsan.doOff(computer);         //关计算机
        zhangsan.doOff(lamp);             //关灯
    }
}
```

如果员工每天上班先开门，再开灯和计算机，下班先关计算机和灯，然后关门。如何修改本程序以满足要求？

7.4 接口的设计与使用

接口主要用来对不同类型的对象所具有的相同行为进行统一和规范，重点在于"行为"，而与类型无关，所以更适于功能扩展。

【例7.3】编写程序，模拟计算机使用 USB 设备的过程。

【问题分析】根据题意，首先定义一个 USB 接口，然后定义若干个 USB 设备实现 USB 接口的读写功能。最后，通过一个带有 USB 接口的计算机对象完成 USB 设备的接入、读写、移除等操作。部分程序如下，完整程序见例 7.3 源代码，程序运行结果如图 7.3 所示。

图 7.3　例 7.3 的运行结果

例 7.3 源代码

```java
interface USB
{//定义一个USB接口
    String read();              //定义"读"方法
    void write(String s);       //定义"写"方法
}
class Mobile implements USB
{//定义Mobile类，该类实现USB接口，可以实现"读"方法和"写"方法
    String id;                  //Mobile 标识
    String number;              //Mobile 号码
    String memory = null;       //Mobile 存储内容
    public String read()
    {//重写接口方法，实现读操作
        System.out.println("读取手机中的内容: ");
        System.out.println(memory);
        return memory;
    }
    public void write(String s)
    {//重写接口方法，实现写操作
        memory = s;
        System.out.println("向手机存储中写操作成功! ");
    }
}
class Computer{
    String logo;                //标识
    USB USB;
    String content;
    public boolean insertUSB(USB u){
        boolean flag = false;
        if(USB==null) {
            USB = u;
            flag = true;
            System.out.println("USB设备连接成功!");
        }
        else
            System.out.println("USB设备连接失败!");
        return flag;
    }
    public boolean removeUSB(USB u){
    //略
    }
```

```
        public void readUSB(USB u){
            content = u.read();
        }
        public void writeUSB(USB u,String content){
            u.write(content);
        }
    }

public class Example7_03{
    public static void main(String[] args) {
        Computer computer = new Computer("lenovo"); //创建一个 Computer 对象
        Mobile mobile = new Mobile("apple");         //创建一个 Mobile 对象
        String content;
        if(computer.insertUSB(mobile))
        {//computer 接入一个 USB 设备: mobile
            computer.readUSB(mobile);                 //computer 读取 mobile 内容
            System.out.println("从手机中读取的内容是: ");
            if (computer.getContent()==null)
                System.out.println("哈, 是新手机, 没有内容! ");
            else
                System.out.println(computer.getContent());
        }
        content = "这个手机是我的了！！！";
        computer.writeUSB(mobile, content);//向 mobile 写入内容
        computer.removeUSB(mobile);                    //从 computer 移除 USB 设备: mobile
    }
}
```

7.5 接口的功能扩展

随着接口应用的不断增加,接口中存在的一些问题逐渐显现,例如接口功能的增加会导致所有继承类的全部重写;一些方法体可以确定的方法,也只能由继承的子类再重写一遍方法内容等。为了解决这些问题,Java 对原有的接口功能进行了扩展。下面逐一进行介绍。

7.5.1 默认方法

从 Java 8 开始,接口里允许定义默认方法,利用默认方法可以解决接口功能增加的问题。默认方法的语法形式如下。

默认方法

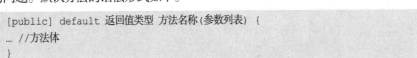

```
[public] default 返回值类型 方法名称(参数列表) {
… //方法体
}
```

默认方法的定义使用 default 进行修饰,并且具有方法体。这样,接口在进行功能扩展时,可以根据需要增加若干个默认方法。而继承接口的子类既可以直接继承并使用该默认方法,也可以重写覆盖该默认方法,从而使得接口的定义和使用更为灵活、方便。

【例 7.4】在例 7.3 中定义了一个接口 USB,其包含读、写两个功能。现在增加一个功能:USB 接口充电,让手机可以通过 USB 接口进行充电。最小限度地修改例 7.3 的代码以实现基于 USB 接口的手机充电功能。

【问题分析】根据题意,要在原有的 USB 接口之上进行功能扩展,增加充电的功能。原有的处理方法是在 USB 接口定义中增加一个抽象方法 public abstract void doCharge( ),然后对所有实现该接

口的子类进行方法重写，以保证程序的正确运行。这种方法虽能实现功能扩展，但会导致大量的代码修改，不仅费时费力，还容易导致代码错误。这里利用默认方法来实现这一功能。部分程序如下，完整程序见例7.4源代码，程序运行结果如图7.4所示。

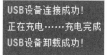

图7.4　例7.4的运行结果

```
interface USB
{//同例7.3，略
    public default void doCharge(){              //新增充电默认方法
        System.out.println("正在充电……充电完成");
    }
}
public class Example7_04{
    public static void main(String[] args) {
        Computer computer = new Computer("lenovo"); //创建一个Computer对象
        Mobile mobile = new Mobile("apple");         //创建一个Mobile对象
        if(computer.insertUSB(mobile))
        {//computer接入一个USB设备：mobile
            mobile.doCharge();//mobile对象进行充电
        }
        computer.removeUSB(mobile); //移除mobile
    }
}
```

例7.4源代码

在这个例子中，对定义的USB接口进行了功能扩展，增加了充电的默认方法，其他实现该接口的子类并不需要做任何的更改即可根据需要直接使用这个功能。

7.5.2　静态方法

除了默认方法，Java 8也允许在接口中定义静态方法。这种静态方法跟类的静态方法一样，可以直接通过接口名进行调用，而不需要生成相关实例。这样，我们就可以在接口中定义只跟接口相关而跟对象无关的一些方法了。

静态方法

静态方法的语法形式如下。

```
[public] static 返回值类型 方法名称(参数列表) {
… //方法体
}
```

静态方法的定义使用static进行修饰，并且也有方法体，所以在定义该方法的同时可以直接给出方法的实现内容。

【例7.5】接口的静态方法应用举例。

```
interface StaticInterface{
    public static void show(){
        System.out.println("这是接口的静态方法");
    }
}
class StaticInterfaceImpl implements StaticInterface{
    public void display(){
        System.out.println("这是接口继承类的方法");
    }
}
public class Example7_05{
    public static void main(String[] args){
    StaticInterfaceImpl impl = new StaticInterfaceImpl();
impl.display();
```

```
    //impl.show()错误，不能使用对象调用接口的静态方法
        StaticInterface.show();
        }
    }
```

程序运行结果如图 7.5 所示。通过这个例子可以看出，接口的静态方法的定义和使用与类的静态方法基本一样，只是在调用时只能通过接口名进行调用，而不能使用子类名或子类对象进行调用。

7.5.3　私有方法

在 Java 9 以后，接口中又增加了对私有方法的支持。如果在接口的默认方法或静态方法中包含了一些通用代码，就可以抽取出来形成一个方法，通过方法调用的形式来共享代码。为了保证这个代码不被破坏，我们可以用 private 来进行修饰。私有方法的定义形式如下。

图 7.5　例 7.5 的运行结果

私有方法

格式 1：

```
private 返回值类型 方法名称(参数列表)
{
… //方法体
}
```

格式 2：

```
private static 返回值类型 方法名称(参数列表)
{
… //方法体
}
```

私有方法包括普通私有方法和静态私有方法两种，它们分别用于默认方法和静态方法中。其中，静态方法中只能调用静态私有方法，而默认方法中两者都可调用。

【例 7.6】静态方法应用举例。

```
interface StaticMethodInterface1{
    public static void show()
    {//定义静态方法
        System.out.println("show()方法是接口的静态方法");
        show4("这是静态方法中调用的静态私有方法");//调用静态私有方法
        //show3();//错误，不能调用普通私有方法
    }
    public default void show2()
    {//定义默认方法
        show3();//调用普通私有方法
        show4("这是默认方法中调用的静态私有方法");//调用静态私有方法
    }
    private void show3()
    {//定义普通私有方法
        System.out.println("这个show3()方法是接口中的普通私有方法");
    }
    private static void show4(String s)
    {//定义静态私有方法
        System.out.println(s);
    }
}
class StaticInterfaceImpl1 implements StaticMethodInterface1
{//定义一个实现接口的类
    public void display() {
```

```
                System.out.println("display()方法是类定义的方法");
        }
        public void show3(){
                System.out.println("这个show3()方法是类的自有方法, 不是重写的方法");
        }
}
public class Example7_06{
    public static void main(String[] args) {
        StaticInterfaceImpl1 impl = new StaticInterfaceImpl1();
        impl.display();//类自定义的方法
        System.out.println("----------------");
        StaticMethodInterface1.show();//接口的静态方法
        System.out.println("----------------");
        impl.show2();//类实现接口的方法
        System.out.println("----------------");
        impl.show3();//类自己的方法, 而非实现接口重写的方法
    }
}
```

程序运行结果如图 7.6 所示。

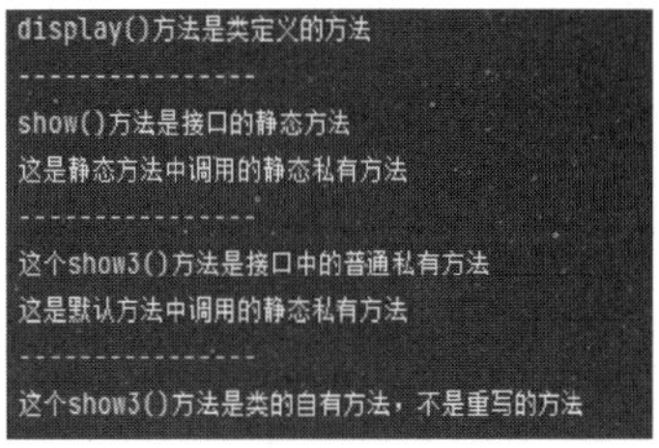

7.5.4 接口多重继承冲突的处理

Java 通过接口来实现多重继承。当继承出现不同接口中的相同方法冲突时,程序需要按照一定的规则进行继承和重写,否则会出现编译错误。

图 7.6 例 7.6 的运行结果

1. 相同的抽象方法

如果多个接口中出现相同的抽象方法,则子类继承时必须重写,并且只需重写一个抽象方法即可。

2. 相同的默认方法

如果多个接口中出现相同的默认方法,则子类继承时必须重写;如果想引用父接口的默认方法,则可以通过"接口名.super.方法名( )"的形式进行调用。

3. 相同的静态方法

因为静态方法只与接口有关,所以静态方法重名在使用中没有任何影响。

7.6 Lambda 表达式

7.6.1 Lambda 表达式的概念和语法

1. 什么是 Lambda 表达式

Lambda 表达式是一种匿名方法的实现形式,本质是一种把方法作为参数进行传递的编程思想。利用 Lambda 表达式可以精简程序的代码量,使程序更加简洁明了,同时也减少了程序员的工作量。

Lambda 表达式

目前在许多高级语言中都对 Lambda 表达式有所支持,Java 8 中引入了这种表达式。

2. 语法格式

Lambda 表达式的语法格式如下。

```
([参数]) -> { 语句; }
```

说明:Lambda 表达式主要分为 3 个部分,"( )"是声明的参数,各参数用逗号进行分隔;箭头符号"->"是正则表达式的操作符,表示将参数内容传到后面的语句中;"{}"中就是实现功能的代码块,是整个表达式的主体。

例如，定义了一个方法"int add(int x,int y);"来计算两个整数的和，用 Lambda 表达式实现的形式为：(int x,int y)->{int z=x+y;return z;}。

3. Lambda 表达式的简略规则

Lambda 表达式的应用就是为了使得代码更加简洁明了，因此在表达式的定义和应用中可以根据代码结构做进一步的优化，使得代码更为简洁。根据 Lambda 表达式的应用特性，我们可以在下面这些条件下进一步优化。

可选类型声明：定义参数时不需要声明参数类型，编译时系统会自动根据上下文推断数据类型。

可选的参数小括号：只有一个参数时可以省略小括号，但有多个参数时需要带小括号。

可选的大括号：如果主体中只有一个语句，可以省略大括号。

可选的 return 关键字：如果主体中只有一个表达式，可以省略 return 语句，在大括号中需要有一个 return 语句。

在上例的这个 Lambda 表达式中，最终可以简写为：(x, y)-> x+y。

从上例中，可以看出 Lambda 表达式在一些条件下可以写得非常精炼，从而减少了很多代码量。

【例 7.7】参考例 7.1，如果一个类在定义时没有继承这个接口，在后续的应用中如何实现这个接口的功能（方法）呢？

【问题分析】根据题意，显然不是重新进行类定义，而是想在以后的应用中根据需要使用到这个接口功能，这时可以采用前面所学的匿名类的方式加以处理，在生成实例时重写其中的方法来实现。进一步，如果接口中只有一个抽象方法，则可以用 Lambda 表达式来实现，以使得代码更加简洁。部分程序如下，完整程序见例 7.7 源代码，程序运行结果如图 7.7 所示。

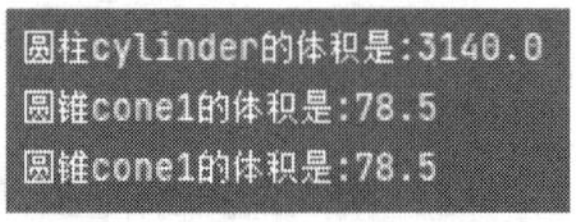

圆柱cylinder的体积是:3140.0
圆锥cone1的体积是:78.5
圆锥cone1的体积是:78.5

图 7.7　例 7.7 的运行结果

```java
interface Cubage<T>
{//定义一个泛型接口,用于支持不同类型的体积计算
    public static final double PI = 3.14;
    public double doCubage(T t) ;//接口中只定义了一个计算体积的抽象方法
}
class Cylinder implements Cubage<Cylinder>
{//接口实现方式1: 直接继承并重写方法
    double r;//底部圆半径
    double h;//圆柱高
public double doCubage(Cylinder cylinder)
{//重写接口的抽象方法, 计算圆柱体积
    return (Cubage.PI * cylinder.getR() * cylinder.getR() * cylinder.getH());
    }
}
class Cone
{//创建圆锥类, 该类没有实现 Cubage 接口
    double r;//底部圆半径
    double h;//圆锥高
    //同例 7.1, 略
}
public class Example7_07{
public static void main(String[] args){
    Cylinder cylinder = new Cylinder(10, 10);//通过继承方式实现圆柱体类的对象
    double cyCubage = cylinder.doCubage(cylinder);//计算当前圆柱体对象的体积
    System.out.println("圆柱 cylinder 的体积是:" + cyCubage);
    Cone cone1 = new Cone(5, 3);//创建一个圆锥体对象
```

例 7.7 源代码

```
        Cubage<Cone> cubage = new Cubage<Cone>() {//接口实现方式2：圆锥体对象通过匿名类的方式
                                                //直接实现接口
            public double doCubage(Cone cone)
        {//重写接口方法，计算圆锥体的体积
                return (Cubage.PI * cone.getH() * cone.getR() * cone.getR() / 3);}
        };
        System.out.println("圆锥cone1的体积是:" + cubage.doCubage(cone1));
        Cubage<Cone> cubage1 = cone -> Cubage.PI * cone.getH() * cone.getR() * cone.getR() / 3;
        //接口实现方式3：以Lambda表达式的形式实现接口
        System.out.println("圆锥cone1的体积是:" + cubage1.doCubage(cone1));
    }
}
```

程序说明：在本程序代码中，给出了3种不同的接口实现方式。方式1是传统的实现方式，即在定义方法时直接继承接口并重写方法，这种方式结构规范，代码可读性强，但功能扩展需要修改类的定义；方式2采用了匿名类的形式实现，在用new生成实例的同时给出方法体，方式更加灵活、便捷，但可读性稍弱；方式3则采用了Lambda表达式的形式实现接口，其语句格式最为简洁，但可读性最弱。对于前两种方法我们已学习过，下面详细说明方式3中Lambda表达式的写法和含义。

这个Lambda表达式语句的完整写法如下。

```
Cubage<Cone> cubage1 = (Cone cone)->{double result;result = Cubage.PI*cone.
getH()*cone.getR()*cone.getR()/3;return result;};
```

等号左侧定义一个圆锥体的接口实例，创建一个圆锥类的体积接口；等号右侧给出该接口的doCubage( )方法的Lambda表达式实现形式。根据Lambda表达式的简略规则，最终可简略为程序代码中的Lambda表达式形式。

4．Lambda表达式的方法引用

方法引用是用来直接访问类或者实例中已经存在的方法或构造方法的，其提供了一种引用而不执行方法的方式。如果抽象方法的实现恰好可以通过调用另外一个方法来实现，此时就可以使用方法引用。常用的方法引用类型及语法形式如表7.1所示。

表7.1　常用的方法引用类型及语法形式

类型	Lambda表达式	引用语法
构造方法引用	(p)->new 类名(p)	类名::new
实例方法引用	(p)->instance.instanceMethod(p)	instance::instanceMethod
对象方法引用	(instance,p)->类名.instanceMethod(p)	类名::instanceMethod
静态方法引用	(p)->类名.staticMethod(p)	类名::staticMethod

7.6.2　函数式接口

通过前面的例题可以看出Lambda表达式的特点：省去了大量结构化、格式化的定义语句，只需编写核心代码即可实现相应功能。省略的这些格式化定义语句并不是不需要，而是由Java编译器自动根据上下文进行推断并判断其结构与格式是否正确，从而减少程序的代码量。很显然，Lambda表达式的使用需要满足一定的条件，即Lambda表达式只用于函数式接口的实现中。

1．函数式接口的定义

函数式接口是指在接口定义中只有一个待重写的抽象方法。在例7.1中定义的Cubage接口就属于函数式接口，其内部只有一个抽象方法doCubage( )。正是因为只有一个抽象方法，自动推断才成为可能：在Lambda表达式中实现的一定是这个抽象方法，所以方法名可以省略；抽象方法定义时给出了参数的个数、类型、返回类型等信息，所以在Lambda表达式中这些也可以省略；如果表达

式中只有一个语句，那么一定是由这个语句返回结果值，所以 return 语句可以省略，而且这个语句一定是个表达式。

需要注意的是，函数式接口中的抽象方法是指自身只能定义一个抽象方法，不包括从父类继承下来的方法。

2．@FunctionalInterface 注解

当进行函数式接口定义时，程序员可以在接口定义前加上一个@FunctionalInterface 注解，用以表明该接口是一个函数式接口，这样系统会自动检查该接口定义是否符合函数式接口规范。

例如，在 Cubage 接口定义的前面就可以加上该注解。

```
@FunctionalInterface
interface Cubage<T>{…}
```

函数式接口只是限制了抽象方法只能有一个，对其他的方法定义（如默认方法、静态方法等）没有约束。

3．常用的函数式接口

为了提高编程效率和统一性，Java 提供了一系列函数式接口，这些接口基本都在 java.util.function 包中。下面列出部分常用的函数式接口，如表 7.2 所示。

表 7.2　常用的函数式接口

函数式接口	抽象方法	函数描述符	说明
Runnable	void run( )	( ) ->void	启动一个线程，运行 run( )方法中的代码
Comparator<T>	int compare(T o1,T o2)	(o1,o2) ->int	比较两个参数的顺序，返回负整数、零或正整数
Predicate<T>	boolean test(T)	(T)-> boolean	判断是否满足条件，常用于筛选元素
Consumer<T>	void accept(T)	(T)-> void	消费者接口，完成一个对象操作，无须返回值
Supplier<T>	T get( )	( )->T	生产者接口，获取指定的结果
Function<T, R>	R apply(T)	(T)-> R	函数形式，一个输入产生一个输出结果

其中，Runnable 接口在 java.lang 包中，Comparator 接口在 java.util 包中，这两个接口在 Java 8 前就已定义，也都属于函数式接口；另外的几个函数式接口都在 java.util.function 包中。除 Runnable 接口以外，这些接口也都进行了功能扩展，增加了一些默认方法和静态方法，使得接口功能更加完整。由于大部分 Java 的初学者还没有接触过设计模式，对一些接口的描述不容易理解，因此这部分读者可以先了解函数式接口的含义，然后在后续的学习过程中注意融会贯通。有余力的读者可以自行学习设计模式的相关知识，以加深对这部分知识的理解。

【例 7.8】现有一个公司的员工列表，请按给定要求排序后输出员工信息：按年龄从大到小排序；如果年龄相同，则按员工号从小到大排序。

【问题分析】根据题意，本题目需要进行两次排序，如果按照传统方法编程实现则较为烦琐；现在我们可以利用 Java 提供的比较器 Comparator<T>，通过 java.util 包中的数组封装类 Arrays.sort( )方法实现自动排序。Arrays.sort( )方法可以自动对整型、字符串型数据进行排序，而本题目是对员工对

象进行排序，这时就需要我们自己定义排序规则，比较器 Comparator<T>就可以实现这个功能。该比较器也是一个函数式接口，因此我们可以用 Lambda 表达式实现。

部分程序如下，完整程序见例 7.8 源代码，运行结果如图 7.8 所示。

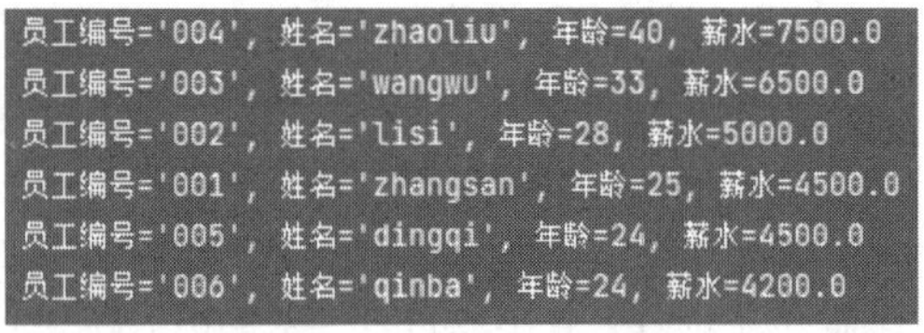

```
员工编号='004', 姓名='zhaoliu', 年龄=40, 薪水=7500.0
员工编号='003', 姓名='wangwu', 年龄=33, 薪水=6500.0
员工编号='002', 姓名='lisi', 年龄=28, 薪水=5000.0
员工编号='001', 姓名='zhangsan', 年龄=25, 薪水=4500.0
员工编号='005', 姓名='dingqi', 年龄=24, 薪水=4500.0
员工编号='006', 姓名='qinba', 年龄=24, 薪水=4200.0
```

图 7.8　例 7.8 的运行结果

```
import java.util.Arrays;
import java.util.Comparator;
```

```java
public class Example7_08{
    /*
    * 将员工按年龄从大到小排序；如果年龄相同，则按员工号从小到大排序
    * 排序后输出员工信息
    */
    public static void main(String[] args)
    {
        Employee employee1 = new Employee("001","zhangsan",25,4500);
        Employee employee2 = new Employee("002","lisi",28,5000);
        Employee employee3 = new Employee("003","wangwu",33,6500);
        Employee [] employees = {employee2,employee1,employee3}
        //方法1，定义一个比较器接口，重写compare()方法实现比较和排序
        //Arrays.sort(employees,new SortByComparator());
            Arrays.sort(employees,(e1,e2)->
            {//方法2，通过Lambda表达式实现比较和排序
            if(e1.getAge()!= e2.getAge())
                {//如果年龄不相等，则按要求进行排序
                return (e2.getAge()-e1.getAge());//从大到小排序
                // return Integer.compare(o2.getAge(),o1.getAge());//调用
                }
            else{
                return e1.getId().compareTo(e2.getId());
                //调用字符串对象的compareTo()方法自动完成比较
            }});
        //方法3，利用比较器的静态方法、默认方法和Lambda表达式实现排序
        /* Arrays.sort(employees, Comparator.comparingInt(Employee::getAge)
        //调用Comparator的静态比较方法ComparingInt()按年龄从小到大排序
            .reversed()//调用reversed()方法翻转为从大到小排序
            .thenComparing(Employee::getId));//调用Comparator的默认方法thenComparing()
                                //进一步按员工编号排序*/

        for (Employee employee: employees)
        {//使用增强型for循环输出员工信息
            System.out.println(employee);
        }
    }
}
class Employee {
    String id;
    String name;
    int age;
    double salary;
    //构造方法，setter方法、getter方法略
    }
class SortByComparator implements Comparator<Employee>
{//实现比较器接口，按要求完成排序比较
    @Override
    public int compare(Employee o1, Employee o2)
    {//重写compare()方法，按比较结果值为负数、0、正数进行排序
        if(o1.getAge()!=o2.getAge()){//如果年龄不相等，则按要求进行排序
            return (o2.getAge()-o1.getAge());//从大到小排序
            // return Integer.compare(o2.getAge(),o1.getAge());//调用
        }
        else
          {
            return o1.getId().compareTo(o2.getId());//调用字符串对象的compareTo()方法自动完成比较
        }
```

```
    }
}
```

程序说明：本例题中，我们充分利用 Java 提供的方法实现自动排序，使得程序的代码更加简洁，而且效率也更高。在这个程序代码中，提供了 3 种不同的方法来实现排序。第 1 种方法通过定义一个比较器接口，重写 compare( )方法实现比较和排序，这个方法也是常见的一种写法。第 2 种方法则利用函数式接口的特性，通过 Lambda 表达式实现比较和排序，这个方法的代码更简洁。第 3 种方法则充分利用比较器的扩展功能，利用比较器的静态方法、默认方法和 Lambda 表达式实现排序，这种方法的代码最紧凑，但程序员需要对这些方法理解得更透彻。

这个应用案例涵盖了接口中的大部分定义和应用，请读者认真阅读和分析，并对比不同方法的实现特点，提高自己的编程能力。

7.7 枚举

将一个对象的所有值——列举出来，称为枚举。例如，一个星期 7 天的名称都可以列举出来，一年 12 个月的月份名称都可以列举出来。

在 Java 中，枚举类型也是一个类，用枚举类的变量表示枚举值。在程序中可以定义枚举类，用枚举类声明枚举类的变量，再用枚举类的变量表示枚举常量。

Java 定义了一个基础枚举类 Enum，任何枚举类都是这个类的子类。使用枚举可以提高程序的清晰性和可读性。

7.7.1 简单的枚举类

简单枚举类定义的语法形式如下。

简单的枚举类

```
enum 枚举名
{枚举常量表列}
```

enum 是声明枚举的关键字，枚举常量一般全用大写字母表示，也可以用汉字。

定义枚举类后，就可以定义枚举变量了。枚举变量的定义形式如下。

```
枚举名 枚举变量表列;
```

定义枚举变量后就可以给枚举变量赋值了。但赋的值必须是枚举类中的枚举常量，不能是其他数据。赋值的语法形式如下。

```
枚举变量 = 枚举常量;
```

此外，也可以在声明枚举变量的同时初始化。

【例 7.9】输出一个星期中每一天的工作效率。

【问题分析】定义一个表示星期的枚举类，将一个星期中的各天定义成枚举常量。判断给定的枚举常量值并显示该天的工作效率。程序如下。

```
enum Weekday{                              //定义一个枚举类
    MON,TUE,WED,THU,FRI,SAT,SUN            //枚举常量，最后不需要加 "；"
}
public class Example7_09{
    public static void main(String args[]) {
        Weekday thisDay = Weekday.MON;        //声明一个枚举常量且同时初始化
        System.out.println(thisDay+":"+WorkingStatus(thisDay));
        //也可以直接使用枚举常量
        System.out.println(Weekday.SUN+":"+WorkingStatus(Weekday.SUN));
```

```
    System.out.println(Weekday.THU+":"+WorkingStatus(Weekday.THU));

    //枚举变量的值只能是枚举常量之一，不能是其他的值
    //下面两条语句给枚举变量赋了非枚举常量值，编译不能通过
    //thisDay = Weekday.Friday;
    //thisDay = 0;
}
private static String WorkingStatus(Weekday day) {    //枚举变量作方法参数
    String status = null;

    switch(day) {
    case MON:status = "还没休息够，不想上班！";break;
    case TUE:status = "渐渐进入工作状态！";break;
    case WED:status = "一个星期中这天工作效率最高！";break;
    case THU:status = "快到周末了…！";break;
    case FRI:status = "快把活干完，回家！";break;
    case SAT:
    case SUN:
        status = "Relax!Relax!";break;
    }
    return status;
}
}
```

程序运行结果如图 7.9 所示。

```
MON:还没休息够，不想上班！
SUN:Relax!Relax!
THU:快到周末了…！
```

图 7.9　例 7.9 的运行结果

7.7.2　复杂的枚举类

实际上，枚举类可以像类或接口一样定义。枚举类中除了枚举常量外，还可以定义域、方法、构造方法，main( )方法也可以定义在枚举类中。

复杂的枚举类

枚举常量还可以有值，而且可以有不止一个。如果把例 7.9 中的枚举类放到 C 语言或 C++程序中，则每一个常量都有一个对应的整数值，如 MON 的值是 0，SUN 的值是 6。在 Java 中，枚举常量有域，枚举常量的域表示枚举常量的值，并且通过枚举构造方法可以对枚举常量的域进行初始化。枚举中的构造方法必须是私有的，因为只需要定义枚举变量即可，不需要定义枚举对象。

如果在枚举类中定义了域和方法，则枚举常量必须放在枚举体内的第一行，而且最后一个枚举常量后要加一个 “;”。

定义枚举类后，编译器会在类中增加几个方法，典型的如 values( )方法，调用它可以得到一个枚举变量数组，数组中的每一个元素表示一个枚举常量值。

【例 7.10】根据学生的百分制成绩，输出对应的等级，如优秀、良好等。

【问题分析】定义一个枚举类，“优秀”“良好”等作为枚举类中的常量，同时在常量中定义成绩的上限和下限。类中定义相应的域表示各成绩的上、下限，并定义构造方法对常量进行初始化。部分程序如下，完整程序见例 7.10 源代码，程序运行结果如图 7.10 所示。

```
输入一个百分制成绩：78
考察成绩是：中等
考察成绩是：中等
```

图 7.10　例 7.10 的运行结果

```java
import java.util.Scanner;
enum 考察成绩{            //定义枚举类
    优秀(100,90),   //枚举常量,因为下面还有域和方法,所以必须放在枚举类的第1行
    良好(89,80),
    中等(79,70),    //每一个枚举常量都有两个值,它们是枚举常量的实际参数
    及格(69,60),
    不及格(59,0);                        //此处必须加";"
    private int 成绩上限;                  //两个域,每一个常量都分别有这两个域
    private int 成绩下限;
    //构造方法。当枚举类第1次被装入时,为枚举常量调用该方法
    //初始化每一个常量,如将"优秀"的两个初始化为100和90
    private 考察成绩(int 成绩上限,int 成绩下限) {          //构造方法
        this.成绩上限 = 成绩上限;
        this.成绩下限 = 成绩下限;
    }
}
public class Example7_10 {
    public static void main(String args[]) {
        Scanner reader = new Scanner(System.in);
        System.out.print("输入一个百分制成绩: ");
        int score = reader.nextInt();   //读入一个成绩
        //声明一个枚举类的数组,调用方法 values()得到数组
        //数组中的每一个元素都为"考察成绩"类型,表示一个枚举常量
        考察成绩 成绩[] = 考察成绩.values();
        for(int i = 0;i<成绩.length;i++)
            //判断分数是否在某一个分数段内,枚举常量中包含分数段
            if(score<= 成绩[i].get成绩上限() && score>= 成绩[i].get成绩下限()) {
                System.out.println("考察成绩是: "+成绩[i].name());
                break;
            }
        //也可以用下面的程序扩展 for 循环
        for(考察成绩 成绩1:考察成绩.values())          //判断
            if(score<= 成绩1.get成绩上限() && score>=成绩1.get成绩下限()) {
                System.out.println("考察成绩是: "+成绩1);
                break;
            }
    }
}
```

7.8 小结

本章主要介绍了接口、Lambda 表达式和枚举。

本章首先介绍了接口的基本概念和定义方法,然后讨论了接口和抽象类之间的区别,并且详细介绍了接口的扩展功能,接着对 Lambda 表达式的概念和使用方法进行了分析和讲解,最后通过多个实例详细介绍了面向接口编程的原则和方法,以及 Lambda 表达式在其中的应用与实现。面向接口编程是程序设计中较难掌握的部分,关键在于能否理解面向接口的设计思想,这样就需要读者多进行分析和练习。

枚举是将对象的所有值一一列举出来;使用枚举能够提高程序的可读性。Java 中的枚举不仅可以表示出常量,而且常量本身还可以有属性值;枚举类中还可以定义方法。

7.9 习题

1. 什么是接口？与抽象类有哪些区别？

2. 在接口体中可以定义哪些内容？

3. 有一个类 Door 可以实现基本的开、关行为，现在要扩展其功能，增加报警行为。如何对类 Door 进行修改，才更合理？

4. 试编写程序实现第 3 题的功能。

5. 设计一个季节枚举类表示季节。根据给定的月份显示该季节的气候情况：春季——春暖花开，感觉合适；夏季——天气有点热；秋季——秋风扫落叶，天气渐渐转凉；冬季——太冷了。

第**8**章 异常处理

本章要点

- 异常。
- 异常的类型。
- 异常处理机制。
- 常用的程序调试方法。

在程序设计过程中，经常会出现程序错误的情况。如果是语法性错误，Java 在编译程序时就可以检查出来并加以解决。而有些错误是在程序运行中出现的，Java 将这样的错误定义成异常，并提供了检测与处理方法。本章将围绕着 Java 的异常进行详细介绍。

8.1 异常

异常

8.1.1 异常的概念

程序在运行过程中，有时会出现一些错误，这些错误会中断当前程序的运行。Java 把这类导致程序运行中断的错误称为异常。Java 提供了一系列方法用于捕获、处理这些异常。

8.1.2 异常的类型

在 Java 中，所有的异常均当作对象来处理，即当发生异常时产生了异常对象。

java.lang.Throwable 类是 Java 中所有错误类或异常类的根类，其两个重要子类是 Error 类和 Exception 类。

1. Error 类

java.lang.Error 类是程序无法处理的错误，最常见的是 Java 虚拟机错误，如 OutOfMemoryError、StackOverflowError 等。这些错误通常发生在 Java 虚拟机中，属于不可查的错误，主要用于表示系统错误或底层资源的错误，都需交由系统进行处理。

2. Exception 类

java.lang.Exception 类是程序本身可以处理的异常。这类异常分为可查（checked）异常和不可查（unchecked）异常。

不可查异常是指在运行中可能出现的异常。这种异常无法在编译时检查出来，在运行过程中有可能出现，也有可能不出现，所以这类异常在程序中可以选择捕获处理，也可以不处理。这类异常通常是由程序的逻辑错误引起的，所以程序应该从逻辑角度尽可能避免这类异常的发生。不可查异常都是 RuntimeException 类及其子类异常。

可查异常是指在编译时被强制检查的异常。这种异常是可以预见的，所以必须在程序中进行处理，即进行捕获并处理，或者明确抛出给上一级主调方法进行处理，否则编译无法通过。RuntimeException 以外的异常都属于可查异常。图 8.1 给出了 Java 异常类之间的关系，这里只列出其中的一小部分。

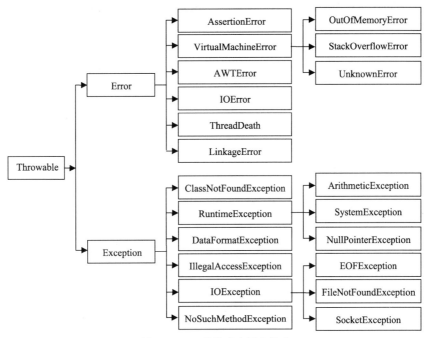

图 8.1　Java 异常类之间的关系

3．Throwable 类中的常用方法

Throwable 类是所有异常类的根类，其提供了以下 3 种方法用来获取异常的相关信息。

（1）public Throwable getCause()：返回此 Throwable 对象的 cause（原因）。如果 cause 不存在或未知，则返回 null。

（2）public String getMessage()：返回此 Throwable 对象的详细信息。

（3）public void printStackTrace()：将此 Throwable 对象的堆栈跟踪输出至错误输出流，作为字段 System.err 的值。

8.1.3　程序中的常见异常

Java 提供的异常类很多，这里介绍 13 种常见的异常。有关其他异常，读者请查看 Java 的相关文档。

1．ArithmeticException 异常

java.lang.ArithmeticException 异常是指数学运算异常。例如，程序中出现了除数为 0 的运算，就会抛出该异常。

2．NullPointerException 异常

java.lang.NullPointerException 异常是指空指针异常。例如，当应用试图在要求使用对象的地方使用了 null 时，就会抛出该异常。

3．NegativeArraySizeException 异常

java.lang.NegativeArraySizeException 异常是指数组大小为负值异常。例如，当使用负数表示数组大小创建数组时，就会抛出该异常。

4．ArrayIndexOutOfBoundsException 异常

java.lang.ArrayIndexOutOfBoundsException 异常是指数组下标越界异常。例如，当访问某个序列的索引值小于 0 或大于/等于序列大小时，就会抛出该异常。

5．NumberFormatException 异常

java.lang.NumberFormatException 异常是指数字格式异常。当试图将一个 String 转换为指定的数字类型，而该字符串却不满足数字类型要求的格式时，就会抛出该异常。

6．InputMismatchException 异常

java.util.InputMismatchException 异常是指输入类型不匹配异常。它由 Scanner 抛出，当读取的数据类型与期望类型不匹配时，就会抛出该异常。

7．NoSuchMethodException 异常

java.lang.NoSuchMethodException 异常是指方法不存在异常。当无法找到某一特定方法时，就会抛出该异常。

8．DataFormatException 异常

java.util.zip.DataFormatException 异常是指数据格式错误异常。当数据格式发生错误时，就会抛出该异常。

9．NoClassDefFoundError 错误

java.lang.NoClassDefFoundError 错误是指未找到类定义错误。当 Java 虚拟机或者类装载器试图实例化某个类而找不到该类的定义时，就会抛出该错误。

10．OutOfMemoryError 错误

java.lang.OutOfMemoryError 错误是指内存不足错误。当可用内存不足以让 Java 虚拟机分配给一个对象时，就会抛出该错误。

11．StackOverflowError 错误

java.lang.StackOverflowError 错误是指堆栈溢出错误。当一个应用递归调用的层次太深而导致堆栈溢出时，就会抛出该错误。

12．ThreadDeath 错误

java.lang.ThreadDeath 错误是指线程结束。当调用 Thread 类的 stop 方法时就会抛出该错误，用于指示线程结束。

13．UnknownError 错误

java.lang.UnknownError 错误是指未知错误。它用于提示 Java 虚拟机发生了未知的严重错误。

8.2　异常处理

异常处理

8.2.1　Java 异常处理机制

在 Java 应用程序中，对异常的处理分为抛出异常和捕获异常。

1．抛出异常

如果一个方法在数据处理过程中产生了异常，这时该方法会创建一个异常对象交给 JVM 进行处理。在这个异常对象中包含了该异常的类型和异常出现时的程序状态等信息。JVM 接到这个异常对象后，从这个方法开始按调用栈回溯查找合适的处理程序并执行。

2．捕获异常

当方法抛出异常之后，JVM 从发生异常的方法开始，查找该方法中是否有处理该异常的代码，

如果有，则处理该异常；如果没有，则查找调用该方法的方法中是否有处理该异常的代码，依次回溯，直至找到合适的处理代码并执行异常处理。如果查找到最后仍没有找到，则 JVM 终止程序的运行。

3．异常的处理方法

对于不可查异常、错误或可查异常，Java 对相应异常的处理方式有所不同。

RuntimeException 异常属于不可查异常，其通常发生在程序运行期间。为了更合理、更容易地编写应用程序（异常处理过多，会增加程序结构的复杂性），Java 规定运行时异常可由 Java 运行时系统自动抛出，允许应用程序忽略这类异常。

对于方法运行中可能出现的 Error，如果此方法不对其进行捕获，Java 也允许该方法不做任何抛出声明。

对于所有的可查异常，方法必须捕获异常，或者声明抛出该异常到方法之外。也就是说，如果一个方法不对可查异常进行捕获，它必须声明抛出此异常。

如果一个方法能够捕获异常，就必须提供处理该异常的代码。该方法捕获的异常可能是方法本身产生并抛出的异常，也可能是由某个调用的方法或者 JVM 等抛出的异常，即所有的异常是先被抛出再被捕获的。

任何 Java 代码都可以抛出异常，其可以使用 throw 语句抛出异常。如果一个方法不想对自己产生的异常进行捕获和处理，则在方法声明时使用 throws 子句抛出该异常。

捕获异常是通过 try-catch 语句或者 try-catch-finally 语句实现的。

总之，Java 要求所有的可查异常必须被捕获或者声明抛出，而对于不可查异常 RuntimeException 和错误异常 Error，则这一点可以忽略。

8.2.2　用 try-catch-finally 语句处理异常

1．语法结构

Java 中使用 try-catch-finally 语句来捕获和处理异常，其语法结构如下。

```
try{
    //正常数据处理但可能会发生异常的程序代码
}
catch (异常类型 1 e){
    // 捕获并处理 try 抛出的异常类型 1
}
catch (异常类型 2 e){
    //捕获并处理 try 抛出的异常类型 2
}
…
catch(异常类型 n e){
    //捕获并处理 try 抛出的异常类型 n
}
finally{
    //对 try 语句块进行的后续处理
}
```

其中的 try 部分用于监视可能产生异常的语句，其后可接 0 个或多个 catch 语句块；如果没有 catch 语句块，则必须跟一个 finally 语句块。catch 语句块用于处理 try 捕获到的异常，按照顺序优先的条件进行匹配和处理。Finally 语句块用于在数据处理或异常处理后做一些清理工作。无论是否捕获或处理异常，finally 语句块里的语句都会被执行。当在 try 语句块或 catch 语句块中遇到 return 语句时，finally 语句块将在方法返回之前被执行。有 catch 时，finally 可以没有。

【例 8.1】 捕获并处理算术运行异常。

```java
import java.util.InputMismatchException;
import java.util.Scanner;
public class Example8_01{
    public static void main(String[] args) {
        Scanner scanner = new Scanner(System.in);
        System.out.println("输入两个整数完成除法运算: ");
        try { // 异常的捕获区域
            int a = scanner.nextInt();
            int b = scanner.nextInt();
            System.out.println("a/b 的值是: " + a/b);
        }
        catch (ArithmeticException e)
        { // 捕获 ArithmeticException 异常
            System.out.println("程序出现异常, 除数 b 不能为 0。");
        }
        catch(InputMismatchException e)
        { // 捕获 InputMismatchException 异常
            System.out.println("输入数据类型错误, 请输入整型数据! ");
        }
        System.out.println("程序结束。");
    }
}
```

运行例 8.1 的程序时，从键盘读取两个整数且第 2 个整数不为 0，则正常运算，程序运行结果如图 8.2（a）所示。如果第 2 个数为 0，则会抛出 ArithmeticException 异常，该异常被 catch 语句捕获后输出"程序出现异常，除数 b 不能为 0。"，运行结果如图 8.2（b）所示。如果输入的数据不合法，则会产生 InputMismatchException 异常，该异常被第 2 个 catch 语句捕获，运行结果如图 8.2（c）所示。

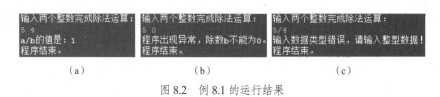

图 8.2　例 8.1 的运行结果

2. try-catch-finally 语句的执行过程

try 语句块中的语句会被逐一执行，如果没有产生任何异常，则程序会跳过所有 catch 语句块，执行 finally 语句块和其后的语句。如果 try 语句块中产生了异常，则不会再执行 try 语句块中的后续程序，而是跳到 catch 语句块，并与 catch 语句块逐一匹配，找到对应的异常处理程序并执行完后，会继续执行 finally 语句块及后续的程序语句，其他的 catch 语句块将不会被执行。

如果 catch 语句块中没有匹配该异常的程序代码，则将该异常抛给 JVM 进行处理，finally 语句块中的语句仍会被执行，但 finally 语句块后的其他语句不会被执行。

3. try-catch-finally 语句的使用规则

程序必须在 try 之后添加 catch 或 finally 语句块，try 语句块后可同时接 catch 和 finally 语句块，但至少有一个语句块。若同时使用 catch 和 finally 语句块，则必须将 catch 语句块放在 try 语句块之后。程序可嵌套 try-catch-finally 结构，并且在 try-catch-finally 结构中可重新抛出异常。

8.2.3 用 throw 语句抛出异常

用 throw 语句
抛出异常

throw 是出现在方法中的一条语句，它用来抛出一个 Throwable 类型的异常。程序会在 throw 语句后立即终止，然后在包含它的所有 try 语句块中（包括在上层调用方法中）从里向外寻找含有与其匹配的 catch 子句。

throw 语句的语法格式如下。

```
throw 异常类对象;
```

例如，抛出一个 IOException 类的异常对象，代码如下。

```
throw new IOException();
```

需要注意的是，throw 语句抛出的只能够是类 Throwable 或其子类的实例对象。下面的操作是错误的。

```
throw new String("exception");
```

因为 String 不是 Throwable 类的子类。

如果抛出的是可查异常，则还应该在方法头部声明方法可能抛出的异常类型。该方法的调用者也必须检查处理抛出的异常。

如果抛出的是 Error 或 RuntimeException，则该方法的调用者可选择性地处理该异常。

【例 8.2】使用 throw 语句抛出异常。

```java
import java.util.InputMismatchException;
import java.util.Scanner;
public class Example8_02{
    public static void main(String[] args) {
        Scanner scanner = new Scanner(System.in);
        System.out.println("输入两个整数完成除法运算：");

        try {
            int a = scanner.nextInt();
            int b = scanner.nextInt();
            if(b==0)
                throw new ArithmeticException();        //抛出异常
            System.out.println("a/b 的值是：" + a/b);
        }
        catch (ArithmeticException e) {
            System.out.println("程序出现异常，除数 b 不能为 0。");
        }
        catch(InputMismatchException e) {
            System.out.println("输入数据类型错误，请输入整型数据！");
        }

        System.out.println("程序结束。");
    }
}
```

例 8.2 编程视频

该例对可能产生的异常，使用 throw 语句主动抛出了这个异常对象。这样的异常需要进行捕获并处理。

▶ **开动脑筋**

为什么例 8.1 没有主动抛出该异常，也没有出现错误？

异常处理 / 第 8 章

8.2.4 自定义异常类

自定义异常类

Java 虽然提供了许多异常类，但并不可能满足编程的所有需求。有时需要自定义异常类，自定义异常类必须继承自 Exception 类。自定义异常类的使用与系统定义的异常类的使用方法一样。

【例 8.3】从键盘录入用户的姓名和年龄信息，要求年龄不能是负数。使用异常处理机制完成程序设计。

【问题分析】该题目要求使用异常完成年龄的检测和处理，所以需要定义一个异常类来实现这一功能。程序如下。

```java
import java.util.Scanner;
class MyException extends Exception{      //自定义异常类，必须基于Exception类派生
    String message;                        //定义String类型的变量，用于表示提示信息
    public MyException(String error) {
        message = error;
    }
    public String getMessage()
    { // 重写getMessage()方法
        return message;
    }
}
public class Example8_03{
    public static void main(String[] args) {
        try {
            Scanner scanner = new Scanner(System.in);
            System.out.println("请输入用户的姓名、年龄: ");
            String name = scanner.next();
            int age = scanner.nextInt();
            if(age<0)                                   //如果年龄为负数，则抛出异常
                throw new MyException("年龄不能为负");     //抛出MyException异常对象
            System.out.println("该用户的基本信息是: ");
            System.out.println("姓名: "+name+", 年龄: "+age);
        }
        catch (MyException e)
        {//捕获并处理MyException异常
            System.err.println(e.getMessage());
        }
    }
}
```

将程序运行两次。第 1 次年龄输入正数，运行结果如图 8.3（a）所示；第 2 次年龄输入负数，运行结果如图 8.3（b）所示。

　　　　（a）　　　　　　　　　　（b）

图 8.3　例 8.3 的运行结果

8.2.5　方法声明抛出异常

方法声明抛出异常

1．throws 关键字

如果一个方法可能会出现异常，但该方法不想或不能处理这种异常，这种情况下可以在方法声明时用 throws 关键字来声明抛出异常。throws 语句的语法格式如下。

```
类型 方法名([参数表列]) throws 异常类1,异常类2,……
{方法体}
```

方法声明后的"throws 异常类 1,异常类 2,..."是该方法可能产生的异常类型。当方法抛出异常列表中的异常时，方法将不对这些类型及其子类的异常做处理，而是抛给调用该方法的主调方法，由主调方法来进行异常处理。如果抛出的是 Exception 异常类型，则该方法被声明为可以抛出所有的异常类型。

【例 8.4】方法声明抛出异常并处理。

```
public class Example8_04{
    int [] arrays;//声明一个数组
    public static void main(String[] args){
        Calculator aCalculator = new Calculator();

        try {
            System.out.println(aCalculator.div(25, 6));
            System.out.println(aCalculator.div(25,0));
        }
        catch(CalculatorException e) {
            System.out.println(e.getMessage());
        }
    }
}
class CalculatorException extends Exception{                    //自定义异常类
    private String errorMess;
    public CalculatorException(String mess){
        errorMess = mess;
    }
    public String getMessage() {
        return errorMess;
    }
}
class Calculator {
    //方法声明抛出异常
    /*产生异常后，该方法没用 try-catch 处理异常。该方法也无法处理异常，
       因为该方法处理异常后，意味着该方法在处理数据的过程中没有产生异常；
       没有产生异常，则必须返回一个正确的计算结果——显然无法返回，
       所以只有抛出异常，并将该异常交给它的主调方法处理*/
    //抛出异常，就不需要 return 返回值了
    public int div(int x,int y)throws CalculatorException {
        if(y==0)
            throw new CalculatorException("被 0 除了! ");          //异常产生了
        return x/y;
    }
}
```

2. 用 throws 关键字抛出异常的规则

如果产生的异常是不可查异常，即 Error、RuntimeException 或它们的子类，那么可以不使用 throws 关键字来声明要抛出的异常，编译仍能顺利通过，但在运行时会被系统抛出。

如果方法中产生的异常是可查异常，那么用 try-catch 语句捕获，或者用 throws 子句声明将它抛出，否则会导致编译错误。

只有抛出了异常，该方法的调用者才能处理或者重新抛出该异常。当方法的调用者无法处理该异常时，应该继续向上抛出，而不应放弃。

8.2.6　finally 子句和 return 语句

finally 子句作为 try-catch-finally 的第三部分，无论是否捕获或处理异常，finally 子句中的语句都会被执行。但如果在 try 子句中出现了 return 语句，则情况复杂一些。

如果 try 子句中没有产生异常，则一直执行到 return 语句（包括 return 语句中的表达式），并在返回值已经确定的情况下先跳转至 finally 子句中的语句，执行完后再返回。

如果 try 子句中产生了异常，则异常之后的 try 语句都不再执行，直接跳转到 catch 子句中继续执行。如果 catch 子句中有 return 语句，则与上述情况相似，一直执行到 return 语句（包括 return 语句中的表达式），在返回值已经确定的情况下先跳转至 finally 子句中的语句，执行完后再返回。

如果在 finally 子句中有 return 语句，则一定会从该 return 语句返回，其他所有 return 语句都不会被执行。Java 不建议在 finally 子句中放置 return 语句，因为会产生一个 warning。

8.3　用断言调试程序

用断言调试
程序

断言（assert）是专用于代码调试的语句，通常用于程序不准备使用捕获异常来处理的错误。在程序调试时，加入断言语句可以发现错误，而在程序正式执行时可以不去除该语句，只要关闭断言功能即可。断言语句的语法格式有以下两种。

```
assert 布尔表达式;
assert 布尔表达式:字符串表达式;
```

在 assert 后面的布尔表达式结果为 true 时，程序继续运行；如果为 false，则程序立即结束运行。第二种形式还会输出"字符串表达式"的值，提示出现的问题。

一般在程序中可能会出现错误的地方加上断言语句，以便于调试。

【例 8.5】读入一个班级的学生成绩并计算总分。要求成绩不能为负数，使用断言语句进行程序调试。

```java
import java.util.Scanner;
public class Example8_05{
    public static void main(String[] args){
        Scanner scanner = new Scanner(System.in);
        int score;
        int sum = 0;
        System.out.println("请输入成绩,输入任意字符结束: ");
        while(scanner.hasNextInt()){
            score = scanner.nextInt();              //读入成绩
            //如果成绩为负数，则终止执行，显示"成绩不能为负! "
            assert score >=0 :"成绩不能为负! ";
            //如果成绩大于 100 分，则终止执行，显示"成绩满分为 100 分! "
            assert score <=100 :"成绩满分为 100 分! ";
            sum += score;
        }
        System.out.println("班级总成绩为: "+sum);
    }
}
```

在命令行窗口中运行程序时，使用带有"-ea"参数的 Java 命令即可启用断言。若程序调试通过，不需要断言语句，则运行时不用"-ea"参数。运行过程及结果如图 8.4 所示。

如果在 Eclipse 中运行并启用断言，则运行前需要设置属性值。在 Eclipse 中，选择"Project→Properties"，出现属性对话框后，在属性对话框中选择"Run/Debug Settings→Example8_05→Edit"，出现图 8.5 所示的编辑对话框。在编辑对话框中选择"Arguments"，在"VM arguments"编辑框中输入"-ea"，单击"OK"按钮完成参数设置。设置参数后再运行程序就可以启用断言；若要禁用断言，则将参数"-ea"去掉即可。

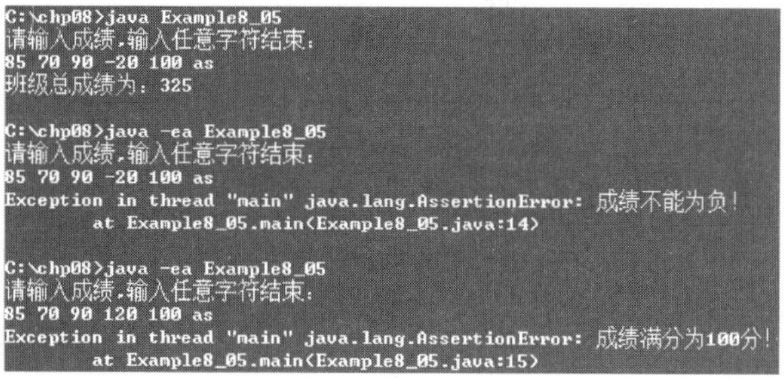

图 8.4　例 8.5 的运行结果

图 8.5　编辑对话框

8.4 **小结**

本章主要对 Java 的异常处理机制及使用方法进行了介绍。

首先，介绍了异常的概念及其类型。Java 把异常分为了两大类：Error 类和 Exception 类。通常错误由 JVM 引起，程序可以不用考虑；而异常会影响程序的运行，所以程序员尽量在程序设计时对其进行处理。

其次，介绍了 Java 程序常见的异常类，其中包括常用的几种 Exception 类和 Error 类。

然后，重点介绍了 Java 的异常处理机制和 try-catch-finally 语句的使用规则与使用方法。这部分也是进行异常处理的核心。

最后，简要介绍了程序调试过程中断言的功能和使用方法。

异常处理是程序完整性设计的重要体现，也是使得程序能够正常运行的保证。会用、善用异常才能设计出好的程序。

8.5 **习题**

1. 什么是异常？它分为哪几类？
2. 简述 Java 的异常处理机制。
3. 哪类异常可以不进行捕获和处理？
4. throw 和 throws 有何不同？
5. 断言（assert）的作用是什么？
6. 编写程序，实现银行的存取款操作。在定义银行类时，若取钱数大于余额，则需要做异常处理。

异常处理　第8章

第 2 篇

Java 常用基础类

第 9 章

常用实用类

本章要点

- 字符串类。
- 正则表达式。
- 数学类。
- 日期和日历类。
- 包装类。
- Object 类。
- System 类。

设计 Java 程序时会用到各种不同的类。这些类有的来自 Java 的标准库，有的来自第三方库。以这些类为工具，程序员可编写解决不同问题的应用程序。因此，掌握尽可能多的类和方法也是程序员之所需。JDK 17 包含数量巨大的类，本章将对其中部分常用类的用法进行讲解。

本章在介绍类的方法时，采用从需求出发、寻找适合的类和方法的思维方式。目的有三：一是使读者对所学内容加深印象，二是为了使读者能够学以致用，三是为了引导读者主动查阅类文档研究类。

9.1 字符串处理与字符串类

Java 中没有字符串数据类型，字符串可以用 String 和 StringBuffer 类的对象表示。这两个类中封装了大量的方法，使字符串的保存和处理非常方便。

9.1.1 字符串处理问题

【例 9.1】编写一个用于统计给定字符串中大写字母数的方法。

【问题分析】本例对字符串中大写字母数的统计过程：①确定字符串长度；②循环地取出字符；③判断字符是否为大写字母；④若为大写字母，令计数变量增加 1；⑤返回结果值，即大写字母数。

字符串处理问题

用 String 类的对象表示字符串，String 类中有返回字符串长度的方法 length( )、从字符串中取字符的方法 charAt(i)；Character 类中有判断字母是否是大写的方法 isUpperCase(ch)。用这些方法就可以统计出大写字母的个数，程序如下。

```java
public class Example9_01{
    public static void main(String agrs[]){
        String str = "People's Republic of China";
        String result = "字符串" + str + "中有";
        Result = result + countUpperCase(str) + "个大写字母。";
```

例 9.1 编程视频

```
            System.out.println(result);
        }
    private static int countUpperCase(String str){    //静态方法
            int count = 0;
            for(int i = 0;i < str.length(); i++){    //方法 length()测字符串长度
                char ch = str.charAt(i);             //获取 str 中第 i 个字符
                if(Character.isUpperCase(ch))        //用 Character 类的 isUpperCase()方法判断
                                                     //ch 是否为大写

                    count++;
            }
            return count;
        }
}
```

程序运行结果如图 9.1 所示。

字符串People's Republic of China中有3个大写字母。

图 9.1   例 9.1 的运行结果

这个程序用到了两个类，即字符串类 String 和字符类 Character。String 类中封装了字符串常用方法 length( )、indexOf( )、charAt( )、substring( )、startsWith( )等，这些方法可以用来获取字符串某方面的特性。

【例 9.2】编写一个方法，其作用是从一个给定字符串中删去指定子串。

【问题分析】为简化问题，假设给定字符串中要么不包含指定子串，要么只包含一个。问题求解思路：①确定子串在字符串中的位置 index；②若 index 值为-1，说明不包含子串，否则包含；③求子串长度；④取出子串之前的部分；⑤取出子串之后的部分；⑥合并两个部分构成新字符串；⑦返回结果值，即删除子串后的新字符串。

例 9.2 编程视频

```
public class Example9_02 {
    public static void main(String args[]) {
        String str = "This is ana book.";
        String subStr = "an";
        String result = "从+str+中删除" + subStr;
        Result = result + "后的字符串为" + delChars(str,subStr);
        System.out.println(result);
    }
    private static String delChars(String str,String chars) {                 //静态方法
        int index = 0;
        int len = 0;
        String s1,s2;
        index = str.indexOf(chars);             //chars 在 str 中出现的位置
        if(index != -1) {                       //str 中有子串 chars
            len = chars.length();               //chars 的长度
            s1 = str.substring(0,index);        //在 str 中提取从 0 到 index-1 位置中的子串
            s2 = str.substring(index+len);      //在 str 中提取 index+len 后的所有子串
            s1 = s1 + s2;                        //将两个子串连接
        }
        else                                    //str 中没有子串 chars
            s1 = "No" + chars + "found.";
        return s1;
    }
}
```

程序运行结果如图 9.2 所示。

从 `This is ana book.` 中删除 an 后的字符串为 `This is a book.`

图 9.2 例 9.2 的运行结果

9.1.2 字符串类

1. String 类中的常用方法

String 类的对象表示的字符串不可以改变。类中定义的方法可实现对字符串的所有操作，表 9.1 所示的是 String 类中的常用方法。

表 9.1 String 类中的常用方法

方法	类型	方法功能
String( )		创建一个空字符串的对象
String(char value[])		用字符数组 value 创建一个字符串对象
String(String original)		用字符串对象创建一个新的字符串对象
charAt(int index)	char	返回指定索引处的字符
compareTo(String another)	int	按字典顺序比较两个字符串
concat(String str)	String	将字符串 str 连接到当前字符串的末尾
equals(Object obj)	boolean	当前字符串与对象比较
indexOf(String str)	int	返回当前字符串第一次出现 str 的索引
Length( )	int	返回当前字符串的长度
matches(String regex)	boolean	判断当前字符串是否匹配正则表达式
replace(char old, char new)	String	将字符串中的所有字符 old 替换为 new

用一个字符串对象创建另一个新的字符串，举例如下。

```
String str = new String("Beijing");
```

str 表示字符串 "Beijing"。上述语句可以简化为以下语句。

```
String str = "Beijing";
```

用一个字符数组中的元素创建一个 String 对象，举例如下。

```
char value[] = {'S', 'h', 'a', 'n', 'g', 'h', 'a', 'i'};
String s = new String(value);
```

2. StringBuffer 类中的常用方法

StringBuffer 类中有些方法与 String 类的方法相同，StringBuffer 类的大多数方法都与如何改变字符串操作有关。另外，StringBuffer 类的构造方法也有特别之处，详见表 9.2。

表 9.2 StringBuffer 中的常用方法

方法	类型	方法功能
StringBuffer( )		构造一个 16 字符的字符串缓冲区
StringBuffer(int capacity)		构造一个指定容量的字符串缓冲区
StringBuffer(String str)		构造一个指定字符串 str 另加 16 字符的缓冲区
StringBuffer(CharSequence s)		构造一个字符序列 s 另加 16 字符的缓冲区
append(String str)	String	当前字符串末尾追加字符串 str
capacity( )	int	返回当前缓冲区容量
delete(int start, int end)	StringBuffer	从当前字符串删除指定索引范围的子串
insert(int offset,String str)	StringBuffer	在当前字符串中指定偏移处插入子串
replace(int i,int j,String str)	StringBuffer	将字符串中指定字符序列替换为 str
reverse( )	StringBuffer	将当前字符串用其倒序串替代

3．String 与 StringBuffer 的区别

String 与 StringBuffer 的区别可归结为以下两点。

（1）构造方法不同：String 创建的字符串是常量，创建后不能改变；而 StringBuffer 创建的是缓冲区，其字符串可以改变。

（2）成员方法不同：String 类的成员方法以只读数据为主，而 StringBuffer 的成员方法则可以读写字符串。

关于第一点，我们可能有产生模糊认识的地方，举例如下。

```
String str = "abc";
str = str + "def";
```

输出 str，结果是 abcdef。如何理解 String 是固定长度字符串类呢？用图 9.3 说明 String 字符串合并操作的内存模型。

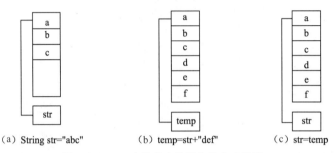

（a）String str="abc"　　（b）temp=str+"def"　　（c）str=temp

图 9.3　String 字符串合并操作的内存模型

字符串"abc"一直保持不变，在执行 str + "def"时产生了一个新的字符串对象"abcdef"，赋值后 str 指向这个新的对象。而"abc"作为垃圾，当满足垃圾回收的条件时，会被 GC（garbage collection）机制回收。

与构造方法相比，其成员方法间的区别就清晰得多。例如，用 append( )在末尾追加字符串，很显然是直接就改变了当前字符串的内容和长度。初始化时即为其设置缓冲区，需要时还可以扩展缓冲区。

4．StringTokenizer 类中的常用方法

有时需要将一个英文句子中的各个单词分别提取出来，Java 中的 StringTokenizer 类的对象可以很容易地将一个句子中的各个单词分解出来。StringTokenizer 类的主要方法如表 9.3 所示。

表 9.3　StringTokenizer 类的主要方法

方法	类型	方法功能
StringTokenizer(String str)		构造方法，以"\t\n\r\f"中的某一个字符作为单词分隔符分析 str
StringTokenizer(String str, String delim)		构造方法，以"delim"中的某一个字符作为单词分隔符分析 str
countTokens( )	int	统计剩余单词个数
hasMoreTokens( )	boolean	是否还有可读的单词
nextToken( )	String	返回从当前位置到下一个分隔符的字符串

【例 9.3】使用 StringTokenizer 类的对象将一个英文句子中的各个单词提取出来。程序如下。

```
import java.util.*;
public class Example9_03 {
    public static void main(String args[]) {
        //被分解的字符串可以有若干空格和逗号
```

例 9.3 编程视频

```
String s = "I am Jame  ,,,  you are Jerry,and he is Tom";
//分解 s，以空格或逗号作为分隔符
StringTokenizer fenxi = new StringTokenizer(s," ,");
int number = fenxi.countTokens();        //获取单词总数
while(fenxi.hasMoreTokens()) {            //是否还有单词
    String str=fenxi.nextToken();        //有，获取下一个单词
    System.out.print(str+",");
    //获得并输出剩余单词数
    System.out.println("还有"+fenxi.countTokens()+"个单词。");
}
System.out.println("总共单词数: "+number);
    }
}
```

程序运行结果如图 9.4 所示。

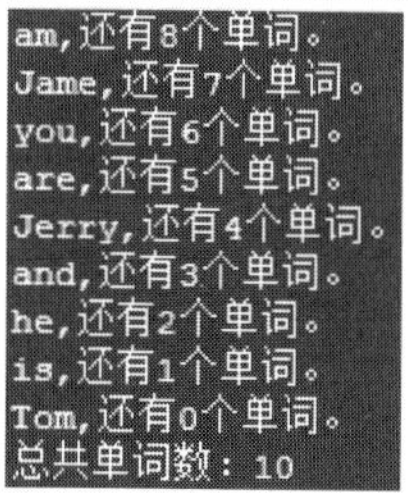

5. StreamTokenizer 类中的常用方法

java.util.StringTokenizer 用于字符串的拆分有很大的局限性，主要问题是方法较少，而用于解析多行文本组成的文本文件时功能较弱。

java.io.StreamTokenizer 定义了几种基本的常量用于标识解析过程：TT_EOF（流结尾）、TT_EOL（行结尾）、TT_NUMBER（数字符号，0 1 2 3 4 5 6 7 8 9）、TT_WORD（一个单词）。

am,还有8个单词。
Jame,还有7个单词。
you,还有6个单词。
are,还有5个单词。
Jerry,还有4个单词。
and,还有3个单词。
he,还有2个单词。
is,还有1个单词。
Tom,还有0个单词。
总共单词数: 10

图 9.4　例 9.3 的运行结果

StreamTokenizer 类中的常用方法如表 9.4 所示。

表 9.4　**StreamTokenizer 类中的常用方法**

方法	类型	方法功能
lineno( )	int	返回当前流所在的行号
nextToken( )	int	从此输入流中解析下一个 token
ordinaryChar(int ch)	void	指定字符在这个 tokenizer 中保持原义，即只会把当前字符认定为普通的字符，不会有其他的语义。例如，ASCII 值为 46，即字符若设为普通字符，则可为小数点
ordinaryChars(int low, int hi)	void	指定范围内的字符保持原义
parseNumbers( )	void	当 stream tokenizer 遇到一个单词为双精度的浮点数时，会把它当作一个数字，而不是一个单词
pushBack( )	void	回退，会引起下一个 nextToken( )方法返回当前值
whitespaceChars(int low, int hi)	void	字符 low 与 hi 之间的所有字符都被当作空格符，即被视作 tokenizer 的分隔符
wordChars(int low, int hi)	void	字符 low 与 hi 之间的所有字符都被当作单词的要素

【例 9.4】StreamTokenizer 应用例程，统计文件中的单词数量、标点数量。部分程序如下，完整程序见例 9.4 源代码。

```
FileInputStream fileIn = new FileInputStream(filename);
StreamTokenizer in = new StreamTokenizer(fileIn);
in.ordinaryChar(46);            // .为普通字符
in.ordinaryChar(34);            // "为普通字符
int wordCount = 0,numCount = 0,punctionCount = 0,count = 0;
double token;

while ((token=in.nextToken())!=StreamTokenizer.TT_EOF) {
    count++;
    if (token == StreamTokenizer.TT_WORD)
        wordCount++;
    else if (token == StreamTokenizer.TT_NUMBER)
```

例 9.4 源代码

```
                numCount++;
        else
                punctionCount++;
    }
```

运行这个程序前先建立一个英文文本文件，运行时根据提示输入文本文件名。

9.1.3　Scanner 类与字符串

2.2.3 小节讲解了 Scanner 类的用法，利用 Scanner 类的对象可以从键盘（标准输入设备）输入基本数据类型的数据。利用 Scanner 类的对象还可以从字符串读取数据。如果从字符串中读取数据，则应采用下面的形式实例化一个 Scanner 类的对象。

Scanner 类与
字符串

```
Scanner input=new Scanner(字符串对象);
```

创建的 Scanner 类的对象仍然用表 2.3 中的方法从字符中读取数据。读取数据时以空格作为数据的分隔标记。

【例 9.5】有一个购物清单：电视机 3200.00 元，智能手机 2200.00 元，笔记本 4200.00 元，午餐 120.25 元。统计该次购物共花费多少元。

【问题分析】将购物清单中的所有数值数据提取出来再相加即可得到总花费。提取数据时，可以使用 Scanner 类的方法 nextDouble( )按顺序提取每一个数据。读取数据前应先设置数据的分隔标记，分隔标记是除数字和"."以外的所有字符。程序如下，程序运行结果如图 9.5 所示。

总花费：9720.25元

图 9.5　例 9.5 的运行结果

```
import java.util.Scanner;
public class Example9_05{
    public static void main(String args[]) {
        String bill = "电视 3200.00 元，手机 2200.00 元，笔记本 4200.00 元，
午餐 120.25 元";
        Scanner reader = new Scanner(bill);      //用字符串作为输入设备
        double total = 0;                        //总花费
        reader.useDelimiter("[^0-9.]+");         //正则表达式，数据分隔标记
        while(reader.hasNextDouble())            //还有数值数据?
            total+=reader.nextDouble();          //有，则读出并累加
        System.out.println("总花费: " + total + "元");
    }
}
```

例 9.5 编程视频

9.2　正则表达式与字符串处理

9.2.1　正则表达式

1．正则表达式的概念

正则表达式，又称正规表达法（regular expression），它使用一个字符串来描述、匹配一系列符合某个句法规则的字符串，在很多应用程序中用来检索、替换那些符合某个模式的文本。

正则表达式

2．正则表达式的语法

正则表达式主要包括元字符、特殊字符和限定符。一个正则表达式就是用这 3 种符号组成的。部分元字符如表 9.5 所示。

表9.5 元字符

元字符	在正则表达式中的写法	含义
.	"."	代表任何一个字符
\d	"\\d"	代表0～9的任何一个字符
\D	"\\D"	代表任何一个非数字字符
\s	"\\s"	代表空格类字符，'\t'、'\n'、'\x0B'、'\f'、'\r'
\S	"\\S"	代表非空格类字符
\w	"\\w"	代表可用作标识符的字符（不含美元符）
\W	"\\W"	代表不能用作标识符的字符
\p{Lower}	\\p{Lower}	小写字母a～z
\p{Upper}	\\p{Upper}	大写字母A～Z
\p{ASCII}	\\p{ASCII}	ASCII字符
\p{Alpha}	\\p{Alpha}	字母
\p{Digit}	\\p{Digit}	数字0～9
\p{Alnum}	\\p{Alnum}	字母或数字
\p{Punct}	\\p{Punct}	标点符号

特殊字符如表9.6所示。

表9.6 特殊字符

字符	描述
$	匹配输入字符串的结尾位置
( )	标记一个子表达式的开始和结束位置
*	匹配前面的子表达式0次或多次。要匹配 * 字符，应使用 *
+	匹配前面的子表达式一次或多次。要匹配 + 字符，应使用 \+
.	匹配除换行符 \n 之外的任何单字符。要匹配，应使用 \
[	标记一个中括号表达式的开始。要匹配 [，应使用\[
?	匹配前面的子表达式0次或一次，抑或指明一个非贪婪限定符。要匹配?字符，应使用\?
\	将下一个字符标记为特殊字符、原义字符、向后引用或八进制转义符
^	匹配输入字符串的开始位置
{	标记限定符表达式的开始。要匹配 {，应使用 \{
|	指明两项之间的一个选择。要匹配 |，应使用 \\

限定符如表9.7所示。

表9.7 限定符

带限定符号的模式	含义	带限定符号的模式	含义
X?	X出现0次或1次	X{n}	X出现n次
X*	X出现0次或多次	X{n,}	X出现至少n次
X+	X出现1次或多次	X{n,m}	X出现n次至m次

正则表达式中可以用方括号将多个字符括起来表示一个元字符，如[abc]表示a、b、c中的任何一个字符，[^abc]表示除a、b、c之外的任何字符，[a-c]表示a至c的任何一个字符，[a-c[m-t]]表示a至c或m至t中的任何字符，[a-j&&[i-k]]表示i、j之中的任何一个字符，[a-k&&[^ab]]表示c至k中的任何一个字符。下面是几个常用的正则表达式。

验证E-mail地址："\\w{1,}@\\w{1,}\56\\w{1,}"。

验证电话号码："^(\\d{3,4})?-\\d{7,8}$"。

验证身份证号（15位或18位数字）："^\\d{15}|\\d{18}$"。

只能输入数字："^[0-9]*$"。

只能输入 n 位的数字："^\d{n}$"。

【例 9.6】用正则表达式验证标识符的合法性。定义标识符的规则是第 1 个字符必须是字母、$、下划线或汉字，其后的字符可以是字母、数字、$、下画线或汉字。

【问题分析】符合规则的标识符有很多。判断时可以将标识符中的每一个字符取出来按标识符的定义规则进行判断，更好的方法是定义一个表示标识符的正则表达式，用这个正则表达式去和每一个标识符匹配。程序如下。

```
public class Example9_06{
    public static void main(String args[]){
        //第1个字符必须是$、下画线、字母或汉字
        String regex = "[\\p{Alpha}$_\u4E00-\u9FFF]{1}";
        //其后的若干字符可以是$、下画线、字母、数字或汉字
        Regex += "[$_\\p{Alnum}\u4E00-\u9FFF]*";
        String id[] = {"$$ab","姓名","-x","i+j","a_12$3",
            "6class","_123_","$年龄","25","a123x","i"};
        for(String str:id)
            //matches()方法可以判断str是否与regex匹配
            if(str.matches(regex))
                System.out.println(str+" 合法");
            else
                System.out.println(str+" 不合法");
    }
}
```

程序运行结果如图 9.6 所示。

9.2.2 Pattern 类和 Matcher 类

java.util.regex.Pattern 和 java.util.regex.Matcher 是用于模式匹配的类，模式对象封装了正则表达式。Matcher 对象方法则主要针对匹配结果进行处理，下面用代码段示例说明。

图 9.6　例 9.6 的运行结果

```
String regex = "[a-z]at";
String str = "a fat cat and a rat were eating oat in the vat.";
Pattern p = Pattern.compile(regex);
Matcher m = p.matcher(str);
while(m.find()){                    //find()方法用于寻找 s 中按 regex 匹配的子序列
    String s = m.group();           //group()方法用于返回匹配的子序列
    System.out.println(s);
}
```

▶开动脑筋

你了解的以字符串处理为主的应用程序有哪些？你知道源程序在编译过程中进行什么操作吗？

9.3　数学计算与数学类

数学计算是程序的基本任务。Java 中有几个类与数学计算密切相关，如 Math（数学类）、Random（随机数类）、BigInteger（大整型数类）、NumberFormat（数据格式类）、DecimalFormat（小数格式类）、Formatter（格式化器类）。用这些类可以完成一些数据的计算与格式化。

数学计算与
数学类

【例 9.7】计算 1!+2!+3!+4!+···前 30 项之和。

【问题分析】阶乘计算中的数据较大，为避免产生溢出，我们可采用大整型数类计算。类 BigInteger 的成员方法主要包括 add(BigInteger)、subtract(BigInteger)、multiply(BigInteger)、divide(BigInteger)、remainder(BigInteger)、compareTo(BigInteger)等。程序如下。

```java
import java.math.*;
public class Example9_07 {
    public static void main(String args[]) {
        BigInteger sum = new BigInteger("0"),
            item = new BigInteger("1"),
            ONE = new BigInteger("1"),
            i = ONE,
            n = new BigInteger("30");
        while(i.compareTo(n)<=0) {          //两个大整型数比较大小
            //当前项 item=i!累加到 sum 中
            sum = sum.add(item);
            i = i.add(ONE);                 //i 增加 1
            //item 变成(i+1)!
            item = item.multiply(i);
        }
        System.out.println("sum= " + sum.toString());
    }
}
```

程序运行结果如图 9.7 所示。

`sum= 274410818470142134209703780940313`

图 9.7　例 9.7 的运行结果

Math 类主要进行常用的数学计算，例如取绝对值 abs( )、求最大值 max( )、求最小值 min( )、产生随机数 random( )、乘幂 pow( )、平方根 sqrt( )、对数 log( )、三角函数运算等，此外，类中还定义了自然对数底数和圆周率两个常数。Math 类的所有属性和方法都是静态的，所以程序可直接通过 Math 类名访问相应的成员，如 Math.PI、Math.E、Math.sqrt(2)、Math.sin(Math.toRadians(30))（30° 的正弦值）等。

Random 类主要用于产生随机数，它的主要方法包括 nextBoolean( )、nextBytes( )、nextDouble( )、nextInt( )、nextInt(int n)、nextLong( )、setSeed( )等，其中的 nextInt(int n)方法可以生成指定范围 0 到 n（包括 0 但不包括 n）的随机整数。

NumberFormat、DecimalFormat 和 Formatter 类主要用于控制数值数据的输出格式，其用法参考以下程序实例。

【例 9.8】用 NumberFormat 定义输出格式。部分程序如下，完整程序见例 9.8 源代码。

```java
        Random random = new Random();
        NumberFormat nf = null; // 声明一个 NumberFormat 对象
        nf = NumberFormat.getInstance(); // 得到默认的数字格式化显示
        int i = random.nextInt(20000000);//得到[0,20000000)的一个随机整数
        System.out.println(i + "格式化后: " + nf.format(i));
    }
}
```

例 9.8 源代码

程序运行结果如图 9.8 所示。

```
6744046格式化后: 6,744,046
1349755425606248411格式化后: 1,349,755,425,606,248,411
2947622.8801849927格式化后: 2,947,622.88
2421.2680432719712格式化后: 2,421.268
```

图 9.8　例 9.8 的运行结果

此例中数据的输出格式采用默认格式，程序员也可以指定数字格式代码如下。

```
nf = NumberFormat.getInstance(inLcale);//例如 inLocale=Locale.FRENCH
```

DecimalFormat 是 NumberFormat 的子类,它通过一些标记符号控制数字的输出格式。

【例 9.9】用 DecimalFormat 定义输出格式。部分程序如下, 完整程序见例 9.9 源代码。

```java
import java.text.* ;
public class Example9_09{
    public static void main(String args[]){
        format("###,###.###",111222.34567);
        format("000,000.000",11222.34567);
    }
    private static void format(String pattern,double value){      //格式化方法
        DecimalFormat df = null;                    //声明一个 DecimalFormat 类的对象
        df = new DecimalFormat(pattern);            //实例化对象, 传入模板
        String str = df.format(value);              //格式化数字
        System.out.println("使用"+pattern+"格式化数据"+value+": "+str) ;
    }
}
```

程序运行如图 9.9 所示。

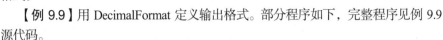

图 9.9　例 9.9 的运行结果

【例 9.10】用 Formatter 定义输出格式。JDK 1.5 推出了 printf( )方法和 Formatter 类用于实现数字的格式化输出。printf( )已在第 2 章中做了介绍,不再赘述。Formatter 也是用控制符进行格式控制的。通过本例,程序员可以了解如何利用 Formatter 的方法实现数字输出格式的控制。部分程序如下,完整程序见例 9.10 源代码。

```java
import java.util.Date;
import java.util.Formatter;
public class Example9_10{
    public static void main(String[] args){
        Formatter formatter = new Formatter(System.out); //注意参数
        System.out.println("数字输出格式化: ");
        formatter.format("%1$2s %2$10.6s\n", "123", "456.678");
        System.out.println("-----------------------");
        String fs = String.format("当日开销(%.2f,%d)", 173.278, 65);
        System.out.println(fs);
    }
}
```

```
数字输出格式化:
123     456.67
-----------------------
当前日期: Wed Mar 30 23:19:06 CST 2016
当前日期格式化:2016-03-30

当日开销(173.28,65)
```

图 9.10　例 9.10 的运行结果

程序运行结果如图 9.10 所示。

9.4 日期和日历类

在一般的程序中,日期、日历数据并不多见,但是在电子商务、电子政务和各类管理系统中,日期、日历数据变得非常普遍。例如,网上购票系统要求用户输入

出行日期，系统需进行日期格式验证，将输入的日期和当前日期比较，确定是否在规定的售票日期区间之内。图书馆需要存储借阅日期和还书日期，计算是否超期。在电子商务、电子政务系统中，日期更是常用数据，因为涉及开具发票、商品配送、办事流程等。在 Java 中可以使用日期类 Date 和日历类 Calendar 表示时间和日期。

9.4.1　日期类 Date

Date 类在包 java.util 中，常用方法如表 9.8 所示。

表 9.8　Date 类的常用方法

方法	类型	方法功能
after(Date d)	boolean	测试此日期是否在指定日期之后
before(Date d)	boolean	测试此日期是否在指定日期之前
compareTo(Date d)	int	比较两个日期的顺序
getTime( )	long	返回自格林威治 GMT1970 年 1 月 1 日 00:00:00 以来此 Date 对象表示的毫秒数

9.4.2　日历类 Calendar

日历类也在包 java.util 中，常用方法如表 9.9 所示。

表 9.9　Calendar 类的常用方法

方法	类型	方法功能
get(int field)	int	返回给定日历字段的值
getTime( )	Date	返回一个表示此 Calendar 时间值（从纪元至现在的毫秒偏移量）的 Date 对象
getTimeInMillis( )	long	返回以毫秒为单位的此日历的时间值
set(int field, int value)	void	将给定的日历字段设置为给定值
setTime(Date date)	void	使用给定的 Date 实例设置此 Calendar 对象的时间

【例 9.11】俗话说："三天打鱼，两天晒网。"某渔民从 2010 年 1 月 1 日起，连续打三天鱼，然后休息两天，再连续打三天鱼，再休息两天……一直重复这个劳作过程。问：从 2010 年 1 月 1 日起的某一天，该渔民是在打鱼，还是在休息？

【问题分析】先计算出某一天与 2010 年 1 月 1 日之间的天数，然后用这个天数对 5 取余数。如果余数是 1、2 或 3，则表示打鱼；如果余数是 4 或 0，则表示休息。求天数时，用 getTimeInMillis( ) 方法得到对应的毫秒数，再转换成天数就可以了。部分程序如下，完整程序见例 9.11 源代码。程序运行结果如图 9.11 所示。

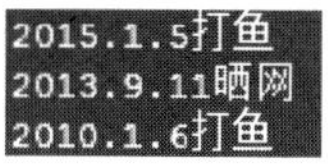

图 9.11　例 9.11 的运行结果

```
private static int days(int year,int month,int day){
    Calendar start = Calendar.getInstance();        //获得日历类的实例
    start.set(2010,1,1,0,0,0);                       //设置日期和时间
    long milliSec1 = start.getTimeInMillis();        //对应的毫秒数
    Calendar oneDay = Calendar.getInstance();
    oneDay.set(year,month,day,0,0,0);
    long milliSec2 = oneDay.getTimeInMillis();

    //转换成天数，2010 年 1 月 1 日也算一天，所以加1
    return (int)((milliSec2-milliSec1)/(24*3600*1000))+1;
}
private static String whatToDo(int year,int month,int day){
    String doing = null;
    int intervals = days(year,month,day);           //获得相隔的天数
    switch(intervals%5){
    case 1:
```

例 9.11 源代码

常用实用类　第 9 章

```
    case 2:
    case 3:
        doing="打鱼";break;
    case 0:
    case 4:
        doing="晒网";
    }
    return doing;
}
```

9.4.3　本地时间类

在 Java 8 之前，处理日期和时间的类是 Date、Calendar，这两个类使用起来很不方便，如 Date 类的月份是从 0 开始计算的，不仅不支持时区，代码烦琐，性能低，并且还不是线程安全的。

Date 类如果不格式化，输出的日期可读性差，举例如下。

```
Thu Sep 18 10:41:18 CST 2021
```

所以程序员一般使用 SimpleDateFormat 对时间进行格式化，但 SimpleDateFormat 是线程不安全的。当多个线程同时使用相同的 SimpleDateFormat 对象（如用 static 修饰的 SimpleDateFormat）调用 format() 方法时，多个线程会同时调用 calendar.setTime() 方法，可能一个线程刚设置好 time 值，另外的一个线程就马上把设置的 time 值给修改了，导致返回的格式化时间可能是错误的。

JDK 8 发布的时候，推出了 LocalDate、LocalTime、LocalDateTime 这 3 个时间处理类，以此来弥补之前日期和时间类的不足，简化日期和时间的操作。这些新的 API 都在包 java.time 下。java.time 包中的类是不可变且线程安全的。下面介绍其中的一些关键类。

* Instant——它代表的是时间戳。Instant 表示的是一个独立于任何时区和日历系统的时间点概念。世界上发生的每一件事都应该有一个对应的确定时间点，这个时间点不应该因为地域的不同而发生改变。对于计算机来说，建模时间最方便的格式是表示一个持续时间段上某个点的单一大整型数。java.time.Instant 类对时间的建模方式是以 UNIX 元年时间（1970 年 1 月 1 日 00:00:00）开始所经历的秒数进行计算的，就是 UTC 时间。

* LocalDate——不包含具体时间的日期，例如 2014-01-14。它可以用来存储生日、周年纪念日、入职日期等。

* LocalTime——它代表的是不含日期的时间。

* LocalDateTime——它包含了日期及时间，不过没有偏移信息或者时区。LocalDateTime 可以设置年月日、时分秒，相当于 LocalDate + LocalTime。

* ZonedDateTime——它是一个包含时区的完整日期和时间，偏移量是以 UTC/格林威治时间为基准的。

下面看一看 LocalDate 的用法。

```
//调用 now() 获取今天的日期
LocalDate today = LocalDate.now();
//调用 getDayOfMonth() 获取今天是几号
int dayofMonth = today.getDayOfMonth();
//调用 getDayOfWeek() 获取今天是周几（返回的是枚举类型，需要再调用 getValue()）
int dayofWeek = today.getDayOfWeek().getValue();
//调用 getDayOfYear() 获取今年是哪一年
int dayofYear = today.getDayOfYear();
//也可以根据字符串获取日期
LocalDate endOfFeb = LocalDate.parse("2018-02-28");
//严格按照 yyyy-MM-dd 验证，02 写成 2 都不行，当然也有一个重载方法允许自己定义格式
```

```
//以上只是单纯地获取日期，可见其能够获取日期的种类多种多样，比原来的 Date 类方便很多
//获取本月第 1 天
LocalDate firstDayOfThisMonth = today.with(TemporalAdjusters.firstDayOfMonth());
//2018-04-01
//获取本月第 2 天
LocalDate secondDayOfThisMonth = today.withDayOfMonth(2); //2018-04-02
//获取本月最后一天，不用计算是 28、29、30 还是 31
LocalDate lastDayOfThisMonth = today.with(TemporalAdjusters.lastDayOfMonth());
//2018-04-30
//获取下一天
LocalDate firstDayOfNextMonth = lastDayOfThisMonth.plusDays(1); //变成了 2018-05-01
//获取 2017 年 1 月的第 1 个周一
LocalDate firstMondayOf2017 = LocalDate.parse("2017-01-01").
with(TemporalAdjusters.firstInMonth(DayOfWeek.MONDAY)); //2017-01-02
```

TemporalAdjusters 里面有更多的特殊日期，如一年的第一天，一个月的第一天等，读者可以根据需要具体查看相关 Java 文档。

另外，LocalDate 的格式化不要用 SimpleDateFormat 的方法，而是需要使用 DateTimeFormatter 来构造格式化模板，然后使用 format( )方法，该方法返回的是 String 类型。

```
LocalDate today = LocalDate.now();
DateTimeFormatter formatters = DateTimeFormatter.ofPattern("yyyy 年 MM 月 dd 日");
String text = today.format(formatters);
```

LocalTime 只包含时间，获取当前时间的代码如下。

```
LocalTime now = LocalTime.now();
```

构造时间的代码如下。

```
LocalTime zero = LocalTime.of(0, 0, 0); //00:00:00
LocalTime mid = LocalTime.parse("12:00:00"); //12:00:00
```

9.5 包装类

包装类

Java 为其 8 个基本数据类型设计了对应的类，它们统称为包装类（wrapper class）。类中封装了基本类型数据运算所需的属性值和转换方法，弥补了基本类型数据没有面向对象特征的不足。

这 8 个包装类均位于 java.lang 包，包括 Byte、Short、Character、Integer、Long、Float、Double 和 Boolean。表 9.10 所示是 Integer 类的属性和常用方法，余类同，不重复。

表 9.10 Integer 类的属性和常用方法

域或方法	类型	功能
MAX_VALUE	static int	保存 int 类型最大值的常量，可取的值为 $2^{31}-1$
MIN_VALUE	static int	保存 int 类型最小值的常量，可取的值为 -2^{31}
SIZE	static int	以二进制补码形式表示 int 类型值的位数
compareTo(Integer anotherInteger)	int	在数值上比较两个 Integer 对象
intValue( )	int	以 int 类型返回该 Integer 的值
parseInt(String s)	static int	将字符串参数作为有符号的十进制整数进行分析
toBinaryString(int i)	static String	以二进制（基数 2）无符号整数形式返回一个整数参数的字符串表示形式
valueOf(int i)	static Integer	返回一个表示指定的 int 类型值的 Integer 实例

例如，用整型类的对象表示整型数 123，则可以写成以下形式。

```
Integer i=Integer.valueOf(123);
```

此外，可以调用方法 intValue( )得到整型类对象表示的整型数，表达式如下。

```
i.intValue()
```

其值就是一个整型数。

为了便于在基本类型数据和包装类对象之间进行数据变换，Java 提供了自动装箱（autoboxing）和自动拆箱（unboxing）操作。例如，下面的语句。

```
Integer i = 10;
```

10 是一个基本数据类型，将其赋予 i 前先用 Integer.valueOf(10)自动生成一个 Integer 对象，再赋予 i。将基本类型数据自动转换成对应包装类的对象的过程称为自动装箱。

i 是一个整型数的对象，在下面的语句中 i 和 t 不是同一类型，所以在赋值前，我们用 i.intValue( )得到 i 所表示的整型数后，再赋予整型变量 t。

```
int t = i;
```

将包装类的对象自动转换成对应的基本数据类型数据的过程称为自动拆箱。例如以下表达式。

```
i*2
```

先将 i 自动拆箱得到整型数后，再与 2 相乘。

如果将一个数字字符串转换成对应的数值型数，则可以调用类方法 parseXXX( )。例如，将字符串 "123" 转换成对应的整型数 123，则可以使用以下表达式。

```
Integer.parseInt("123")
```

表达式的值就是整型数 123。将一个整型数转换成对应字符串的方法如下。

```
123 + ""或"" + 123
```

表达式的值就是对应的字符串。

9.6　Object 类

Java 的所有类都直接或间接继承了 Object 类，子类可以使用 Object 的所有方法。Object 类位于 java.lang 包中，编译时会自动导入。在创建一个类时，如果没有明确继承一个父类，Java 会自动把 Object 作为要定义它的超类。

Object 类可以显式继承，也可以隐式继承，以下两种方式的结果是一样的。

显式继承如下。

```
public class Teacher extends Object{
}
```

隐式继承如下。

```
public class Teacher{
}
```

Object 类中有 getClass( )、hashCode( )、equals( )、Clone( )等方法，下面详细介绍其中的几个方法。

1. getClass( )方法

getClass( )方法用来返回此 Object 运行时类的类型，该方法主要用于 Java 的反射机制。

```
public final Class<? extends Object> getClass()
```

final 说明 getClass( )方法是不能被子类重写的。不能被重写是为了保证当一个子类有多重继承关系时，其调用 getClass( )方法与其父类调用 getClass( )方法的表现是一致的，这样也是实现 Java 反射的保障。

例如有两个类：Student 类和 People 类。其中 Student 类是 People 类的子类。如果 People 类重写了 getClass( )方法，返回的 Class 是 People；当 Student 类调用时，没有重写 getClass( )，返回的也会是 People，而不是真正的实例 Student，这样明显与 getClass( )方法的预期不符，也会造成使用 Java 反射获取实例时，获取到的是 People 实例而不是 Student 实例。为了防止这种现象的产生，我们可以将 getClass( )方法声明成了 final。

native：java 中带有 native 关键字的方法都是原生方法，是由 JVM 底层的 C 语言来实现的，这种方式称为 JNI（Java native interface）。由于很多公司根据 Java 虚拟机规范，用不同方式开发了 Java 虚拟机，因此 native 方法在不同 JVM 上的表现结果也有可能是不一致的。

Class<?>: getClass( )的返回值是 Class 类型的，注意这里的 C 是大写的。

2. hashCode( )方法

hashCode( )方法用于返回该对象的一个散列码。

```
public native int hashCode()
```

native 说明 hashCode( )也是一个原生方法，它的实现依赖于底层的 JVM。hashCode( )没有声明成 final，所以这个方法可以被子类重写。

3. equals( )方法

在 Java 中，"=="运算符用于判断两个引用是否指向同一个对象。equals( )的作用是比较两个对象是否相等。默认实现是比较引用是否相同，即是否为同一个内存对象。

```
public boolean equals(Object obj){
return (this == obj);
}
```

equals( )方法并不是 native 方法，已经有了 Java 的默认实现，并且该方法也没有用 final 进行修饰，所以 equals( )和 hashCode( )一样，是可以被重写的。

equals( )方法需要具有以下特点。

自反性（reflexive）：对于任何非空引用 x，x.equals(x)返回 true。

对称性（symmetric）：对于任何非空引用 x 和 y，当且仅当 y.equals(x)返回 true 时 x.equals(y)返回 true。

传递性（transitive）：对于任何非空引用 x 和 y，如果 x.equals(y)返回 true，并且 y.equals(z)返回 true，那么 x.equals(z)返回 true。

一致性（consistent）：对于两个非空引用 x 和 y，x.equals(y)的多次调用的结果应该保持一致（前提条件是在多次比较之间没有修改 x 和 y 用于比较的相关信息）。

重写 equals( )方法时，应该同时重写 hashCode( )方法。

4. clone( )方法

```
protected native Object clone() throws CloneNotSupportedException;
```

clone( )方法用于创建并返回当前对象的一个副本。Object 类的 clone( )方法是一个 protected 的 native 方法，重写 clone( )方法的时候需要用 public 修饰，才能被类外部的代码调用。包含这个方法的类必须实现 java.lang.Cloneable 接口，否则会抛出 CloneNotSupportedException 异常。实现 Clone( )方法时，只需要在类声明中加上 implements 语句即可。

9.7 System 类

System 类代表程序所在系统提供了对应的一些系统属性信息和系统操作。系统级的很多属性和控制方法都放置在该类的内部，该类位于 java.lang 包。由于该类的构造方法是私有的（即被 private 关键字修饰），所以无法创建该类的对象，即无法实例化该类。System 类中的方法都是静态方法（即被 static 关键字修饰），所以不用实例化就可以调用。

System 类中包含了 in、out 和 err 这 3 个成员变量，分别代表标准输入流（键盘输入）、标准输出流（显示器输出）和标准错误输出流（显示器输出）。

```
//标准输入流
public final static InputStream in;
//标准输出流
public final static PrintStream out;
//标准错误输出流
public final static PrintStream err;
```

由此可见，System 类中的 out 和 in 都不是内部类，而是成员变量。out 是用 final static 来修饰的 PrintStream 类型的变量，由此可见，out 是可以调用 printStream 中的方法的。例如，System.out.println( ) 中的 println( )就是 printStream 中的一种输出方法。

System 中常用的方法有以下几种。

1. arraycopy (Object src, int srcPos, Object dest, int destPos, int length)

该方法用于实现将源数组部分元素复制到目标数组的指定位置。各个参数的功能如下。

Object src：要复制的源数组。

int srcPos：数组源的起始索引。

Object dest：复制后的目标数组。

int destPos：目标数组起始索引。

int length：指定复制的长度。

2. currentTimeMillis ( )

该方法用于获取当前系统时间的毫秒值，即获取当前系统时间与 1970 年 01 月 01 日 00:00 点之间的毫秒差值。这个方法与 Date 类中的 getTime( )方法一样。

3. getProperty (String key)

该方法用于获取系统属性，举例如下。

```
Properties p = System.getProperties();System.out.println(p.getProperty("java.version"));
```

以上语句用于获取 Java 运行环境的版本信息。

getProperty( )方法中可输入的参数如表 9.11 所示。

表 9.11　getProperty( )方法中可输入的参数

输入参数	返回值	输入参数	返回值
java.version	Java 运行时环境版本	java.library.path	加载库时搜索的路径列表
java.vendor	Java 运行时环境供应商	os.name	操作系统的名称
java.home	Java 安装目录	file.separator	文件分隔符（在 UNIX 操作系统中是"/"）
java.class.version	Java 类格式版本号	user.home	用户的主目录
java.class.path	Java 类路径	user.dir	用户的当前工作目录

4. gc()

该方法用来运行 JVM 中的垃圾回收器，以完成内存中垃圾的清除。这个方法不需要主动调用，JVM 发现系统有未使用的对象，会自动调用该方法。通常在以下两种情况下会调用 gc() 方法。

当 JVM 内存不足时会调用，或当 CPU 空闲的时候调用。

5. exit()

exit(int) 方法用于终止当前正在运行的 Java 虚拟机，参数是状态码。根据惯例，非 0 的状态码表示异常终止，0 表示终止。而且，该方法永远不会正常返回。

```java
public static void main(String[] args){
    int counts = 0;
    while(true){
        System.out.println("exit the program.");
        if(counts==10){
            System.exit(0);
        }
        counts++;
    }
}
```

以上程序段展现了唯一能够退出程序并不执行 finally 的情况。这一点说明退出虚拟机会直接终止整个程序。这时的程序已经不是从代码的层面来终止，所以 finally 不会被执行。

9.8 小结

本章讨论了 7 种 Java 常用类，即字符串处理类、数学类、日期类、日历类、包装类、Object 类、System 类，还介绍了正则表达式的用法。

字符串可以用 String 类或 StringBuffer 类的对象表示，String 类的对象表示的字符串不可以改变，而 StringBuffer 类的对象表示的字符串可以改变。正则表达式是字符串的通用表示形式，如验证 E-mail、网址等合法性问题，使用正则表达式非常方便。

数学类中定义了常用的数学计算方法（静态），它们可以完成一些基本的数学计算。

在数据处理过程中经常涉及日期和时间，日期类和日历类的对象可以表示日期和时间，类中定义了较多的方法，便于日期和时间的处理，另外介绍了 Java 8 以后出现的几种本地时间类。

字符串、日期或其他数据有时需要以一定格式表示出来，类 NumberFormat、DecimalFormat、Formatter 可以将数据格式化。

此外，本章还介绍了 Java 的 Object 类和 System 类。

基本类型的数据除了可以用基本数据类型的变量表示外，还可以用相应的包装类的对象表示。用包装类的对象表示基本类型的数据可以实现数据的封装，更便于与其他类的对象采用相同的方法来处理，如泛型。

9.9 习题

1. 什么是自动装箱？什么是自动拆箱？

2. 使用正则表达式对输入的电话号码进行匹配（匹配要求：匹配成功的电话号码位数为 11 位的纯数字，且以 1 开头，第二位必须是 3、5、7、8 中的一位）。

3. java.sql.Date 和 java.util.Date 有何不同？

4. print()、println()、printf() 的用法有何不同？

5. 用不同方法创建 String 对象。

6. 写一个程序进行两个大整数的乘法运算。假设大整数范围大于或等于 64 位二进制范围。

7. 设某校图书馆规定的单次借书阅读时限为 60 天，一名学生的借书日期为 d1、还书日期为 d2，请编程计算是否超期。

8. 利用 Math 类获取 10 个随整数范围在(18,80)，不能重复，放在数组中，排序后遍历输出。

9. 项目练习：在字符串中找到第一个不重复的字符，编程实现。

第 10 章 集合、反射和注解

本章要点

- 集合。
- 反射。
- 注解。

Java 中定义了大量的集合类，这些类中定义了基本的数据结构和常用的算法。在开发程序时，程序员不必从底层的数据结构和算法做起，直接利用这些集合类就可以了，这样能够提高程序的开发效率。反射可以对程序运行过程中的类、对象、域及方法进行操作，程序员通过反射可以动态地改变程序。注解是对程序的控制和说明，程序员通过注解能够获取程序的相关信息。

10.1 集合

为了保存数量不确定、类型不一致或有映射关系的数据，Java 提供了集合类。一个集合类的对象可以保存和处理其他类的对象，因此集合对象可以称为容器，集合类称为容器类。集合对象存放的并不是真正的对象，而是其他对象的引用（地址）。

数组也可以用来表示大量的数据，但是数组中存放的数据只能是相同类型的数据，而且数组长度不可变化，数组的某些操作效率较低，尤其对于具有复杂结构的数据数组无能为力。采用集合对象保存数据，数据长度可变，类型可以不一致，而且有些集合中定义了基本的数据结构并实现了基本的算法。利用集合对象，程序员在开发程序时可以将精力集中在程序的核心部分，而不用再编写基本算法和数据结构，从而可以提高程序的开发效率和程序的可靠性。

10.1.1 集合框架结构

Java 提供的集合不是一个类，而是一系列的接口、抽象类和具体的实现类，程序员可以根据实际需求选择使用。集合框架结构如图 10.1 和图 10.2 所示。

集合框架结构

上述两个框架图中，实线边框中的是实现类，如 ArrayList、LinkedList、HashMap 等，短画线边框中的是抽象类，如 AbstractCollection、AbstractList、AbstractMap 等，而点线边框中的是接口，如 Collection、List、Map 等带背景色的 Vector 和 Stack 已经不推荐使用了。Java 中的集合类主要从 Collection 和 Map 两个接口派生。Collection 系列用于存储和处理集合元素是单个数据的情况，而 Map 系列用于存储和处理集合元素是键值对的情况。Collection 系列又分为两类：一类是可重复、注重顺序的 List 子系；另一类是不可重复、相对不注重顺序的 Set 子系。需要注意的是，实际上还有独立的 Collections 类和 Arrays 类，以及遍历集合用的 Iterator、ListIterator 等类和接口，这些没有在上面的框架图中体现。

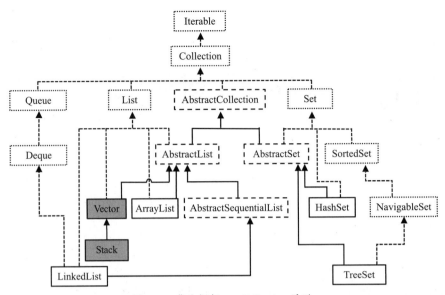

图 10.1 集合框架——Collection 系列

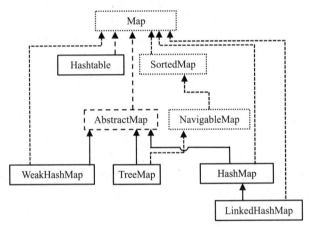

图 10.2 集合框架——Map 系列

Iterable（可迭代）接口是 Java 集合 Collection 系列最顶级的接口。实现这个接口，可以视为拥有了获取迭代器的能力。

Iterable 接口原型如下。

```
public interface Iterable<T>
```

它包含以下方法。

```
Iterator<T> iterator();// 返回一个内部元素为 T 类型的迭代器（JDK 1.5 只有这个接口）
default void forEach(Consumer<? super T> action) {}// 遍历内部元素（JDK 1.8 添加）
default Spliterator<T> spliterator() {
    return Spliterators.spliteratorUnknownSize(iterator(), 0);
}
```

spliterator( )方法用于创建并返回一个分割迭代器（JDK 1.8 添加），分割迭代器可以并行遍历元素，从而适应现在 CPU 多核的能力，提高效率。

Collection 接口的定义形式如下。

```
public interface Collection extends Iterable
```

Collection 是包含了集合的基本操作和属性的高度抽象的接口。它主要包含了 List 和 Set 两大分支。

（1）List 是一个有序的队列，实现类有 4 个：LinkedList、ArrayList、Vector、Stack。

（2）Set 是一个不允许有重复元素的集合，实现类有 3 个：TreeSet、HashSet、LinkHashSet。

10.1.2　List 接口

List 接口的定义形式如下。

```
public interface List<E> extends Collection<E>
```

List 接口、ArrayList 类和 LinkedList 类

List 是有序集合，它可以准确地控制元素在集合中的插入位置，可以通过索引获得集合中的元素，可以通过元素获得元素在集合中的位置。它的主要方法如表 10.1 所示。

表 10.1　List 接口中的主要方法

方法	类型	方法功能
add(E e)	boolean	把元素 e 加到表的尾部
add(int index, E e)	void	把元素 e 加到表的 index 位置，原 index 位置的元素按顺序后移
equals(Object o)	boolean	比较对象 o 是否与表中的元素是同一元素
get(int index)	E	得到表中 index 位置的元素
indexOf(Object o)	boolean	判断元素 o 在表中是否存在。如果不存在，则返回-1
iterator( )	Iterator<E>	获得表的遍历器
remove(int index)	E	将表中 index 位置的元素删除
remove(Object o)	boolean	删除表中与 o 相同的元素
size( )	int	得到表中元素的个数

10.1.3　ArrayList 类

ArrayList 类的定义形式如下。

```
public class ArrayList<E>
extends AbstractList<E>
implements List<E>, RandomAccess, Cloneable, Serializable
```

ArrayList 相当于一个可变长度的数组，它实现了 List 接口。在存储数据的过程中，它可以根据数据量改变存储空间的大小。ArrayList 类的主要方法同 List 接口，如表 10.1 所示。

【例 10.1】ArrayList 类的使用。

程序如下，程序运行结果如图 10.3 所示。

图 10.3　例 10.1 的运行结果

```
import java.util.ArrayList;
import java.util.Iterator;

public class Example10_01{
    public static void main(String args[]){
        //创建一个 ArrayList 对象，表中的元素是 String 类型
        ArrayList<String> arrayList1 = new ArrayList<String>();
        arrayList1.add("America");//加元素
        arrayList1.add("England");
        arrayList1.add("Italia");
        arrayList1.add(0, "China");
        //arrayList1.add(1234);//不能写这条语句，因为元素的类型是 Integer
```

```
Iterator<String> iterator1 = arrayList1.iterator();//获得一个遍历器
while (iterator1.hasNext())//遍历
    System.out.print(iterator1.next() + " ");
System.out.println();
System.out.println("第1个元素\""+arrayList1.get(1)+"\"");//获得表中的第1个元素
String france = "France";
int index = arrayList1.indexOf(france);//在表中找"france"元素
if (index >= 0)//条件满足, 则找到了
    System.out.println("表中第" + index + "个元素是\"" + france + "\"");
else//表中没有
    System.out.println("表中不存在\"" + france + "\"元素");
System.out.println("---------------");
ArrayList arrayList2 = new ArrayList();//再创建一个对象, 类型擦除
arrayList2.add("Beijing");//加一个String型元素
arrayList2.add(123); //按顺序加一个Integer型元素
arrayList2.add(0, "Shanghai");//在开始位置插入一个String型元素, 其他元素按顺序后移
Iterator iterator2 = arrayList2.iterator();
while (iterator2.hasNext())
    System.out.print(iterator2.next() + " ");
System.out.println();
    }
}
```

10.1.4 LinkedList 类

LinkedList 类的定义形式如下。

```
public class LinkedList<E>extends AbstractSequentialList<E>
implements List<E>, Deque<E>, Cloneable, Serializable
```

LinkedList 类实现了 List 接口和 Queue 接口。LinkedList 对象可以表示顺序表, 可以作为栈使用, 还可以作为队列使用。LinkedList 类的主要方法如表 10.2 所示。

表 10.2 LinkedList 类的主要方法

方法	类型	方法功能
add(E e)	boolean	将元素 e 加到表的尾部
addFirst(E e)	void	将元素 e 加到表的头部
addLast(E e)	void	将元素 e 加到表的尾部
getFirst( )	E	获得表的头部元素
getLast( )	E	获得表的尾部元素
offerFirst(E e)	boolean	将元素 e 插入表的头部
offerLast(E e)	boolean	将元素 e 插入表的尾部
pop( )	E	栈顶元素出栈
push(E e)	void	元素 e 入栈
removeFirst( )	E	从表中移除头部元素并返回该元素
removeLast( )	E	从表中移除尾部元素并返回该元素

【例 10.2】LinkedList 类的使用。

程序如下。

```
import java.util.LinkedList;
public class Example10_02{
```

```
public static void main(String args[]){
    LinkedList list = new LinkedList();//创建一个 LinkedList 对象 list
    Object obj[] = {"apple", 123, "banana", -45.78, "pear", "peach"};
    for (int i = 0; i < obj.length; i++)//将 obj 对象加入 list 中
        list.add(obj[i]);
    System.out.println("表中初始元素:");
    print(list);//列出表中的所有元素
    list.pollFirst();//删除表头元素
    list.pollLast();//删除表尾元素
    System.out.println("删除表头和表尾元素后: ");
    print(list);
    list.addFirst("Beijing");//加到表头
    list.addLast("Shanghai");//加到表尾
    System.out.println("在表头和表尾加入元素后: ");
    print(list);
    list.add(2, "China");//在第 3 个元素前加入 China
    list.add(3, "England");//在第 4 个元素前、China 后加入 England
    System.out.println("在表的中间插入元素后: ");
    print(list);
    list.remove("banana");//删除表中的 banana 元素
    System.out.println("删除表中\"banana\"元素后: ");
    print(list);
}

//用 print()方法遍历表 list 中的元素
private static void print(LinkedList list) {
    for (int i = 0; i < list.size(); i++)
        System.out.print(list.get(i) + " ");
    System.out.println();
}
}
```

程序运行结果如图 10.4 所示。

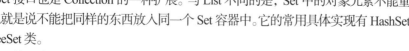

图 10.4 例 10.2 的运行结果

10.1.5 Set 接口

Set 接口的定义形式如下。

```
public interface Set<E> extends Collection<E>
```

Set 接口和
HashSet 类

Set 接口也是 Collection 的一种扩展。与 List 不同的是，Set 中的对象元素不能重复，也就是说不能把同样的东西放入同一个 Set 容器中。它的常用具体实现有 HashSet 和 TreeSet 类。

Set 接口中的主要方法如表 10.3 所示。

集合、反射和注解 第10章

表 10.3　Set 接口中的主要方法

方法	类型	方法功能
size( )	int	返回集合中元素的数量
isEmpty( )	boolean	判断集合中是否包含元素，为空时返回 true
contains(Object o)	boolean	判断该集合是否包含指定元素，包含时返回 true
iterator( )	Iterator<E>	获得该集合的迭代器
toArray( )	Object[]	返回一个包含该集合中所有元素的数组
Add(E e)	boolean	向集合中添加一个元素
Remove(Object o)	boolean	从集合中移除一个元素
containsAll(Collection<?> c)	boolean	判断该集合是否包含参数集合的所有元素
removeAll(Collection<?> c)	boolean	从此集合中移除所有参数集合包含的元素
clear( )	void	删除当前集合的所有元素
equals(Object o)	boolean	判断该对象与目标对象的内容是否相等
spliterator( )	Spliterator<E>	返回一个增强型迭代器对象

10.1.6　HashSet 类

HashSet 类的定义形式如下。

```
public class HashSet<E>
extends AbstractSet<E>
implements Set<E>, Cloneable, Serializable
```

HashSet 类按照散列算法来存取对象。当向集合中加入一个新对象时，会调用对象的 hashCode( ) 方法得到对象的散列码，然后根据这个散列码计算出对象在集合中存储的位置。HashSet 对象中不能存储相同的数据，存储数据是无序的。HashSet 类的主要方法如表 10.3 所示。

【例 10.3】HashSet 类的使用。

程序如下。

```
import java.util.HashSet;
import java.util.Iterator;
public class Example10_03{
    public static void main(String args[]){
        HashSet hash = new HashSet();//创建一个散列表 hash
        Object obj[] = {"Beijing", "Shanghai", "Chongqing", 123, -45.66};
        for (int i = 0; i < obj.length; i++)//将对象 obj 加入 hash 表中
            hash.add(obj[i]);
        System.out.println("hash 表中的初始元素: ");
        print(hash);
        hash.add("China");//往表中加入一个新元素 China
        System.out.println("往 hash 表中加入元素\"China\"后: ");
        print(hash);
        hash.remove("Shanghai");//将表中的 Shanghai 元素删除
        System.out.println("把 hash 表中\"Shanghai\"删除后: ");
        print(hash);
        hash.add("Beijing");
        System.out.println("表中再加入元素\"Beijing\"后（不重复）: ");
        print(hash);
    }
    //print()方法用于遍历 hash 表
    private static void print(HashSet hash) {
        Iterator iterator = hash.iterator();
        while (iterator.hasNext())
            System.out.print(iterator.next() + " ");
```

```
        System.out.println();
    }
}
```

程序运行结果如图 10.5 所示。

```
hash表中的初始元素：
Shanghai Beijing 123 -45.66 Chongqing
往hash表中加入元素"China"后：
Shanghai Beijing 123 China -45.66 Chongqing
把hash表中"Shanghai"删除后：
Beijing 123 China -45.66 Chongqing
表中再加入元素"Beijing"后（不重复）：
Beijing 123 China -45.66 Chongqing
```

图 10.5　例 10.3 的运行结果

10.1.7　Map 接口

Map 接口的定义形式如下。

Map 接口和
HashMap 类

```
public interface Map<K,V>
```

Map 是一种把键对象和值对象进行关联的容器，而一个值对象又可以是一个 Map，依此类推，就可形成一个多级映射。对于键对象来说，像 Set 一样，一个 Map 容器中的键对象不允许重复，这是为了保持查找结果的唯一性。当然在使用过程中，某个键所对应的值对象可能会发生变化，这时会按照最后一次修改的值对象与键对应。对于值对象则没有唯一性的要求，可以将任意多个键都映射到一个值对象上。Map 接口的主要抽象方法如表 10.4 所示。

表 10.4　Map 接口的主要抽象方法

类型	方法	方法功能
size( )	int	返回 map 中 key-value 映射的个数
isEmpty( )	boolean	如果 map 没有存储任何 key-value，则返回 true
containsKey(Object key)	boolean	如果 map 存储了指定的 key，则返回 true
get(Object key)	V	返回指定 key 映射的 value
put(K key, V value)	V	将指定的 key-value 存储到 map 中
clear( )	void	移除 map 中所有的映射，map 会变为空
keySet( )	Set<K>	返回 map 包含的所有 key 的一个 Set 集合视图
equals(Object o)	boolean	对比两个 map 是否相等

Map 接口中还定义了很多 default 方法，就是给出了具体实现的方法，它们都不是抽象方法。由于篇幅限制，这里不再赘述。

10.1.8　HashMap 类

Map 有两种比较常用的实现：HashMap 和 TreeMap。HashMap 用的是散列码的算法，以便快速查找一个键；TreeMap 则是对键按序存放，因此它还有一些扩展的方法，如 firstKey( )、lastKey( )等，还可以从 TreeMap 中指定一个范围以取得其子 Map。HashMap 是日常开发中用得最多的集合类之一。HashMap 的数据结构为：数组+链表+红黑树。

HashMap 类的定义形式如下。

```
public class HashMap<K,V> extends AbstractMap<K,V>
implements Map<K,V>, Cloneable, Serializable
```

HashMap 类的构造方法如表 10.5 所示。

表 10.5　HashMap 类的构造方法

方法	方法功能
HashMap( )	默认构造方法，赋值加载因子为默认的 0.75f
HashMap(int initialCapacity)	指定初始化容量的构造方法
HashMap(int initialCapacity, float loadFactor)	同时指定初始化容量及加载因子，用得很少
HashMap(Map<? extends K, ? extends V> m)	新建一个散列表，并将另一个 m 里的所有元素加入表中

【例 10.4】HashMap 类的使用。

本例程序输出内容较多，不单独抓图，输出放在代码后的注释中。

```java
import java.util.HashMap;
import java.util.Map.Entry;
public class Example10_04{
    public static void main(String[] args){
        HashMap<String, Integer> mp = new HashMap<String, Integer>();
        mp.put("one", 1);      //存放键值对
        System.out.println(mp.get("one"));       //通过键取值，输出 1
        System.out.println(mp.containsKey("one"));      //输出 true
        System.out.println(mp.containsValue(1));        //输出 true
        System.out.println(mp.isEmpty());        //判断是否为空，输出 false
        System.out.println(mp.size());           //输出 HashMap 的长度，1
        mp.remove("one");       //从 HashMap 中删除该键，值也会被删除
        System.out.println("====================");
        mp.put("one", 1);
        mp.put("two", 2);
        mp.put("three", 3);
        System.out.println(mp.values());//输出：[1, 2, 3]
        System.out.println(mp.keySet());//输出：[one, two, three]
        System.out.println(mp.entrySet());//输出：[one=1, two=2, three=3]
        System.out.println("====================");
        HashMap<String, Integer> mp2 = new HashMap<String, Integer>();
        mp2.put("four", 4);
        mp.putAll(mp2);        //添加同类型的另一个 HashMap，放进头部
        System.out.println(mp); //输出 HashMap, {four=4, one=1, two=2, three=3}
        System.out.println("====================");
        mp.replace("one", 5);      //替换键的值
        mp.replace("two", 2, 6);        //替换键的旧值为新值
        System.out.println(mp);        //输出：{four=4, one=5, two=6, three=3}
        System.out.println("====================");
        Object mp3 = mp.clone();      //克隆一个，顺序随机
        System.out.println(mp3);       //输出：{two=6, three=3, four=4, one=5}
        System.out.println("====================");
        for (String key : mp.keySet())      //遍历整个 HashMap 的键
            System.out.print(key + " ");    //输出：four one two three
        System.out.println();
        for (Integer values : mp.values())  //遍历整个 HashMap 的值
            System.out.print(values + "   ");//输出：4 5 6 3
        System.out.println();
        for (Entry<String, Integer> entry : mp.entrySet())
        {//遍历 HashMap，输出键值
            String key = entry.getKey();
            Integer value = entry.getValue();
            System.out.print(key + '=' + value + ' '); //输出：four=4 one=5 two=6 three=3
        }
```

```
        System.out.println("\n====================");
        mp.clear();    //清空数组
    }
}
```

10.1.9 集合的遍历

集合用来存储和处理数据，对集合中的数据进行遍历是常用的操作。另外，虽然对于不同类型的具体集合类可能会有特定的遍历方式，但也提供了通用的方法，主要用普通型的 for、增强型的 for 和 iterator 方式来遍历集合。

集合的遍历

前面介绍了从 Collection 接口延伸出的 List、Set，以及从 Map 接口延伸的以键值对形式来存储的 Map 类型集合，下面就分别从这 3 个集合的角度具体说明。

【例 10.5】对 List 与 Set 类型集合的遍历。

```java
import java.util.ArrayList;
import java.util.HashSet;
import java.util.Iterator;
import java.util.List;
import java.util.Set;
public class Example10_05{
    public static void main(String[] args){
        listTest();  // List 集合的遍历
        setTest();   // Set 集合的遍历
    }
    // 1.遍历 List 集合
    private static void listTest(){
        List<String> list = new ArrayList<String>();
        list.add("工科");
        list.add("文科");
        list.add("医疗");
        list.add("农业");
        list.add("林业");
        // (1) 使用 iterator 进行遍历
        Iterator<String> it = list.iterator();
        while (it.hasNext()){
            String value = it.next();
            System.out.println(value);
        }
        // (2) 使用传统 for 循环进行遍历
        for (int i = 0, size = list.size(); i < size; i++){
            String value = list.get(i);
            System.out.println(value);
        }
        // (3) 使用增强型 for 循环进行遍历
        for (String value : list){
            System.out.println(value);
        }
    }
    // 2.遍历 Set 集合
    private static void setTest(){
        Set<String> set = new HashSet<String>();
        set.add("JAVA");
        set.add("C");
        set.add("C++");
        set.add("C++"); // 重复, 集合数据不变
        set.add("PYTHON");
```

　　　　　　　　　　　　　　　　集合、反射和注解 / 第 10 章

```
        // （1）使用 iterator 遍历 Set 集合
        Iterator<String> it = set.iterator();
        while (it.hasNext()){
            String value = it.next();
            System.out.println(value);
        }
        // （2）使用增强型 for 循环遍历 Set 集合
        for (String s : set){
            System.out.println(s);
        }
        // （3）不支持用传统 for 循环进行遍历的方式
        // 尽管 HashSet 有 size()方法，但没有根据具体索引值获得集合元素的方法
    }
}
```

【例 10.6】对 Map 类型集合的遍历。

```
//以下实例使用 HashMap 的 keySet()与 entrySet()方法来遍历集合
import java.util.Map;
import java.util.HashMap;
import java.util.HashSet;
import java.util.Iterator;
import java.util.List;
import java.util.Set;
import java.util.Map.Entry;
public class Example10_06{
    public static void main(String[] args){
        // 创建一个 HashMap 对象，并加入一些键值对
        Map<String, String> maps = new HashMap<String, String>();
        maps.put("1", "PHP");
        maps.put("2", "Java");
        maps.put("3", "C");
        maps.put("4", "C++");
        maps.put("5", "PYTHON");
        traditionalKeyset(maps);        // 传统的遍历 maps 集合的方法：keySet()
        traditionalEntryset(maps);      // 传统的遍历 maps 集合的方法：entrySet()
        strongForKeyset(maps);          // 使用增强型 for 循环来遍历 maps 集合的方法：keySet()
        strongForEntryset(maps);        // 使用增强型 for 循环来遍历 maps 集合的方法：entrySet()
    }
    // （1）使用 keySet()方法，获取 maps 集合中的所有键，遍历键并取得所对应的值
    private static void traditionalKeyset(Map<String, String> maps){
        Set<String> sets = maps.keySet();
        // 取得迭代器遍历出的对应的值
        Iterator<String> it = sets.iterator();
        while (it.hasNext()){
            String key = it.next();
            String value = maps.get(key);
            System.out.println(key + " : " + value);
        }
    }
    // （2）使用 entrySet()方法，获取 maps 集合中的每一个键值对
    private static void traditionalEntryset(Map<String, String> maps){
        Set<Map.Entry<String, String>> sets = maps.entrySet();
        // 取得迭代器遍历出的对应的值
        Iterator<Entry<String, String>> it = sets.iterator();
        while (it.hasNext()) {
            Map.Entry<String, String> entry = (Entry<String, String>) it.next();
            String key = entry.getKey();
            String value = entry.getValue();
            System.out.println(key + " : " + value);
```

```
        }
    }
    // （3）使用keySet()方法，获取maps集合中的所有键，使用增强型for循环遍历键并得所对应的值
    private static void strongForKeyset(Map<String, String> maps){
        Set<String> set = maps.keySet();
        for (String s : set){
            String key = s;
            String value = maps.get(s);
            System.out.println(key + " : " + value);
        }
    }
    // （4）使用entrySet()方法，获取maps集合中的每一个键值对，采用增强型for循环遍历
    private static void strongForEntryset(Map<String, String> maps){
        Set<Entry<String, String>> set = maps.entrySet();
        for (Entry<String, String> entry : set){
            String key = entry.getKey();
            String value = entry.getValue();
            System.out.println(key + " : " + value);
        }
    }
}
```

例 10.5 和例 10.6 的运行结果就是遍历后数据的罗列，较简单，故此处省略。

10.1.10　聚合操作

聚合操作

本章前面的内容主要介绍了集合框架，其包括 Collection 系列和 Map 系列两个部分。相对来说，它们是数据结构部分的内容，侧重存储数据。而 Java 还提供了对集合（也就是数据）的加工处理部分——Stream 流处理框架。Stream 流处理也被称为集合的聚合操作（aggregate operations）。它是由多个接口和类组成的，能更方便地实现对集合的查找、遍历、过滤及其他一些计算等操作。

1. 聚合操作简介

聚合操作是通过 Stream 来实现的。单从这个单词来看，它似乎与 java.io 包下的 InputStream 和 OutputStream 有些关系。它们除了在概念抽象的原理上有相似性外，在实际实现和使用上没有重叠，即没有什么关系。

Stream 是一个接口，它可以将集合或数组中的元素转换为 Stream 流的形式。在对流进行处理时，不同的流操作以级联的方式形成处理流水线。一个流水线由一个源（source），以及 0 个到多个中间操作（intermediate operation）和一个终结操作（terminal operation）构成。这个流水线也被称为管道流。

源：源是流中元素的来源。Java 提供了很多内置的源，包括数组、集合、生成函数、无限序列生成器和 I/O 通道等。

中间操作：中间操作是在一个流上进行的操作，返回的结果也是一个流。中间操作是延迟执行的。

终结操作：终结操作通过遍历流来产生一个结果或某些作用。在一个流上执行终结操作之后，该流被消费，无法被再次使用。

2. 流对象的创建

集合和数组都可以作为流的源。对于集合对象来说，集合类提供了静态方法创建 Stream 流对象，而数组数据没有对应的数组类，需要通过另外的方法创建 Stream 流对象。针对不同的源数据，Java 提供了多种创建 Stream 流对象的方式，主要有以下几种方式。

（1）所有的 Collections 集合都可以使用 stream( ) 静态方法获取 Stream 流对象；需要说明的是，虽然 Map 接口中并没有 stream( ) 方法，但是 Map 接口的 values( ) 和 keySet( ) 方法均返回集合对象，

在集合对象上自然是可以使用 stream( )方法的。

（2）Arrays 数组工具类的 stream( )静态方法也可以获取数组元素的 Stream 流对象。

（3）Stream 接口的 of( )静态方法可以获取基本类型包装类数组、引用类型数组和单个元素的 Stream 流对象；实际上 of( )方法内部调用了 Arrays.stream( )方法。

（4）使用 Stream.iterate( )创建流对象。

（5）使用 Stream.generate( )创建流对象。

（6）使用流行的 APIs，如 Pattern.compile( ).splitAsStream( )。

因为通过 Stream.iterate( )和 Stream.generate( )创建的流是无限大小的流（generate 最大是 Long.MAX_VALUE），也被称为无限流，通常配合 limit( )使用，limit( )方法指定这个流生成的元素的个数。对比之下，前 3 种方式在创建流之前，流对象的大小（长度）已经确认，所以用这些方式创建的流也被称为有限流。下面的例子给出了这几种创建 Stream 流对象的方式。

【例 10.7】流对象的几种创建方式。

```java
import java.util.*;
import java.util.stream.Stream;
import java.lang.Math;
import java.util.regex.Pattern;
public class Example10_07{
    public static void main(String[] args) {
        Integer[] array = {1,2,3,4,5,6,7,8,9,10};
        List<Integer>list = Arrays.asList(array);
        Stream<Integer>stream = list.stream();
        stream.forEach(i->System.out.print(i+" "));//参数是 Lambda 表达式
        System.out.println();
        Stream<Integer>stream1 = Stream.of(array);
        stream1.forEach(i->System.out.print(i+" "));
        System.out.println();
        Stream<Integer>stream2 = Arrays.stream(array);
        stream2.forEach(i->System.out.print(i+" "));
        System.out.println();
        Stream <Integer> iterate = Stream.iterate(0,t->t+5);
        iterate.limit(10).forEach(i->System.out.print(i+" "));
        System.out.println("\n");
        Stream<Double>generate = Stream.generate(Math::random);
        generate.limit(3).forEach(i->System.out.println(i));
        System.out.println();
        //使用流行的 APIs
        String sentence = "The proposed Bayesian optimization algorithms";
        Stream<String> wordStream = Pattern.compile("\\W").splitAsStream(sentence);
        //wordStream.forEach(i->System.out.println(i));
        String[] wordArr = wordStream.toArray(String[]::new);
        System.out.println(Arrays.toString(wordArr));
    }
}
```

程序运行结果如图 10.6 所示。

3. 中间操作

每个中间操作又会返回一个 Stream，例如 filter( )又返回一个 Stream，中间操作是"懒"操作，并不会真正进行遍历。流中间操作再应用到流上，返回一个新的流。常用的流中间操作如表 10.6 所示。

```
1 2 3 4 5 6 7 8 9 10
1 2 3 4 5 6 7 8 9 10
1 2 3 4 5 6 7 8 9 10
0 5 10 15 20 25 30 35 40 45

0.31839608360002425
0.25258776613517353
0.7149327669582077

[The, proposed, Bayesian, optimization, algorithms]
```

图 10.6　例 10.7 的运行结果

表 10.6　常用的流中间操作

方法	类型	方法功能
map(Function<? super T, ? extends R> mapper)	<R> Stream<R>	通过一个Function把一个元素类型为T的流转换成元素类型为R的流
flatMap(Function<? super T, ? extends Stream<? extends R>> mapper)	<R> Stream<R>	通过一个Function把一个元素类型为T的流中的每个元素转换成一个元素类型为R的流，再把这些转换之后的流合并
filter(Predicate<? super T> predicate)	Stream<T>	过滤流中的元素，只保留满足由 Predicate 所指定的条件的元素
distinct()	Stream<T>	使用 equals( )方法来删除流中的重复元素
limit(long maxSize)	Stream<T>	截断流使其最多只包含指定数量的元素
skip(long n)	Stream<T>	返回一个新的流，并跳过原始流中的前 n 个元素
sorted()	Stream<T>	对流进行排序。此方法中排序元素需实现 Comparable 接口
sorted(Comparator<? super T> comparator)	Stream<T>	对流进行排序。此方法没有上面方法的要求
peek(Consumer<? super T> action)	Stream<T>	返回的流与原始流相同。当原始流中的元素被消费时，会首先调用 peek( )方法中指定的 Consumer 实现对元素进行处理

4. 终结操作

终结操作可以遍历流，进而生成结果或直接消费，而后该流不能再被使用。几乎在所有情况下，终结操作都是立即执行的，在返回之前完成对数据源的遍历和对管道的处理，终结操作才真正进行遍历行为，前面的中间操作也在这个时候才真正地执行。终结操作的立即性对无限流是重要概念，因为在处理时需要仔细考虑流是否被正确限制，例如 limit( )操作。

常用的流终结操作如表 10.7 所示。

表 10.7　常用的流终结操作

方法	类型	方法功能
allMatch(Predicate<? super T> predicate)	boolean	检查是否匹配所有元素
anyMatch(Predicate<? super T> predicate)	boolean	检查是否至少匹配一个元素
findFirst()	Optional<T>	返回第一个元素
findAny()	Optional<T>	返回当前流中的任意元素
count()	long	返回流中元素的总个数
max(Comparator<? super T> comparator)	Optional<T>	返回流中最大值
min(Comparator<? super T> comparator)	Optional<T>	返回流中最小值
reduce(BinaryOperator<T> accumulator)	Optional<T>	将流中元素反复操作，得到一个值，具体怎么操作由 accumulator 指定
reduce(T identity, BinaryOperator<T> accumulator)	T	identity 是循环计算的起始值
reduce(U identity, BiFunction<U, ? super T, U> accumulator, BinaryOperator<U> combiner)	<U> U	与上面方法相比，多了一个 combiner 参数，用来合并多线程计算的结果
collect(Supplier<R>,BiConsumer<R,? super T>,BiConsumer<R,R>)	R	将流转换为其他形式，接收一个 Collector 接口实现，它是用于对 Stream 进行整合的方法
forEach(Consumer<? super T>)	void	对流中每个元素进行处理
toArray()	Object[]	转换为数组

5. 聚合操作案例

【例 10.8】多个中间操作的聚合操作示例。

```java
import java.util.*;
import java.util.stream.Stream;
import java.util.stream.Collectors;
public class Example10_08{
    public static void main(String[] args){
        String[] words={"as","add","ask","any","applied","in","image","as"};
        Stream<String> stream=Stream.of(words);
        List<String> list=stream.filter(i->i.startsWith("a"))
```

```
        .filter(i->i.length()>2)
        .map(String::toUpperCase)
        .sorted()
        .skip(1)
        .limit(3)
        .distinct()
        .collect(Collectors.toList());//把流中的元素保存到列表中
    System.out.println(list);
/*    stream.filter(i->i.startsWith("a"))
        .filter(i->i.length()>2)
        .map(String::toUpperCase)
        .sorted()
        .skip(1)
        .limit(3)
        .distinct()
        .forEach(System.out::println);//这段代码是把流中的元素遍历输出
        //.forEach(i->System.out.println(i));*/
    }
}
```

程序运行结果如图 10.7 所示。

[ANY, APPLIED, ASK]

图 10.7 例 10.8 的运行结果

10.2 反射

反射可以实现程序的动态效果，可以在程序运行过程中知道程序使用了哪些类及类中的属性和方法。

在程序运行过程中，对于任意一个对象，都能够知道这个对象所在类的所有属性和方法，都能够调用它的任意一个方法和访问它的任意一个属性，这种动态调用对象的方法及动态获取信息的功能称为 Java 的反射机制。

反射

使用反射，可以很方便、灵活地创建代码。这些代码可以在运行时装配，在程序运行过程中可以动态地扩展程序。

与反射有关的类包括 Class 类、Constructor 类、Field 类和 Method 类，它们可以统称为反射类。

10.2.1 Class 类

Class 类在包 java.lang 中。Class 类的定义形式如下。

```
public final class Class<T>
    extends Object
    implements Serializable, GenericDeclaration, Type, AnnotatedElement
```

Class 类的对象可以表示类和接口、枚举、标注、数组、基本数据类型和 void 型。Class 类的主要方法如表 10.8 所示。

表 10.8 Class 类的主要方法

方法	类型	方法功能
forName(String className)	static Class <?>	按给定的类名创建一个 Class 类的对象
getConstructors( )	Constructor []	获得一个类中的所有公有构造方法
getDeclaredConstructors( )	Constructor []	获得一个类中的所有构造方法
getFields( )	Field []	获得一个类中的所有公有域
getDeclaredFields( )	Field []	获得一个类的所有域
getMethods( )	Method[]	获得一个类中的所有公有方法
getDeclaredMethods( )	Method[]	获得一个类的所有方法
newInstance( )	T	创建一个 Class 所表示的类的对象

10.2.2　Constructor 类

Constructor 类在包 java.lang.reflect 中。Constructor 类的定义形式如下。

```
public final class Constructor<T>
    extends AccessibleObject
    implements GenericDeclaration, Member
```

Constructor 类的对象可以表示类的构造方法。Constructor 类的主要方法如表 10.9 所示。

表 10.9　Constructor 类的主要方法

方法	类型	方法功能
getDeclaringClass()	Class<T>	得到声明该构造函数的类的对象
getParameterCount()	int	获取构造函数参数的个数
getParameterTypes()	Class<?> []	获得 Constructor 对象表示的构造方法中的参数的类型
getName()	String	获得对象所表示的构造方法的名称
newInstance(Object ... initargs)	T	通过调用当前 Constructor 类对象所表示的类的构造方法创建一个新对象

10.2.3　Field 类

Field 类在包 java.lang.reflect 中。Field 类的定义形式如下。

```
public final class Field extends AccessibleObject implements Member
```

Field 类的对象可以表示类或接口中的一个域，可以是静态域，也可以是实例域。Field 类的主要方法如表 10.10 所示。

表 10.10　Field 类的主要方法

方法	类型	方法功能
get(Object obj)	Object	获得 obj 对象中相应域的值
set(Object obj, Object value)	void	设置由 Field 对象对应的 obj 对象中的域的值为 value
getType()	Class<?>	获得表示该成员变量类型的 Class 对象
getName()	String	获得 Field 对象所表示的域的名称
getAnnotation(Class annotationClass)	T	获得 annotationClass 中当前 Field 对象所表示的域的注解实例

10.2.4　Method 类

Method 类在包 java.lang.reflect 中。Method 类的定义形式如下。

```
public final class Method extends AccessibleObject
    implements GenericDeclaration, Member
```

Method 类的对象可以表示类或接口中的方法，可以是类方法，也可以是实例方法。Method 类的主要方法如表 10.11 所示。

表 10.11　Method 类的主要方法

方法	类型	方法功能
getDeclaringClass( )	Class	得到一个 Class 类的对象
getName( )	String	获得 Method 对象所表示的方法的名称
getParameterTypes( )	Class []	获得 Method 对象表示的方法中的参数的类型
invoke(Object obj, Object... args)	Object	调用 Method 对象表示的方法，相当于对象 obj 用参数 args 调用该方法

【例 10.9】利用反射类获取其他类的域和方法，并能实现对象的复制。

程序如下，程序运行结果如图 10.8 所示。

图 10.8　例 10.9 的运行结果

```java
import java.lang.reflect.*;
class Computer{                          //计算机类
    private double frequency = 2.0;
    private int RAM = 4;
    private int HardDisk = 500;
    private String CPU = "Intel";
    public Computer(){}                  //无参构造方法
    public Computer(double frequency,int RAM,int
HardDisk,String CPU){                    //有参构造方法
        this.frequency = frequency;
        this.RAM = RAM;
        this.HardDisk = HardDisk;
        this.CPU = CPU;
    }
    //为了能实现复制，下面的方法需按 Bean 规则写，即 setter 或 getter
    public void setFrequency(double frequency){
        this.frequency = frequency;
    }
    public double getFrequency(){
        return frequency;
    }
    public void setRAM(int RAM){
        this.RAM = RAM;
    }
    public int getRAM(){
        return RAM;
    }
    public void setHardDisk(int HardDisk){
        this.HardDisk = HardDisk;
    }
    public int getHardDisk(){
        return HardDisk;
    }
    public void setCPU(String CPU){
        this.CPU = CPU;
    }
    public String getCPU(){
        return CPU;
    }
    public String toString(){
        String info = "主频: "+frequency+"MHz 内存: "+
                RAM+"G 硬盘: "+HardDisk+"G CPU:"+CPU;
        return info;
    }
}
public class Example10_09{
    public static void main(String args[])throws Exception{
        //获得一个表示 Computer 类的 Class 对象
        Class obj = Class.forName("Computer");
        //获取 Computer 类中的构造方法
        Constructor constructor[] = obj.getConstructors();
        System.out.println("Computer 类中的构造方法: ");
        for(Constructor con:constructor)                    //将构造方法输出
            System.out.println(con.toString());
        System.out.println();
        //获取 Computer 类中的所有域
```

```
        Field field[] = obj.getDeclaredFields();
        System.out.println("Computer 类中的域：");
        for(Field f:field)
            System.out.println(f.toString());
        System.out.println();
        //获取 Computer 类中的所有方法
        Method method[] = obj.getDeclaredMethods();
        System.out.println("Computer 类中的方法：");
        for(Method m:method)
            System.out.println(m);
        System.out.println();
        Computer myComputer = new Computer(2.4,4,450,"Intel");      //声明一个对象
        Computer aComputer = (Computer)duplicate(myComputer);      //复制一个对象
        System.out.println("复制后的对象：");
        System.out.println(aComputer.toString());                 //将复制后的对象输出
    }
    private static Object duplicate(Object source) throws Exception {
        //由对象 source 获得对应的 Class 对象
        Class classObj = source.getClass();
        //获得 source 对象所在类中的所有域
        Field[] sourceFields = classObj.getDeclaredFields();
        //利用 classObj 调用方法 newInstance()获得一个新对象
        Object target = classObj.newInstance();
        //将 source 对象的域值赋予新对象对应的域
        for (Field sourceField : sourceFields){
            sourceField.setAccessible(true);
            //设置域可访问
            //赋值给新对象对应的域值
            sourceField.set(target,sourceField.get (source));
        }
        return target;
    }
}
```

10.3 注解

注解（annotation）又可称为标注，它是程序的元数据。元数据是用来描述数据的数据，也就是描述代码间关系，或者代码与其他资源（如数据库表）之间内在联系的数据。元数据以标签的形式存在于 Java 代码中，元数据标签的存在并不影响程序代码的编译（也就是字节码文件的生成）和执行。注解用在包、类、域、方法、局部变量、方法参数等的前面，对这些元素进行说明和注释。注解可以在编译、加载类和运行时获得，进而根据注解对数据进行相应的处理。Java 提供了一些已定义好的注解，如@Override、@Deprecated 等，也提供了自定义注解的方法。另外，Java 还提供了元注解，也就是对注解的注解，如@Retention、@Document 等。使用自定义的注解，可以利用反射功能对程序代码进行分析；使用系统定义的注解，可以在编译时对程序进行检查等；使用元注解，可以辅助注解更有效地做前面这些事情，以及生成相应的文档等。

1．系统定义的注解

Java 本身定义了 5 个基本的注解，有@Override、@Deprecated、@SuppressWarnings、@SafeVarargs 和@FunctionalInterface。

（1）@Override

@Override 对方法注解，它注解的方法必须是对父类方法的重写，否则编译时

系统定义的注解

会提示编译错误。

（2）@Deprecated

@Deprecated 可以对域和方法注解，表示注解的域或方法过时了。

（3）@SuppressWarnings

@SuppressWarnings 对方法注解，如果编译方法时有警告信息，则不显示警告信息。@SuppressWarnings 使用时需要给出注解元素值，可以给出单个值，也可以以数组形式给出多个值，举例如下。

```
@SuppressWarnings({"unchecked","deprecation"})
```

@SuppressWarnings 的值有 7 个，如表 10.12 所示。

表 10.12　注解@SuppressWarnings 的值

注解值	含义说明
deprecation	使用了不赞成使用的类或方法时的警告
unchecked	执行了未检查的转换时的警告，例如当使用集合时没有用泛型（Generics）来指定集合保存的类型
fallthrough	当 Switch 程序块直接通往下一种情况而没有 Break 时的警告
path	在类路径、源文件路径等中有不存在的路径时的警告
serial	当在可序列化的类上缺少 serialVersionUID 定义时的警告
finally	任何 finally 子句不能正常完成时的警告
all	关于以上所有情况的警告

（4）@SafeVarargs

SafeVarargs 是 Java 7 专门为抑制"堆污染"警告提供的。

（5）@FunctionalInterface

Java 8 规定：如果接口中只有一个抽象方法，且同时可以包含多个默认方法或多个 static 方法，则该接口称为函数式接口。@FunctionalInterface 就是用来指定某个接口必须是函数式接口的，否则就会编译出错。

【例 10.10】系统注解的使用。

程序如下。

```java
import java.util.LinkedList;
class SuperClass{        //定义一个父类
    //对域 var 注解，表示 var 已过时。虽然过时，但仍可用
    @Deprecated
    int var = 125;
    @Deprecated//对方法 MethodA()注解，表示该方法已过时
    public void MethodA(){
        System.out.println("父类中的 MethodA()方法！");
    }
    public void MethodB(){        //再定义一个方法，欲被子类重写
        System.out.println("父类中的 MethodB()方法！");
    }
}
class SubClass extends SuperClass{        //派生子类
    //@Override 表示其下面的方法应该是重写父类的方法
    //但 MethodB1()并没有在父类中定义，如果加上注解，则编译不能通过
    //@Override
    public void MethodB1(){
        System.out.println("子类重写父类的方法 MethodB()!");
    }
```

```
}
public class Example10_10{
    public static void main(String args[]) {
        SuperClass superObj = new SuperClass();//创建父类对象
        superObj.MethodA();//访问了过时的方法，Eclipse会加上删除线
        System.out.println(superObj.var);//访问过时的域，也会加上删除线
        SubClass subObj = new SubClass();//创建子类对象
        subObj.MethodB1();//调用子类中的方法
        //-----------------------------
        //下面的注解用于抑制其下面语句的编译时警告信息
        //如果去掉该注解，则编译时会出现警告信息
        @SuppressWarnings("rawtypes")
        LinkedList list = new LinkedList();
        //下面两条语句没有加@SuppressWarnings，编译时会出现警告信息
        list.add(123);
        list.add("Beijing");
        for(int i = 0;i < 2;i++)
            System.out.println(list.get(i));
    }
}
```

在命令行窗口中编译程序，编译结果如图 10.9 所示。

注: Example10_10.java使用或覆盖了已过时的 API。
注: 有关详细信息，请使用 -Xlint:deprecation 重新编译。
注: Example10_10.java使用了未经检查或不安全的操作。
注: 有关详细信息，请使用 -Xlint:unchecked 重新编译。

图 10.9　例 10.10 的编译结果

编译结果中的"注"表示编译错误。虽然有编译错误，但程序仍然能编译通过，只不过有编译错误的语句可能会给程序埋下隐患。

按图 10.9 给出的编译提示，加上参数"-Xlint:deprecation"重新对程序进行编译，编译结果如图 10.10 所示。

Example10_10.java:34: 警告: [deprecation] SuperClass中的MethodA()已过时
        superObj.MethodA();//访问了过时的方法，Eclipse会加上删除线
Example10_10.java:35: 警告: [deprecation] SuperClass中的var已过时
        System.out.println(superObj.var);//访问过时的域，也会加上删除线
注: Example10_10.java使用了未经检查或不安全的操作。
注: 有关详细信息，请使用 -Xlint:unchecked 重新编译。
2 个警告

图 10.10　加参数"-Xlint:deprecation"后重新编译的结果

按图 10.10 给出的编译提示，加上参数"-Xlint:unchecked"重新对程序进行编译，编译结果如图 10.11 所示。

例 10.10 程序的运行结果如图 10.12 所示。

Example10_10.java:46: 警告: [unchecked] 对作为原始类型LinkedList的成员的add(E)的调用未经过检查
        list.add(123);

  其中，E是类型变量:
    E扩展已在类 LinkedList中声明的Object
Example10_10.java:47: 警告: [unchecked] 对作为原始类型LinkedList的成员的add(E)的调用未经过检查
        list.add("Beijing");

  其中，E是类型变量:
    E扩展已在类 LinkedList中声明的Object
注: Example10_10.java使用或覆盖了已过时的 API。
注: 有关详细信息，请使用 -Xlint:deprecation 重新编译。
2 个警告

父类中的MethodA()方法！
125
子类重写父类的方法MethodB()!
123
Beijing

图 10.11　加参数"-Xlint:unchecked"后重新编译的结果　　　　图 10.12　例 10.10 的运行结果

集合、反射和注解 / 第10章

2. 用户自定义注解

用户自定义
注解

与类、接口类似，注解也可以自定义。自定义注解语法形式如下。

```
[public|final] @interface 注解名{
    //注解元素的定义
}
```

关键字"@interface"表示声明注解，"注解名"是合法的标识符，"注解元素"是无参数的方法，方法的类型表示注解元素的类型。注解元素的语法形式如下。

```
数据类型 注解元素名() [default 默认值];
```

如果只有一个注解，注解名最好为value，这样在使用注解时可以不写出注解元素名，直接给出注解值即可。

使用注解时，将注解放在要注解的元素前一行或同一行，并在注解后的括号中写出注解元素的值。如果用默认值，则可以不给注解值。如果只有一个注解元素并且名称是value，只需给出值，不需要给出名称，当然给出名称也可以。

【例10.11】定义注解，并利用反射功能提取注解值。

部分程序如下，完整程序见例10.11源代码。程序运行结果如图10.13所示。

```
制造商：电脑201 TCL有限公司广东省惠州市
销售商：苏宁222 南京
价格：999
```

图10.13　例10.11的运行结果

```java
import java.lang.reflect.*;
import java.lang.annotation.*;
//元注解，运行时保留注解，必须有，否则读不出注解值
@Retention(RetentionPolicy.RUNTIME)
@interface ApplianceMaker//定义注解
{
    //定义注解元素，都有默认值
    public String type() default "电视机";
    public String id() default "001";
    public String maker() default "TCL 有限公司";
    public String address() default "广东省惠州市";
}

@Retention(RetentionPolicy.RUNTIME)
@interface ApplianceSaler//定义注解
{
    public String name() default "京东";
    public String id() default "001";
    public String address() default "北京";
}
@Retention(RetentionPolicy.RUNTIME)
@interface AppliancePrice//定义注解
{
    //注解元素只有一个，名为value
    public int value() default 1200;
}
class Appliance//家用电器类
{
    //为域maker加注解，给部分元素赋值，其余用默认值
    //如果注解元素都用默认值，则直接写@ApplianceMaker
    @ApplianceMaker(type = "电脑",id = "201")
    public String maker;
    @ApplianceSaler(name = "苏宁",id = "222",address = "南京")
    public String saler;//域有注解
    @AppliancePrice(999)//也可以写成"value=999"，因为只有一个
```

例10.11 源代码

```
    public int price;//域有注解
    public void setMaker(String m){
        maker = m;
    }
    public String getMaker(){
        return maker;
    }
    public void setSaler(String saler){
        this.saler = saler;
    }
    public String getSaler(){
        return saler;
    }
    public void setPrice(int price){
        this.price = price;
    }
    public int getPrice(){
        return price;
    }
}
public class Example10 11{
    public static void main(String args[])
    {
        System.out.println(readAnnotation(Appliance.class));
    }
    //其他代码略
}
```

3. 元注解

注解也可以被注解。注解的注解称为元注解，它用于对注解的说明或控制。如

例10.11 中第 4 行 "@Retention(RetentionPolicy.RUNTIME)" 是元注解，它是对其下面

自定义注解的注解。系统定义的元注解有 5 个，分别是@Retention、@Documented、

@Target、@Inherited 和@Repeatable（JDK 1.8 加入）。

元注解

（1）@Retention

该元注解用于指定它所标记的注解可以保留多长时间（即生命周期）。使用时要给出参数，参
数有 3 个可选值，分别是 SOURCE（注解只存在于源程序中，编译器忽略注解）、CLASS（在编译
时保存注解，运行时忽略）和 RUNTIME（运行时保留注解，并可以通过反射获得该注解）。

（2）@Documented

该元注解所标注的注解可以被 Javadoc 提取出来成为程序的文档。

（3）@Target

该元注解指定它所标注的注解可以用于标注哪些元素，可以标注的元素作为@Target 的参数，
参数有 8 个可选值，分别是 ANNOTATION_TYPE（可以对注解进行标注）、CONSTRUCTOR（可
以对构造方法进行标注）、FIELD（可以对域进行标注）、LOCAL_VARIABLE（可以对局部变量
进行标注）、METHOD（可以对方法进行标注）、PACKAGE（可以对包进行标注）、PARAMETER
（可以对方法中的参数进行标注）和 TYPE（可以对类进行标注）。举例如下。

```
@Retention(RetentionPolicy.CLASS)
@Documented
@Target(ElementType.METHOD)
public @interface MetadataDemo {
}
```

（4）@Inherited

该元注解所标注的注解可以被子类继承。此元注解仅应用于类声明。当一个类继承了拥有此注

解的类时，即使当前类没有任何注解，只要父类的注解拥有（@Inherited）属性，在子类中就可以获取到此注解。

（5）@Repeatable

被元注解@Repeatable修饰的注解可以在同一个地方使用多次。@Repeatable的使用有以下几个要点。

① 在需要重复使用的注解上修饰@Repeatable。

② @Repeatable中的参数为被修饰注解的容器的类对象（Class对象）。

③ 容器包含一个value( )方法，该方法用于返回一个被修饰注解的数组。

这样就完成了一个可重复使用的注解的定义，然后在对应类、方法、属性上多次使用该注解，并通过反射的方法获取注解数组。

【例10.12】注解的综合使用案例。

完整程序见例10.12源代码。程序运行结果如图10.14所示。

例10.12源代码　图10.14　例10.12的运行结果

10.4 小结

利用系统的集合类可以更高效地开发程序，而且有利于提高程序运行的稳定性和可靠性。

反射和注解是程序的附加功能。通过反射可以动态地了解程序运行过程中的元素，从而对程序运行过程进行更好的控制。注解是对程序的另一种注释方式，它可以控制程序的编译，也可以在程序的运行过程中获取程序中的相关数据。

使用本章的知识，可以开发出功能更强、运行更稳定的程序。

10.5 习题

1. 有3个雇员，其信息如下。

姓名	职务	年龄	工资
王振	经理	40	5000
刘莉莉	出纳	33	3200
王红	秘书	25	2800

对雇员信息进行以下操作。

（1）创建一个List对象，将这3个雇员的信息存储到这个List对象中。

（2）将List对象中的元素显示一遍。

（3）在"刘莉莉"前插入一个新雇员，其信息如下。

张芳　副经理　38 4200

插入后将List对象中的元素再输出。

（4）从List对象中删除"刘莉莉"后再将其中的元素输出。

2. 定义注解类用于描述"水果"的信息，水果的信息有：名称、颜色、经销商（包括经销商编号和名称）、供货商（包括供货商编号、名称和地址），用自定义的水果注解类标注水果，并能从注解中提取水果信息。

3. 利用反射机制，显示出String类和Integer类中的域和方法。

4. 用LinkedList类实现判断一个字符串是否为"回文"。

5. 利用流操作，实现对输入的12个字符串进行处理，要求对其中的"a"字母开头的、长度大于2的字符串进行排序，然后输出。

第**11**章 Java 多线程机制

本章要点

- 线程概念辨析。
- 多线程机制分析。
- 线程操作方法。
- 实例程序分析验证多线程机制。

用户现在可以利用计算机一边浏览网页一边听音乐，一边下载文件一边调试程序，这得益于 CPU 的高速运算能力和操作系统对多进程操作的支持。在一个进程中也存在类似的并发操作，称为多线程。

11.1 线程的基本概念

11.1.1 操作系统与进程

操作系统（operating system，OS）是管理和控制计算机硬件与软件资源的计算机程序，是最基本的系统软件。任何其他软件都必须在操作系统的支持下才能运行。

操作系统已从早期仅支持单任务发展到现在支持多任务。多任务的典型特征就是允许 CPU 同时执行多个程序。加载到内存执行的程序称为进程（process）。

并行计算（parallel computing）是指同时使用多种计算资源解决计算问题的过程，是提高计算机系统计算速度和处理能力的一种有效手段。它的基本思想是用多个处理器来协同求解同一问题，即将被求解的问题分解成若干个部分，各部分均由一个独立的处理机来并行计算。并行计算系统既可以是专门设计的、含有多个处理器的超级计算机，也可以是以某种方式互连的若干台独立计算机构成的集群。系统通过并行计算集群完成数据的处理，再将处理的结果返回给用户。

并发（concurrency）是指同一个时间段中多个程序都处于已启动运行到运行完毕之间，且这几个程序都在同一个处理机上运行，但任意时刻只有一个程序在处理机上运行。

操作系统支持多任务就是使多进程并发地执行。现代的计算机（包括微型计算机）计算速度快，因此用户对同一处理器服务于多个进程的任务切换感觉不到。

11.1.2 进程与线程

进程是指在内存中运行的应用程序，每个进程都有自己独立的一块内存空间。例如，在 Windows 操作系统中，一个运行的可执行文件就是一个进程。

线程是指进程中的一个执行流程。一个进程中可以运行多个线程，例如，java.exe 进程中可以运行很多线程。线程总是属于某个进程，进程中的多个线程共享进程的内存。

线程的基本
概念

进程与线程的区别如下。

（1）线程是进程内的一个执行单元，进程至少有一个线程；多线程共享进程的地址空间，而进程有自己独立的地址空间。

（2）操作系统以进程为单位分配资源，同一个进程内的线程共享进程的资源。

（3）线程是处理器调度的基本单位，但进程不是。

▶开动脑筋

分析一下什么样的应用程序设计可用多线程。

11.2 线程的创建

Java 中有一个线程类 Thread 和一个线程接口 Runnable。程序员可以直接用 Thread 类的对象表示线程，也可以用 Thread 类的子类对象或实现 Runnable 接口的类的对象表示线程。

11.2.1 扩展 Thread 类

要创建一个线程类，可以直接扩展 java.lang.Thread 类。此类中有个 run( )方法，如下所示。

扩展 Thread 类

```
public void run()
```

Thread 类的子类应该重写该方法。run( )方法又称线程体，它是线程的核心。一个运行的线程实际上是该线程的 run( )被调用，所以线程的操作要在 run( )方法中进行定义。

例 11.1 编程
视频

【例 11.1】基于 Thread 类实现的多线程。

图 11.1 所示是运行一次的结果。

```
class ExtThread extends Thread{              //基于 Thread 类派生线程子类
    public ExtThread(String name){           //构造方法，用于设定线程字符串名称
        super(name);                         //调用父类构造方法设置线程名
    }
    public void run(){
        for(int i = 0;i <= 4;i++){           //每个线程循环 4 次
            for(long k= 0; k <100000000;k++);   //延时
            //输出线程名及其执行次数
            System.out.println(this.getName() + " :" + i);
        }
    }
}
public class Example11_01{
    public static void main(String args[]){
        //生成线程对象 t1，其字符串名为 A
        Thread t1 = new ExtThread("A");
        Thread t2 = new ExtThread("B");
        t1.start();                          //调用 start()方法，使线程处于可运行状态
        t2.start();
    }
}
```

图 11.1　例 11.1
的运行结果

将这个程序多运行几遍，可以看到每次的运行结果都不一样。程序中有两个线程 t1 和 t2（多线程），哪一个线程占用 CPU 由线程调试器负责安排，所以每次运行的结果都不同。

11.2.2 实现 Runnable 接口

实现 Runnable
接口

直接扩展 Thread 类创建线程类的方式虽简单、直接，但是由于 Java 不支持多继承，因此在已有一个父类的情况下不能再对 Thread 进行扩展。针对这种情况，程序员可以通过实现 Runnable 接口来创建线程类。Runnable 接口中只声明了一个方法，即 run( )方法，所以实现该接口的类必须重新定义该方法。

要启动线程，程序必须调用线程类 Thread 中的方法 start( )。所以即使用 Runnable 接口实现线程，也必须有 Thread 类的对象，并且该对象的 run( )方法（线程体）是由实现 Runnable 接口的类的对象提供。Thread 类共有 8 个构造方法，其中的一个构造方法如下。

```
Thread(Runnable target)
```

其由参数 target 提供 run( )方法。

【例 11.2】实现 Runnable 接口的多线程。

```
class ImpRunnable implements Runnable{        //实现 Runnable 接口
    private String name;
    public ImpRunnable(String name){
        this.name = name;
    }
    public void run(){                        //接口的方法，子类必须定义
        for (int i = 0; i < 5; i++)
        {
            for (long k = 0; k < 100000000; k++);    //延时
            System.out.println(name + ": " + i);
        }
    }
}
public class Example11_02{
    public static void main(String[] args){
        ImpRunnable ds1 = new ImpRunnable("A");
        ImpRunnable ds2 = new ImpRunnable("B");
        Thread t1 = new Thread(ds1);          //ds1 为 t1 提供线程体
        Thread t2 = new Thread(ds2);          //ds2 为 t2 提供线程体
        t1.start();                           //线程启动
        t2.start();
    }
}
```

例 11.2 编程
视频

本例与例 11.1 实现多线程的过程不同，但可以达到同样的效果。

11.2.3 实现 Callable 接口

在 Java 5 之前，线程是没有返回值的，因此为了得到返回值，常常颇费周折，而且代码很不好写。有的干脆绕过这道"坎"，走别的"路"了。

可返回值的任务必须实现 Callable 接口。执行 Callable 任务后，可以获取一个 Future 类的对象，在 Future 对象上调用 get( )方法就可以获取到 Callable 任务返回的 Object 对象了。

下面是调用 Callable 接口的例子。

【例 11.3】实现 Callable 接口的多线程。

```
import java.util.concurrent.Callable;
import java.util.concurrent.ExecutorService;
import java.util.concurrent.Executors;
import java.util.concurrent.Future;
import java.util.concurrent.ExecutionException;
```

```
/**
 * Callable 线程: 带有返回值的线程
 */
public class Example11_03 {
    public static void main(String[] args)
        throws ExecutionException,InterruptedException {
        //创建一个线程池
        ExecutorService pool = Executors.newFixedThreadPool(2);
        //创建两个有返回值的任务
        Callable call1 = new CallableThread("A1");
        Callable call2 = new CallableThread("A2");
        //执行任务并获取 Future 对象
        Future fut1 = pool.submit(call1);
        Future fut2 = pool.submit(call2);
        //从 Future 对象上获取线程任务的返回值,并输出到控制台
        System.out.println(fut1.get().toString());
        System.out.println(fut2.get().toString());
        //关闭线程池
        pool.shutdown();
    }
}
class CallableThread implements Callable{
    private String threadId;
    CallableThread(String threadId) {
        this.threadId = threadId;
    }
    @Override
    public Object call() throws Exception {
        return threadId+"线程的返回内容";

    }
}
```

11.3 线程的状态及转换

线程对象和其他对象一样有生命周期。线程在生命周期中有多种不同的状态,且线程因不同条件会在不同状态之间转换。

线程的状态

11.3.1 线程的状态

线程在生命周期中可能经历 5 种状态:新建(new)状态、就绪或者可运行(ready or runnable)状态、运行(running)状态、阻塞(blocked)状态、死亡(dead)状态。各状态的含义如下。

(1)新建状态:新创建了一个线程对象,但该对象不能占用 CPU,不能运行。

(2)就绪或者可运行状态:线程对象调用 start( )方法后,该线程位于可运行线程池中,变得可运行,等待获取 CPU 的使用权。

(3)运行状态:线程调度器使某个处于就绪状态的线程获得 CPU 使用权,执行线程体代码(run( )方法)。

(4)阻塞状态:阻塞状态是指线程由于某种原因放弃 CPU 使用权,暂时停止运行,直到满足某个触发条件又使线程进入就绪状态,才有机会转到运行状态。

(5)死亡状态:线程执行完了或者因异常退出了 run( )方法,该线程结束生命周期。

11.3.2 线程状态转换

线程状态及状态转换的关系如图 11.2 所示。

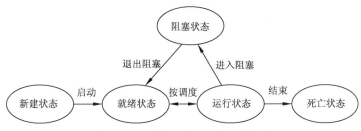

图 11.2 线程状态及状态转换的关系

阻塞的情况分为以下 4 种。

（1）等待阻塞：运行的线程执行 wait( )方法，JVM 会把该线程放入等待池中。

（2）同步阻塞：运行的线程在获取对象的同步锁时，若该同步锁被别的线程占用，则 JVM 会把该线程放入锁池中。

（3）I/O 阻塞：从 JDK 1.4 开始，I/O 分为非阻塞和阻塞两种模式。在阻塞 I/O 模式下，线程若从网络流中读取不到指定大小的数据量，I/O 就在那里等待着。

（4）其他阻塞：运行的线程执行 sleep( )或 join( )方法，或者发出了 I/O 请求时，JVM 会把该线程置为阻塞状态。当 sleep( )状态超时、join( )等待线程终止或者超时、I/O 处理完毕时，线程重新转入就绪状态。

对这 4 种阻塞需要说明：一方面线程由于不同的原因进入阻塞状态；另一方面当导致阻塞的初始原因解除的时候，线程就会从阻塞状态转换到就绪状态。具体来说，wait( )需等到 notify( )方法通知才脱离阻塞状态，同步阻塞需等访问同一对象的当前持锁线程执行完解锁后才结束阻塞状态，sleep( )需等到休眠时间才摆脱阻塞，join( )等到联合线程执行完才能结束阻塞状态，而 I/O 阻塞的线程只有等到数据 I/O 完成才能结束阻塞状态。

▶**开动脑筋**

　sleep( )的休眠时间如果用多重循环延时程序替代会如何？

11.4 线程调度

线程调度

11.4.1 线程优先级

线程从就绪状态到运行状态的转换依赖于线程调度，线程调度的依据之一是线程的优先级。每一个线程都有优先级，在就绪队列中的优先级高的线程先获得执行。

Java 线程有 10 个优先级，用数字 1～10 表示，从低到高，线程默认的优先级是 5 级。对线程可通过方法 setPriority(int)设置优先级，通过 getPriority( )方法可以获知一个线程的优先级。另外，有 3 个常数用于表示线程的优先级：Thread.MIN_PRIORITY、Thread.MAX_PRIORITY、Thread.NORM_PRIORITY，分别对应优先级 1、优先级 10、优先级 5。

11.4.2 线程调度原理

要理解线程调度的原理及线程执行过程，程序员必须理解线程栈模型。

线程栈是指某时刻内存中线程调度的栈信息，当前调用的方法总是位于栈顶。线程栈的内容是随着程序的运行动态变化的，因此研究线程栈必须选择一个运行的时刻（实际上指代码运行到什么地方）。图 11.3 所示的代码用于说明线程（调用）栈的变化过程。

当程序执行到 t.start( )时，程序多出一个分支（增加了一个调用栈 B），这样一来，栈 A、栈 B 并发执行。从这里也可以明显看出方法调用和线程启动的区别。图 11.3 中栈 A 对应的是 main 线程，而栈 B 对应另一个线程——t 线程的运行。

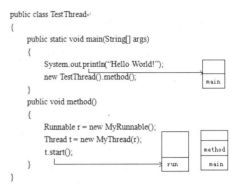

图 11.3　线程栈示意图

Java 使用的是哪种线程调度模式？JVM 规范中规定每个线程都有优先级，且优先级越高越优先执行，但优先级高并不代表能独自占用执行时间片，而是优先级越高，得到越多的执行时间片；反之，优先级低的分到的执行时间片少，但不会分配不到执行时间片。JVM 的规范没有严格地给调度策略定义，而只给出一个不严谨但足够统一的定义。Java 使用的线程调度是抢占式调度，在 JVM 中体现为让可运行池中优先级高的线程拥有 CPU 使用权，如果线程优先级相同，则随机选择线程，一个时刻只能有一个线程在运行(这是对于单核 CPU 来说的，多核 CPU 则可能有多个线程同时运行)，直到此线程进入非可运行状态或另一个具有更高优先级的线程转入可运行状态，才会使之让出 CPU 的使用权，因为更高优先级的线程抢占了优先级低的线程的 CPU。

抢占的意义在于获得更多的时间。

对例 11.1 做一些修改，让线程对象多一些。

```java
public static void main(String args[]) {
    //生成线程对象t1，其字符串名为A
    Thread t1 = new ExtThread("A");
    Thread t2 = new ExtThread("B");
    Thread t3 = new ExtThread("C");
    Thread t4 = new ExtThread("D");
    Thread t5 = new ExtThread("E");
    Thread t6 = new ExtThread("F");
    t4.setPriority(Thread.MAX_PRIORITY);
    t1.start();
    t2.start();
    t3.start();
    t4.start();
    t5.start();
    t6.start();
}
```

给其中的一个线程 t4 设置最高优先级，观察程序执行结果发现高优先级线程抢占成功。图 11.4 所示为程序的运行结果。

从图 11.4 还可以看到，相同优先级的多个线程，它们的执行顺序不是先来先服务，即不是先启动先执行，而是随机地执行序列。

```
D :0
E :0
F :0
D :1
E :0
C :0
B :0
A :0
D :2
E :1
F :1
C :1
B :1
A :1
```

图 11.4　线程 t4 抢占执行（部分行）

11.5　线程常用方法

线程常用方法

11.5.1　常用方法概述

线程应用程序中所用的方法主要来自 Thread 类和 Object 类。表 11.1 所示的是 Thread 类的常用方法。

表 11.1   Thread 类的常用方法

方法	类型	方法功能
currentThread( )	static Thread	返回对当前正在执行的线程对象的引用
getName( )	String	返回线程的名称
isAlive( )	boolean	测试线程是否处于活动状态
join( )	void	等待该线程终止
run( )	void	如果该线程是使用独立的 Runnable 运行对象构造的，则调用该 Runnable 对象的 run( )方法；否则，该方法不执行任何操作并返回
setPriority(int newPriority)	void	设置线程的优先级
setName(String name)	void	改变线程名称，使之与参数 name 相同
sleep(long millis)	static void	在指定的毫秒数内让当前正在执行的线程休眠（暂停执行）
start( )	void	使该线程可运行
yield( )	static void	暂停当前正在执行的线程对象，并执行其他线程

表 11.1 中的方法可分为两类，分别是线程基本操作方法和线程调度方法。前者不改变线程当前状态，后者则改变线程当前状态。线程基本操作方法有 currentThread( )、getPriority( )、getName( )、run( )、start( )、isAlive( )等，线程调度方法有 join( )、sleep(long millis)、yield( )、interrupt( )等。

【例 11.4】使用线程基本操作方法的例程（本例用到方法 setName( )、getName( )和 currentThread( )）。

```java
import java.io.*;
public class Example11_04{
    public static void main(String[] args) throws IOException{
        MyThread thread = new MyThread();
        thread.setName("测试线程");
        thread.start();
        try{    //main 线程
            System.out.println(Thread.currentThread().getName()+"进入睡眠");
            Thread.currentThread().sleep(2000);        //睡眠两秒
            System.out.println(Thread.currentThread().getName()+"睡眠完毕");
        }
        catch (InterruptedException e){
            e.printStackTrace();
        }
        thread.interrupt();                    //测试线程应该休眠 10 秒，但被中断
    }
}
class MyThread extends Thread{
    @Override
    public void run(){
        try{                                  //测试线程
            System.out.println(Thread.currentThread().getName()+"进入睡眠");
            Thread.currentThread().sleep(10000);        //休眠 10 秒，但被提前中断
            System.out.println(Thread.currentThread().getName()+"睡眠完毕");
        }
        catch (InterruptedException e){
            System.out.println("得到中断异常");
        }
        System.out.println("run()方法执行完毕");
    }
}
```

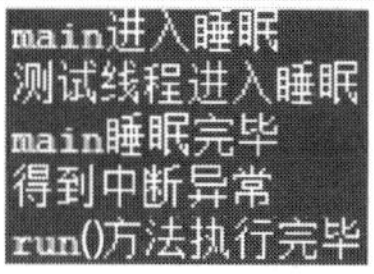

```
main进入睡眠
测试线程进入睡眠
main睡眠完毕
得到中断异常
run()方法执行完毕
```

图 11.5   例 11.4 的运行结果

main()方法本身也是一个线程，所以一个 Java 程序至少有一个线程，本例的程序中有两个线程。程序运行结果如图 11.5 所示。

11.5.2 线程让步

线程让步

线程让步是指暂停当前正在执行的线程对象，并执行其他线程。那么，线程为什么让步？如何做到让步？

线程的让步是通过 Thread.yield( )来实现的。让步操作与线程优先级有关，因此与线程调度有关。如果当前运行的线程优先级大于或等于线程池中其他线程的优先级，它能得到更多的执行时间。但如果某线程想让和它具有相同优先级的其他线程获得运行机会，使用 yield( )方法即可实现。但是，实际应用中无法保证 yield( )达到让步目的，因为让步的线程还有可能被线程调度程序再次选中，yield( )并未导致线程转到等待/睡眠/阻塞状态，yield( )只是令线程从运行状态转到可运行状态。

▶ **开动脑筋**

考虑一个应用，它的一个线程在什么条件下对其他线程让步？

让步是使当前运行线程让出 CPU 资源，回到可运行状态。实验表明，多数情况下，让步是有实际意义的，但不能达到百分百的让出效果。

【**例 11.5**】使用线程让步方法 yield( )的例程。

```java
public class Example11_05{
    public static void main(String[] args){        //注意，两个线程对象的创建方式
        Thread t1 = new MyThread1();
        Thread t2 = new Thread(new MyRunnable1());
        t2.start();
        t1.start();
    }
}
class MyThread1 extends Thread{                     //线程类的子类
    public void run(){
        for (int i = 1; i <= 10; i++)
            System.out.println("线程1第" + i + "次执行! ");
    }
}

class MyRunnable1 implements Runnable{             //实现接口
    public void run(){
        for (int i = 1; i <= 10; i++){
            System.out.println("线程2第" + i + "次执行! ");
            Thread.yield();                         //让步
        }
        for (int i = 1; i <= 10000; i++);           //延时
    }
}
```

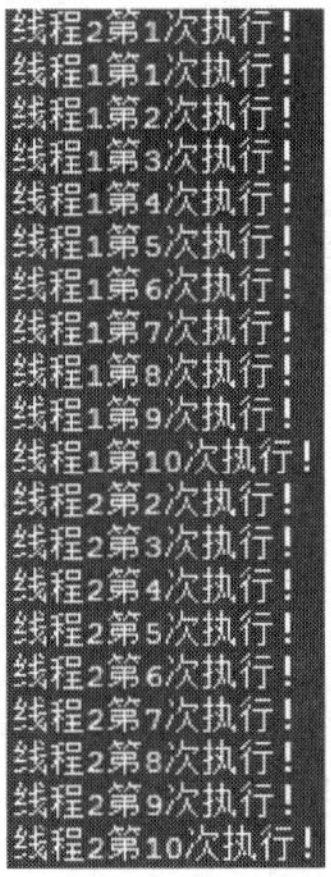

该程序运行结果如图 11.6 所示。

11.5.3 线程联合

在程序的不同方法、不同模块之间存在调用和执行的先后顺序，这是处理逻辑的内在要求。线程是另一种程序执行顺序，线程之间也可能存在逻辑上的先后关系，这种关系表现为执行的先后顺序。Thread 的方法 join( )

线程联合

```
线程2第1次执行!
线程1第1次执行!
线程1第2次执行!
线程1第3次执行!
线程1第4次执行!
线程1第5次执行!
线程1第6次执行!
线程1第7次执行!
线程1第8次执行!
线程1第9次执行!
线程1第10次执行!
线程2第2次执行!
线程2第3次执行!
线程2第4次执行!
线程2第5次执行!
线程2第6次执行!
线程2第7次执行!
线程2第8次执行!
线程2第9次执行!
线程2第10次执行!
```

图 11.6 例 11.5 的运行结果

让一个线程 B 与另一个线程 A 联合，即加到 A 的尾部。在 A 执行完毕之前，B 不能执行。A 执行完毕，B 才能重新转为可运行状态。假设在主线程 main 中有如下代码。

```
Thread t = new MyThread();
t.start();
t.join();
```

则 main 线程需等 t 线程执行完才能继续得到执行机会。join( ) 方法共有以下 3 个。

（1）void join( )：等待该线程终止。

（2）void join(long millis)：等待该线程终止的时间最长为 millis 毫秒。

（3）void join(long millis, int nanos)：等待该线程终止的时间最长为"millis 毫秒+ nanos 纳秒"。

▶**开动脑筋**

考虑一个应用，它的一个线程在什么条件下与其他线程联合？

【例 11.6】使用 join( ) 方法联合线程。

```
public class Example11_06{
    public static void main(String args[]){
        Thread sub = new SubThread();         //创建线程
        sub.setName("子线程");
        System.out.println("主线程main 开始执行: ");
        sub.start();                          //子线程启动
        System.out.println("主线程main 等待线程sub 执行……");
        try
        {//一直是主线程在运行，执行下面的语句后，主线程让出 CPU 给 sub
            sub.join();                       //直到 sub 执行完后，主线程才能继续执行
        }
        catch(InterruptedException e){}
        System.out.println("主线程main 结束执行。");
    }
}
class SubThread extends Thread{
    public void run(){
        System.out.println(this.getName() + "开始执行: ");
        System.out.println(this.getName() + "正在执行……");
        try{
            sleep(3000);                      //模拟子线程运行
        }
        catch(InterruptedException e){
            System.out.println("interrupted!");
        }
        System.out.println(this.getName() + "结束执行。");
    }
}
```

程序执行结果如图 11.7 所示。

11.5.4　守护线程

1．守护线程的概念

线程总体上分为用户线程（user thread）和守护线

守护线程

图 11.7　例 11.6 的运行结果

程（daemon thread）。守护线程的作用是为用户线程提供服务。例如，GC（garbage collection）线程就是服务于所有用户线程的守护线程。当所有用户线程执行完毕，JVM 自动关闭。但是守护线程却

独立于 JVM，守护线程一般是由操作系统或用户自己创建。

线程默认为非守护线程，即用户线程。用户线程和守护线程唯一的区别在于虚拟机的退出。如果用户线程全部退出，没有了被守护者，守护线程也就没有服务对象了，所以虚拟机也就退出了。

用 setDaemon(true)方法可以设置一个守护线程，使用守护线程应注意以下 3 点。

（1）thread.setDaemon(true)必须在 thread.start( )方法之前设置，否则会抛出一个非法线程状态异常 IllegalThreadStateException。

（2）在守护线程中产生的新线程也是守护线程。

（3）并非所有的应用都可以分配给守护线程来进行服务，例如读写操作或大量复杂耗时的计算。因为在守护线程还没来得及进行操作时，虚拟机可能就已经退出了。这时可能还有大量数据尚未来得及读入或写出，多次计算的结果也可能不一样。这对程序来说是毁灭性的。

2．守护线程例程

【例 11.7】在程序中设置守护线程。

```java
class DaemonThread implements Runnable{
    public void run(){
        while (true){                    //true 表示线程永远运行
            for (int i = 1; i <= 3; i++){
                System.out.println(Thread.currentThread().getName() + i);
                try{
                    Thread.sleep(500);
                }
                catch (InterruptedException e){
                    e.printStackTrace();
                }
            }
            if(Thread.currentThread().getName().equals("非守护线程"))
                break;                   // "非守护线程" 结束，"守护线程" 也随之结束
        }
    }
}
public class Example11_07{
    public static void main(String[] args){
        Thread daemonThread = new Thread(new DaemonThread());
        daemonThread.setName("守护线程");
        // 设置为守护线程
        daemonThread.setDaemon(true);
        daemonThread.start();
        Thread t = new Thread(new DaemonThread());
        t.setName("非守护线程");
        t.start();
    }
}
```

程序运行结果如图 11.8 所示。线程 daemonThread 是一个守护线程，它是一个永远运行（循环条件=true）的线程。但是，由于它是一个守护线程，所以当线程 t 结束后，它也就结束了。

11.6　线程同步与锁机制

11.6.1　线程同步概述

1．线程同步

线程同步概述

图 11.8　例 11.7 的运行结果

同步就是使不同动作协调有序。线程同步指的是当程序中有多个线程同时访问同一个变量时，

一些线程读数据，另一些线程写数据，可能会出现数据读写错误，因此需要对这些线程的数据访问操作进行控制，使之协调有序，避免数据访问操作出错。

数据访问怎么会出错呢？假设有两个线程 A 和 B 同时（严格地说是并发地）访问同一个变量 account，account 的初值为 100，线程 A 要使 account 增加 50，线程 B 要使 account 减少 50。A 线程的操作分为 3 步：read account、account = account +50、write account to memory。B 线程的操作类似，但它的第 2 步是 account = account – 50。假设 A 和 B 执行的顺序为 A—B—A—B，即 A、B 线程都是在执行完第 2 步时就从运行状态转变到可运行状态，那么经过两轮后 account 应该是多少？实际运行结果是多少？应该是 100，实际却是 50，错误出现了。

一个线程在访问某个对象（数据或一组数据）时，其他线程就不能再访问该对象，这是线程同步的基本思想。

2. 同步锁

Java 线程同步控制机制的核心是同步锁。

一个方法或代码块用 synchronized 修饰，则可以保证在某一时刻只能有一个线程访问同一数据，从而可以保证数据的正确性。用 synchronized 修饰方法或代码块即可实现同步锁机制。

3. synchronized 关键字

（1）用于修饰实例方法 synchronized aMethod( ){}

synchronized 作用域在某个对象实例内，可以防止多个线程同时访问这个对象的 synchronized 方法。如果一个对象有多个 synchronized 方法，只要一个线程访问了其中的一个 synchronized 方法，其他线程就不能同时访问这个对象中的任何一个 synchronized 方法。这时，不同对象实例的 synchronized 方法是互不干扰的。也就是说，其他线程照样可以同时访问相同类的另一个对象实例中的 synchronized 方法。

（2）用于修饰静态方法 synchronized static aStaticMethod( ){}

synchronized 作用域在某个类内，防止多个线程同时访问这个类中的 synchronized static 方法。它可以对类的所有对象起作用。

（3）用于修饰方法中的某个代码块 synchronized(this){/*代码块*/}

其作用域为当前对象，表示只对这个块的资源实行互斥访问。

synchronized(this)用于定义一个临界区，以保证在多线程下只能有一个线程可以进入 this 对象的临界区。synchronized(对象或者变量){}，表示在{}内的这段代码中对对象或者变量进行同步处理，也就是说当访问这段代码时，一个线程对对象或者变量的访问完成后才能够交给另外一个线程，即有了同步锁。使用 synchronized(对象或者变量)，就是为了防止对象或者变量被同时访问，避免多个线程修改和读取对象，或者变量同时出现的时候，使用这个对象或者变量的地方出现错误的判断，如 while(对象或变量)。

synchronized 关键字修饰的方法是不能继承的。父类的方法 synchronized f( ){}在子类中并不自动成为 synchronized f( ){}，而是变成了 f( ){}。子类可显式地指定它的某个方法为 synchronized 方法。

（4）用于修饰类

其作用是对这个类的所有对象加锁，作用范围是 synchronized 后面的小括号括起来的部分。

4. volatile 关键字

volatile 关键字用于多线程同步变量。线程为了提高效率，将某成员变量（如 A）复制了一份（如 B），线程中对 A 的访问其实访问的是 B，只在做某些动作时才进行 A 和 B 的同步，因此存在 A 和 B 不一致的情况。volatile 就是用来避免这种情况的。volatile 告诉 JVM，它所修饰的变量不保留副本，直接访问主内存中的变量（也就是上面说的 A）。

volatile 修饰符的使用方法如下。

```
private volatile int i;
```

一般情况下 volatile 不能代替 synchronized，因为 volatile 不能保证操作的原子性，即使只是 i++，实际上也是由多个原子操作组成的：read i；inc i；write i。假如多个线程同时执行 i++，volatile 只能保证它们操作的 i 是同一块内存，但依然可能出现写入脏数据的情况。

11.6.2 线程同步举例

【例 11.8】线程应用，从非同步到同步设置的对比例程。

```
class Bank{
    private int x = 100;
    public int getX( ){
        return x;
    }
    public int fix(int y){
        x = x - y;
        return x;
    }
}
public class Example11_8 implements Runnable{
    private Bank bank = new Bank();
    public static void main(String[] args){
        Example11_7 r = new Example11_7();
        Thread ta = new Thread(r, "Thread-A");
        Thread tb = new Thread(r, "Thread-B");
        ta.start();
        tb.start();
    }
    public void run(){
        for (int i = 0; i < 3; i++){
            this.fix(30);
            try{
                Thread.sleep(1);
            }
            catch (InterruptedException e){
                e.printStackTrace();
            }
            System.out.println(Thread.currentThread().getName() +
                            " : 当前bank 对象的x值= " + bank.getX());
        }
    }
    public int fix(int y){
        return bank.fix(y);
    }
}
```

对于例 11.8，一次程序运行结果中，x 值列表为：40、40、-20、-50、-80、-80。这样的输出值明显是不合理的。原因是两个线程不加控制地访问 bank 对象并修改其数据。如果要保证结果的合理性，程序就要对 bank 的访问加以限制，每次只能有一个线程访问，这样就能保证 bank 对象中数据的合理性。

修改原程序 Bank 类中的方法 fix( )如下，则运行结果变为合理序列：70、40、10、-20、-50、-80。

```
public int fix(int y){
    synchronized(this){ //代码块同步
        x = x - y   ;
        System.out.println(Thread.currentThread().getName() +
                        " : 当前bank 对象的x值= " + getX());
```

```
    }
    return x;
}
```

【例 11.9】线程应用，从同步到非同步设置的对比例程。部分程序如下，完整程序见例 11.9 源代码。

```java
public class Example11_09{
    public static void main(String[] args){
        User user = new User("张三", 100);
        UserThread t1 = new UserThread("线程A", user, 20);
        UserThread t2 = new UserThread("线程B", user, -60);
        UserThread t3 = new UserThread("线程C", user, -80);
        t1.start();
        t2.start();
        t3.start();
    }
}
class UserThread extends Thread{
    private User user;
    private int y = 0;
    public void run()
    {
        user.operate(y);
    }
}
class User {
    private String code;
    private int cash;
    public synchronized void operate(int x){          //同步方法，线程锁
        try {
            Thread.sleep(10);
            this.cash += x;
            String threadName=Thread.currentThread().getName();
            System.out.println(threadName+"结束, 增加"+x+", 账户余额为: "+cash);
            Thread.sleep(10L);
        }
        catch (InterruptedException e){
            e.printStackTrace();
        }
    }
}
```

程序运行结果如图 11.9 所示。

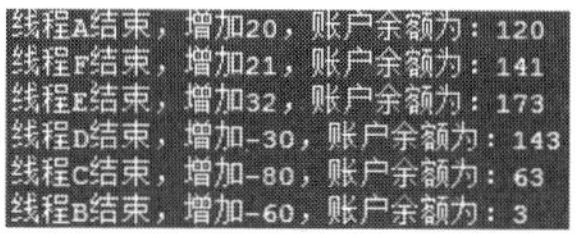

```
线程A结束, 增加20, 账户余额为: 120
线程F结束, 增加21, 账户余额为: 141
线程E结束, 增加32, 账户余额为: 173
线程D结束, 增加-30, 账户余额为: 143
线程c结束, 增加-80, 账户余额为: 63
线程B结束, 增加-60, 账户余额为: 3
```

图 11.9　例 11.9 的运行结果

11.6.3　线程安全

1．线程安全的含义

当一个类已经很好地同步以保护它的数据时，这个类就成为线程安全（thread safe）的类。

如果多个线程在同时运行进程中的一段代码，每次运行结果和单线程运行的结果是一样的，而且其他变量的值也与预期的是一样的，那么这也是线程安全的。

相反地，线程不安全就是不提供数据访问保护，有可能出现多个线程先后更改数据造成所得到的数据是无效数据的情况。

线程安全问题都是由多个线程对共享的变量进行读写引起的。

若每个线程对共享变量只有读操作，而无写操作，一般来说，这个共享变量是线程安全的；若有多个线程同时执行写操作，一般都需要考虑线程同步，否则就可能影响线程安全。

以 ArrayList 类操作为例说明什么是线程安全。要向 list 添加一个元素，这时需要两步：一是在

Items[Size]的位置上存放此元素；二是 Size 的值增加 1。

在单线程情况下，如果 Size = 0，添加一个元素后，此元素在位置 0，而且 Size 增为 1。而在多线程情况下，例如有两个线程 A 和 B 向 list 添加元素，线程 A 先将元素存放在位置 0。但是此时 CPU 调度线程 A 从运行状态转为可运行状态，线程 B 转为运行状态。线程 B 也向此 list 中添加一个元素，因为此时 Size 仍然等于 0，所以线程 B 也将元素存放在位置 0。然后线程 A 和线程 B 都继续运行，都增加 Size 的值。结果 list 的元素只有一个，存放在位置 0，而其 Size 却等于 2。这就是"线程不安全"了。

▶开动脑筋

ArrayList 是线程安全的吗？

2．线程安全类别

线程安全不是一个非真即假的命题。约书亚·布洛克（Joshua Bloch）给出了线程安全性的分类描述方法：不可变、线程安全、有条件线程安全、线程兼容和线程对立。这种分类描述方法的核心是调用者是否可以或者必须用外部同步包围操作（或者一系列操作）。下面详细讨论这 5 种线程安全类别。

（1）不可变

不可变的对象一定是线程安全的，并且永远也不需要额外的同步控制。因为一个不可变的对象只要构建正确，其外部可见状态永远也不会改变，永远也不会看到它处于不一致的状态。Java 类库中的大多数基本数值类（如 Integer、String 和 BigInteger）都是不可变的。

（2）线程安全

对象具有线程安全的描述属性，在类的说明中所设置的约束在对象被多个线程访问时仍然有效，不管运行时环境如何调度线程，都不需要任何额外的同步控制。这种线程安全性保证是很严格的。很多类，如 Hashtable 和 Vector 等都不满足这种严格的定义。

（3）有条件线程安全

有条件线程安全类对于单独的操作可以是线程安全的，但是某些操作序列可能需要外部同步。有条件线程安全的最常见例子是遍历由 Hashtable、Vector 返回的迭代器。由这些类返回的快速失败（fail-fast）迭代器假定在迭代器进行遍历的时候底层集合不会有变化，为了保证其他线程不会在遍历的时候改变集合，进行迭代的线程应该确保它的访问具有独占性，以实现遍历的完整性。通常，独占性的访问是由同步锁保证的。

（4）线程兼容

线程兼容类不是线程安全的，但是程序可以通过正确使用同步锁在并发环境中安全地使用它。这可能意味着用一个 synchronized 块包含每一个方法调用，或者创建一个包装器对象，其中每一个方法都是同步的，也可能意味着用 synchronized 块包含某些操作序列。为了最大程度地利用线程兼容类，一旦所有调用都使用同一个块，则不要求调用者对该块同步。这样就会使线程兼容的对象作为变量实例包含在其他线程安全的对象中，从而实现所有者对象的同步。

许多常见的类（如 ArrayList、HashMap、SimpleDateFormat、Connection 和 ResultSet 等）都是线程兼容的。

（5）线程对立

线程对立类是那些不管是否调用了外部同步都不能在并发使用时安全地呈现的类。线程对立很少见，当类修改静态数据，而静态数据会影响在其他线程中执行的其他类的行为时，通常会出现线程对立。

11.6.4　线程死锁

线程死锁

1．死锁的概念

当两个线程被阻塞，每个线程在等待另一个线程时就发生死锁。死锁对 Java 程序来说是很复杂的。线程发生死锁的可能性很小，即使看似可能发生死锁的代码，在运行时发生死锁的可能性也是小之又小。

2．死锁条件

一般造成死锁必须同时满足以下 4 个条件。

（1）互斥条件：线程使用的资源必须至少有一个是不能共享的。

（2）请求与保持条件：至少有一个线程必须持有一个资源且正在等待获取一个当前被其他线程持有的资源。

（3）非剥夺条件：分配资源不能从相应的线程中被强制剥夺。

（4）循环等待条件：第一个线程等待其他线程，后者又在等待第一个线程。

要产生死锁，这 4 个条件必须同时满足。因此要防止死锁，只需要令其中一个条件不满足即可。

【例 11.10】有可能出现死锁的例程。部分程序如下，完整程序见例 11.10 源代码。

例 11.10 源代码

```java
class A{
    synchronized void first(B b){
        String name = Thread.currentThread().getName();
        try{
            Thread.sleep(1000);
        }
        b.last();
    }

    synchronized void last(){
        System.out.println("inside A.last");
    }
}
class B{
    synchronized void first(A a) {
        String name = Thread.currentThread().getName();
        try{
            Thread.sleep(1000);
        }
        a.last();
    }
    synchronized void last(){
        System.out.println("inside B.last");
    }
}
class Example11_10 implements Runnable{
    A a = new A();
    B b = new B();
    Example11_10() {
        Thread.currentThread().setName("main_thread");
        new Thread(this).start();
        a.first(b);
    }
    public void run(){
        b.first(a);
    }

    public static void main(String args[]){
        new Example11_10();
    }
}
```

程序运行一次的结果如图 11.10 所示。

图 11.10 例 11.10 的运行结果

程序运行时，主线程访问对象 a 的同步方法 first( )时也同时对 a 的
另一个同步方法 last( )加锁。用户线程访问 a 的 last( )方法时进入锁等
待队列。同理，用户线程访问对象 b 的同步方法 first( )时也对 b 对象的另一同步方法 last( )加锁，主
线程访问 b 的 last( )方法时进入其锁等待队列。这样就造成了相互等待，形成死锁。

11.7 线程的交互

线程的交互指的是线程之间需要一些协调通信来共同完成一项任务。

借助 wait( )和 notify( )方法可以实现线程之间的交互。 Object 类中定义了几个
与线程交互相关的方法，如表 11.2 所示。

线程的交互

表 11.2 Object 类中与线程交互相关的方法

方法	类型	方法功能
notify( )	void	唤醒在此对象监听器上等待的单个线程
notifyAll( )	void	唤醒在此对象监听器上等待的所有线程
wait( )	void	导致当前的线程等待，直到其他线程调用此对象的 notify( )方法
wait(long timeout)	void	导致当前的线程等待，直到其他线程调用此对象的 notify( )方法或 notifyAll( )方法，或者超过指定的时间量
wait(long timeout,int nanos)	void	导致当前的线程等待，直到其他线程调用此对象的 notify( )方法或 notifyAll( )方法，或者其他某个线程中断当前线程，或者已超过某个实际时间量

以上这些方法帮助线程传递线程关心的时间状态。

另外，关于 wait( )/notify( )方法的使用，程序员还需要了解以下两个关键点。

（1）必须从同步环境内调用 wait( )、notify( )、notifyAll( )方法，线程拥有对象的锁才能调用对象
的 wait( )或 notify( )方法。

（2）多个线程在等待一个对象锁时使用 notifyAll( )方法。

【例 11.11】线程交互例程：多线程协作完成计算任务。

```java
public class Example11_11{
    public static void main(String[] args){
        ThreadB b = new ThreadB();
        //启动计算线程
        b.start();
        //线程 main 拥有 b 对象上的锁
        synchronized(b){
            try{
                String name = Thread.currentThread().getName();
                System.out.println(name + "等待对象 b 完成计算……");
                //当前线程 main 等待
                b.wait();
                System.out.println("对象 b 计算完成，结果=" + b.total);
                System.out.println(name + "继续运行! ");
            }
            catch (InterruptedException e){
                e.printStackTrace();
            }
        }
    }
}
class ThreadB extends Thread{
```

```
    int total = 0;
    public void run(){
        synchronized (this){
            for (int i = 0; i < 101; i++)
                total += i;
            //计算完成了，唤醒此对象监听器上等待的单个线程
            notify();
        }
    }
}
```

程序执行结果如图 11.11 所示。

图 11.11　例 11.11 的运行结果

11.8　小结

本章重点内容是线程同步和锁机制，下面对这部分做几点总结。

（1）只能同步方法，而不能同步变量和类。

（2）每个对象只有一个锁，当同步时，应该清楚在哪个对象上同步。

（3）不必同步类中所有的方法，类可以同时拥有同步和非同步方法。

（4）如果两个线程要执行一个类中的 synchronized 方法，并且两个线程使用相同的实例来调用方法，那么一次只有一个线程能够执行方法，另一个需要等待，直到锁被释放。也就是说，如果一个线程在对象上获得一个锁，就没有任何其他线程可以执行（该对象的）类中的任何一个同步方法。

（5）如果线程拥有同步和非同步方法，则非同步方法可以被多个线程访问而不受锁的限制。

（6）线程睡眠时，它所持的任何锁都不会被释放。

（7）线程可以获得多个锁，例如，在一个对象的同步方法里调用另一个对象的同步方法，则获取了两个对象的同步锁。

（8）同步损害并发性，应该尽可能缩小同步范围。同步不但可以同步整个方法，还可以同步方法中的一部分代码块。

（9）在使用同步代码块时，应该指定在哪个对象上同步，也就是指定要获取哪个对象的锁。

11.9　习题

1. 解释下列名词术语：进程、线程、状态、阻塞、优先级、同步、死锁、守护、线程安全。

2. 线程有哪几种状态？

3. 简述 Java 线程调度的原理。

4. 何谓线程同步？何谓线程间通信？

5. 分析下面程序的执行结果。

```
class Sync extends Thread{
    StringBuffer letter;
    public Sync(StringBuffer letter){
        this.letter = letter;
    }
    public void run(){
        synchronized(letter){
            for(int I = 1;I <= 100;++I){
                System.out.print(letter);
            }
            System.out.println();
            char temp = letter.charAt(0);
            ++temp;
```

```
                letter.setCharAt(0,temp);
            }
        }
    public static void main(String [] args){
        StringBuffer  sb=new StringBuffer("A");
        new Sync(sb).start();
        new Sync(sb).start();
        new Sync(sb).start();
        }
    }
```

6. 项目练习：哲学家就餐问题，它是 1965 年由迪杰斯特拉（Dijkstra）提出的一种线程同步问题。

问题描述：一个圆桌前坐着 5 位哲学家，两个人中间有一只筷子，桌子中央有面条。哲学家思考问题，当饿了的时候拿起左、右两只筷子吃饭，必须拿到两只筷子才能吃饭。上述问题会产生死锁的情况，当 5 个哲学家都拿起自己右手边的筷子，准备拿左手边的筷子时产生死锁现象。

解决此问题的思路如下。

（1）添加一个服务生，只有经过服务生同意之后才能拿筷子，服务生负责避免死锁发生。

（2）每位哲学家必须确定自己左手、右手的筷子都可用的时候，才能同时拿起两只筷子进餐，吃完之后同时放下两只筷子。

（3）规定每位哲学家拿筷子时必须拿序号小的那只，这样最后一位未拿到筷子的哲学家只剩下序号大的那只筷子，不能拿起，剩下的这只筷子就可以被其他哲学家使用，避免了死锁。这种情况不能很好地利用资源。

7. 项目练习：生产者—消费者问题，准确地说是"生产者—消费者—仓储"模型，离开了仓储，生产者—消费者模型就显得没有说服力了。

对于此模型，应该明确以下 4 点。

（1）生产者仅仅在仓库未满时生产，仓满则停止生产。

（2）消费者仅仅在仓库有产品时才能消费，仓空则等待。

（3）当消费者发现仓库没产品可消费时会通知生产者生产。

（4）生产者在生产出可消费产品时，应该通知等待的消费者去消费。

此模型需要结合 java.lang.Object 的 wait( )与 notify( )、notifyAll( )方法来实现以上的需求，这是非常重要的。

第12章 输入/输出流

本章要点
- 流的概念。
- 流的分类。
- File 类。
- 字节流和字符流。
- 装饰流。
- NIO 类库。

在程序运行时,可能需要输入一些原始数据;程序运行结束后,要将数据处理的结果永久保存。Java 中提供的 I/O(输入/输出)流技术可以使数据在不同设备之间进行传送,通过输入流可以方便地从输入设备中获得数据,通过输出流可以容易地将数据传送到存储设备中。Java 的 NIO 类库为文件访问提供了非阻塞的基于缓冲区的处理方式,性能和效率都有所提升。

12.1 流的概述

12.1.1 流的概念

Java 是通过 I/O 流技术完成数据读写操作的。流是由无结构化的数据组成的序列,流中的数据没有任何格式和含义,只是以字节或字符形式进行流入或流出。数据流的流入和流出都以程序本身作为核心。流入是指数据从外部数据源流入程序内部,也就是常说的读操作。流出是指数据从程序内部向外部流出到数据的目的地,也就是常说的写操作。

无论是流入还是流出,其数据的流动都是通过一个管道进行的,管道两端分别连接数据源和数据目的地。

流的本质就是进行数据传输,因此 Java 根据数据传输的特性将流抽象成各种类,以方便进行数据操作。图 12.1 所示是数据通过 I/O 流的传输过程示意图。

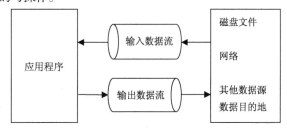

图 12.1 数据通过 I/O 流的传输过程示意图

12.1.2 流的分类

根据待处理数据类型的不同,流可以分为字节流和字符流;根据数据的流向不同,流可以分为输入流和输出流;根据处理数据功能的不同,流可以分为实体流和装饰流。实体流对数据不做任何处理,只完成基本的读写操作,其包括字节流和字符流。装饰流是在实体流的基础上,提供更高级的功能，例如提供缓存处理、将多个流合并处理等功能，以满足不同使用的需要。这些流都在 java.io 包中。

1. 字节流

字节流是指在数据传输过程中以字节为单位进行输入和输出。它是一种实体流，不对数据做任何处理，适用于传输各种类型的文件或数据。

在字节输入流中，InputStream 类是所有输入字节流的父类，它是一个抽象类。其子类中的 ByteArrayInputStream、FileInputStream 是两种基本的实体流，它们分别从 Byte 数组和本地文件中读取数据。PipedInputStream 从与其他线程共用的管道中读取数据。ObjectInputStream 和所有 FilterInputStream 的子类都是装饰流，这些流在实体流的基础上进行数据加工以满足特定的需求。

在字节输出流中，OutputStream 是所有输出字节流的父类，它是一个抽象类。ByteArrayOutputStream、FileOutputStream 是两种基本的实体流，它们分别向 Byte 数组和本地文件中写入数据。PipedOutputStream 向与其他线程共用的管道中写入数据，ObjectOutputStream 和所有 FilterOutputStream 的子类都是装饰流。图 12.2 所示是 Java I/O 流中字节流的常用类关系示意图，其中的*表示装饰流。

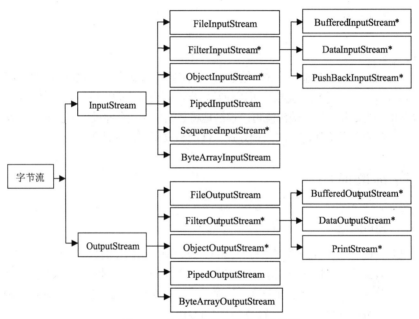

图 12.2　字节流的常用类关系示意图

2. 字符流

字符流是指在数据传输过程中以字符为单位进行输入和输出。根据字符编码表，一个字符占用两字节，因此字符流只适用于字符类型数据的处理。字符流也属于实体流。

在字符输入流中，Reader 是所有输入字符流的父类，它是一个抽象类。InputStreamReader 是一个连接字节流和字符流的"桥梁"，它使用指定的字符集读取字节并将其转换成字符。其 FileReader 子类可以更方便地读取字符文件，也是常用的 Reader 流对象。CharArrayReader、StringReader 也是基本的实体流类，它们可以从 char 数组和 String 中读取原始数据。BufferedReader 是装饰流类，用于实现具有缓存区的数据输入。FilterReader 是具有过滤功能的类，其子类 PushbackReader 可以对 Reader 对象进行回滚处理。PipedReader 从与其他线程共用的管道中读取数据。

在字符输出流中，Writer 是所有输出字符流的父类，也是一个抽象类。相较于输入流的子类，输出流中也有相应的输出子类，只是数据传输方向相反。这些类有 OutputStreamWriter 及其子类 FileWriter、CharArrayWriter、StringWriter、BufferedWriter、PipedWriter 等。

掌握了输入/输出流类及其特点，程序员就可以根据需要选择合适的类进行数据的输入和输出。图 12.3 所示是 Java I/O 流中字符流的常用类关系示意图，其中的*表示装饰流。

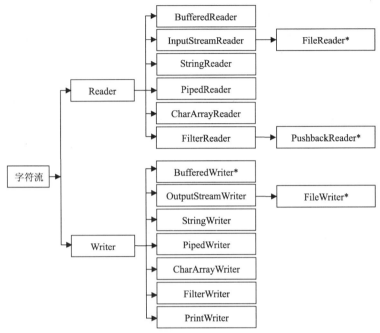

图 12.3　字符流的常用类关系示意图

12.2　File 类

如果想访问磁盘上的文件系统，程序员就需要使用 File 类。File 类的对象被用来表示文件的一些基本信息，如文件名称、所在路径、文件大小等，它不会对文件进行读写操作。目录（文件夹）也是 File 类的对象。

文件对象与
文件属性

12.2.1　文件对象与文件属性

文件用文件类的对象表示，有了文件对象就可以获取文件的属性。表 12.1 列出的是 File 类的常用构造方法和获取属性的方法。

表 12.1　File 类的常用构造方法和获取属性的方法

方法	类型	方法功能
File(String filename)		在当前路径下，创建一个名称为 filename 的文件
File(String path,String filename)		在给定的 path 路径下，创建一个名称为 filename 的文件
getName( )	String	获取此文件（目录）的名称
getPath( )	String	获取路径名字符串
length( )	long	获取文件的长度。如果表示目录，则返回值不确定
canRead( )	boolean	判断文件是否可读
isFile( )	boolean	判断文件是否是一个标准文件
isDirectory( )	boolean	判断文件是否是一个目录

【例 12.1】读取给定文件的相关属性，如果该文件不存在，则创建该文件。

```java
import java.io.*;
import java.util.Scanner;
public class Example12_01{
    public static void main(String[] args){
        Scanner scanner = new Scanner(System.in);
        System.out.println("请输入文件名，例如: D:\\1.png");
        String s = scanner.nextLine();
        File file = new File(s);
        System.out.println("文件名: "+file.getName());
        System.out.println("文件大小为: "+file.length()+"字节");
        System.out.println("文件所在路径为: "+file.getAbsolutePath());
        if (file.isHidden()){
            System.out.println("该文件是一个隐藏文件");
        }
        else{
            System.out.println("该文件不是一个隐藏文件");
        }
        if (!file.exists()){
            System.out.println("该文件不存在");
            try{
                file.createNewFile();
                System.out.println("新文件创建成功");
            }
            catch(IOException e){}
        }
    }
}
```

程序运行结果如图 12.4 所示。

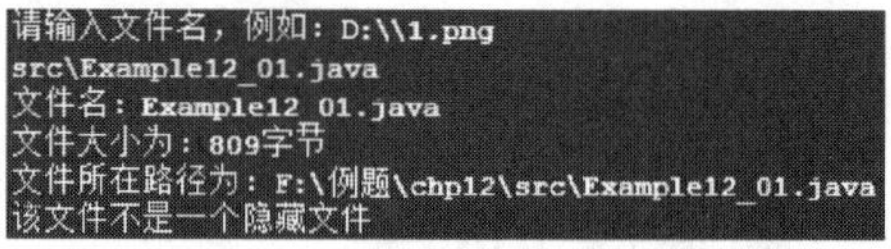

12.2.2　目录

Java 把目录作为一种特殊的文件进行处理。它除了
具备文件的基本属性，如文件名、所在路径等信息以外，
也提供了专用于目录的一些操作方法。表 12.2 为有关目录操作的常用方法。

图 12.4　例 12.1 的运行结果

表 12.2　有关目录操作的常用方法

方法	类型	方法功能
mkdir( )	boolean	创建一个目录，并返回创建结果。成功返回 true，失败（目录已存在）返回 false
list( )	String[]	获取目录下字符串表示形式的文件名和目录名
listFiles( )	File[]	获取目录下文件类型表示形式的文件名和目录名
listFiles(FilenameFilter filter)	File[]	获取满足指定过滤器路径和文件条件的文件表示形式的文件名和目录名

在获取文件时，如果只想获取特定类型的文件（如只获取扩展名为.java 的文件），则可以使用
带过滤器的方法。

过滤器 FileFilter 接口和 FilenameFilter 接口都可以对获取的文件名进行过滤。这两个接口中都只
有一个方法，FileFilter 接口中的方法如下。

```java
boolean accept(File pathname)
```

FilenameFilter 接口中的方法如下。

```java
boolean accept(File dir,String name)
```

这两个接口只是方法参数不同，所以可以选择合适的过滤器进行过滤。

【例12.2】列出给定目录下的所有文件名，并列出给定扩展名的所有文件名。

```java
import java.io.*;
import java.util.Scanner;
public class Example12_02{
    public static void main(String args[]){
        Scanner scanner = new Scanner(System.in);
        System.out.println("请输入要访问的目录: ");
        String s = scanner.nextLine();                  //读取待访问的目录名
        File dirFile = new File(s);                      //创建目录文件对象
        String[] allresults = dirFile.list();            //获取目录下的所有文件名
        for (String name : allresults)
            System.out.println(name);                    //输出所有文件名
        System.out.println("请输入要列出的文件扩展名，例如.java: ");
        s = scanner.nextLine();
        Filter_Name fileAccept = new Filter_Name();      //创建文件名过滤对象
        fileAccept.setExtendName(s);                     //设置过滤条件
        String result[] = dirFile.list(fileAccept);      //获取满足条件的文件名
        for (String name : result)
            System.out.println(name);                    //输出满足条件的文件名
    }
}
class Filter_Name implements FilenameFilter{
    String extendName;
    public void setExtendName(String s){
        extendName = s;
    }
    public boolean accept(File dir, String name)
    {//重写接口中的方法，设置过滤内容
        return name.endsWith(extendName);
    }
}
```

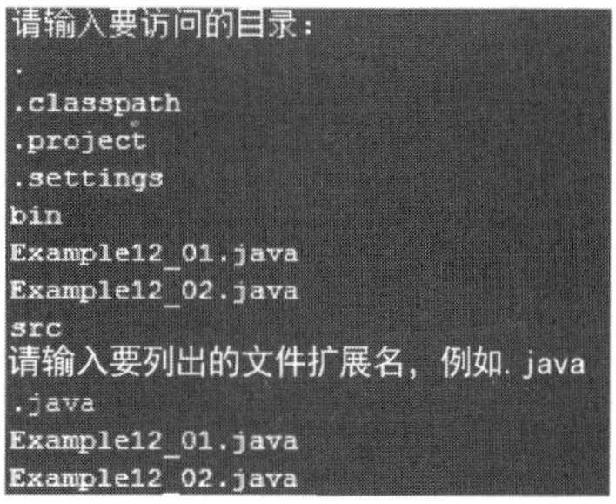

```
请输入要访问的目录：
.
.classpath
.project
.settings
bin
Example12_01.java
Example12_02.java
src
请输入要列出的文件扩展名，例如.java
.java
Example12_01.java
Example12_02.java
```

图 12.5   例 12.2 的运行结果

程序运行结果如图 12.5 所示，其中第 1 次输入的"."表示当前目录。

12.2.3　文件的操作

对文件的操作主要有在磁盘上创建新文件、删除文件、运行可执行文件等，Java 中提供了相应的方法来实现这些操作。

文件的操作

1．创建新文件

File 类中创建新文件的方法如下。

```
public boolean createNewFile()
```

例如，要想在 D 盘根目录下创建一个 hello.txt 文件，则先由 File 类创建一个文件对象，代码如下。

```
File file = new File("D:\\","hello.txt");
```

然后使用以下语句，这样就可以创建新文件。

```
file.createNewFile();
```

2．删除文件

File 类中删除文件的方法如下。

```
public boolean delete()
```

例如，上述的 hello.txt 文件可以使用以下语句删除。

```
file.delete();
```

3．运行可执行文件

要想运行磁盘上的可执行文件，此时需要使用 java.lang.Runtime 类。先利用 Runtime 类的静态方法创建一个 Runtime 对象，代码如下。

```
Runtime ec = Runtime.getRuntime();
```

然后用 ec 调用以下方法。

```
Process exec(String command);
```

该方法用于执行本地的命令，参数 command 为指定的系统命令。

【例 12.3】执行记事本命令，打开一个新记事本。

```
import java.io.File;
public class Example12_03{
    public static void main(String[] args){
        try{
            Runtime ec = Runtime.getRuntime();
            File file = new File("C:\\windows","Notepad.exe");
            ec.exec(file.getAbsolutePath());
        }
        catch (Exception e){}
    }
}
```

12.2.4　Scanner 类与文件

2.2.3 小节和 9.1.3 小节中分别讲解了 Scanner 类的用法。此外，利用 Scanner 类的对象还可以从文件中读取数据。如果要从文件中读数据，则应采用下面的形式实例化一个 Scanner 类的对象。

Scanner 类与
文件

```
Scanner input=new Scanner(文件类对象);
```

创建的 Scanner 类的对象仍然用表 2.3 中的方法从文件中读数据。读数据时默认以空格作为数据的分隔标记。

【例 12.4】有一个购物清单：电视机 3200.00 元，智能手机 2200.00 元，笔记本 4200.00 元，午餐 120.25 元，现统计该次购物共花费多少。该购物清单存放在文件 record.txt 中。

【问题分析】由于购物清单在一个文件中，所以这里应定义一个文件对象，用该文件对象创建 Scanner 类的对象，再用 Scanner 类的对象调用方法读取数据。程序如下，程序运行结果与例 9.5 相同。

```
import java.io.*;
import java.util.*;
public class Example12_04{
    public static void main(String args[]){
        File file = new File("record.txt");          //文件对象
        Scanner reader = null;                        //声明 Scanner 对象
        double price,total = 0;
        try{
            reader = new Scanner(file);               //实例化时 file 可能不存在，所以要放在 try 中
            reader.useDelimiter("[^0-9.]+");          //数据间分隔符
            while(reader.hasNextDouble()){            //是否还有数
                price = reader.nextDouble();          //有，读出并相加
```

```
                total = total+price;
            }
            System.out.println("总花费: "+total+"元");
        }
        catch(Exception e){}
    }
}
```

12.3 实体流

前面已提到，实体流包括字节流和字符流。下面对它们分别进行介绍。

字节流

12.3.1 字节流

字节流提供了处理字节的输入方法和输出方法，例如，读写二进制数据时就只能使用字节流。抽象类 InputStream 和抽象类 OutputStream 是所有字节流类的根类，其他字节流类都继承自这两个类，这些子类为数据的输入和输出提供了多种不同的功能。

1. 字节输入流类 InputStream

字节输入流的作用是从数据输入源（例如磁盘、网络等）获取字节数据到应用程序（内存）中。InputStream 类中的常用方法如表 12.3 所示。

表 12.3　InputStream 类中的常用方法

方法	类型	方法功能
read( )	int	从输入流中读取下一字节，返回读入的字节数据；如果读到末尾，返回-1
read(byte b[ ])	int	从输入流中读取一定数量的字节保存到字节数组中，并返回实际读取的字节数
skip(long n)	long	从输入流中跳过并丢弃 n 字节，同时返回实际跳过的字节数
close( )	void	关闭输入流，释放资源。完成流的读取后，调用该方法以释放资源
available( )	int	返回此输入流可以读取（或跳过）的估计字节数
mark(int readlimit)	void	在输入流中标记当前的位置。参数 readlimit 为标记失效前最多读取的字节数，如果读取的字节数超出此范围，则标记失效
reset( )	void	将输入流重新定位到最后一次调用 mark( )方法时的位置

2. 文件字节输入流类 FileInputStream

在进行字节输入流操作时，经常使用的是 InputStream 类的子类 FileInputStream，以实现简单的文件数据读取。FileInputStream 类的常用构造方法如下。

```
public FileInputStream(File file) throws FileNotFoundException
public FileInputStream(String name) throws FileNotFoundException
```

它们分别通过给定的 File 对象和文件创建文件字节输入流对象。在创建输入流时，如果文件不存在或出现其他问题，系统会抛出 FileNotFoundException 异常，所以此时要注意捕获。

通过字节输入流读数据时，程序应首先设定输入流的数据源，然后创建指向这个数据源的输入流，再从输入流中读取数据，最后关闭输入流。

【例 12.5】从磁盘文件中读取指定文件并输出。

```
import java.io.*;
import java.util.Scanner;
public class Example12_05{
    public static void main(String[] args){
        byte[] b = new byte[1024];                        //设置字节缓冲区
        int n = -1;
```

```
    System.out.println("请输入要读取的文件名:(例如: D:\\hello.txt)");
    Scanner scanner = new Scanner(System.in);
    String str = scanner.nextLine();                    //获取要读取的文件名
    try{
        FileInputStream in = new FileInputStream(str);    //创建字节输入流
        while((n = in.read(b,0,1024))!=-1)
        {//读取文件内容到缓冲区并输出
            String s = new String (b,0,n);
            System.out.println(s);
        }
        in.close();                                       //读取文件结束，关闭文件
    }
    catch(IOException e){
        System.out.println("文件读取失败");
    }
}
}
```

3. 字节输出流类 OutputStream

字节输出流的作用是将字节数据从应用程序（内存）中传送到输出目的地，如外部设备、网络等。表 12.4 列出的是 OutputStream 类中的常用方法。

表 12.4　OutputStream 类中的常用方法

方法	类型	方法功能
write(int b)	void	将整数 b 的低 8 位写到输出流
write(byte b[ ])	void	将字节数组中的数据写到输出流
write(byte b[ ],int off,int len)	void	从字节数组 b 的 off 处写 len 字节数据到输出流
flush( )	void	强制将输出流保存在缓冲区中的数据写到输出流
close( )	void	关闭输出流，释放资源

4. 文件字节输出流类 FileOutputStream

在进行字节输出流操作时，经常使用的是 OutputStream 类的子类 FileOutputStream，它用于将数据写入 File 或其他的输出流。FileOutputStream 类的常用构造方法如下。

```
public FileOutputStream(File file) throws IOException
public FileOutputStream(String name) throws IOException
public FileOutputStream(File file, boolean append) throws IOException
public FileOutputStream(String name, boolean append) throws IOException
```

在创建输出流时，如果文件不存在或出现其他问题，系统会抛出 IOException 异常，所以此时要注意捕获。

通过字节输出流输出数据时，应首先设定输出流的目的地，然后创建指向这个目的地的输出流，再向输出流中写入数据，最后关闭输出流。

关闭输出流很重要。在完成写操作的过程中，系统会将数据暂存到缓冲区中，缓冲区存满后再一次性写入输出流中。执行 close( ) 方法时，不管缓冲区是否已满，系统都会把其中的数据写到输出流，从而保证数据的完整性。如果不执行 close( ) 方法，则输出的数据中有些不能保存到目的地中。

【例 12.6】向一个磁盘文件中写入数据，第二次写操作采用追加方式完成。

```
import java.io.*;
import java.util.Scanner;
public class Example12_06{
    public static void main(String[] args){
        String content;                                 //待输出字符串
        byte[] b;                                        //输出字节流
```

```
FileOutputStream out;                              //文件输出流
Scanner scanner = new Scanner(System.in);
System.out.println("请输入文件名：（例如，D:\\hello.txt）");
String filename = scanner.nextLine();
File file = new File(filename);                     //创建文件对象
if (!file.exists())
{//判断文件是否存在
    System.out.println("文件不存在，是否创建? (y/n)");
    String f = scanner.nextLine();
    if (f.equalsIgnoreCase("n"))
        System.exit(0);                            //不创建，退出
    else{
        try{
            file.createNewFile();                  //创建新文件
        }
        catch(IOException e){
            System.out.println("创建失败");
            System.exit(0);
        }
    }
}
try{//向文件中写内容
    content = "Hello";
    b = content.getBytes();
    out = new FileOutputStream(file);              //创建文件输出流
    out.write(b);                                  //完成写操作
    out.close();                                   //关闭输出流
    System.out.println("文件写操作成功! ");
}
catch(IOException e)
{e.getMessage();}
try{//向文件中追加内容
    System.out.println("请输入追加的内容: ");
    content = scanner.nextLine();
    b = content.getBytes();
    out = new FileOutputStream(file,true);   //创建可追加内容的输出流
    out.write(b);                                  //完成追加写操作
    out.close();                                   //关闭输出流
    System.out.println("文件追加写操作成功! ");
    scanner.close();
}
catch(IOException e){e.getMessage();}
    }
}
```

12.3.2　字符流

字符流

Java 规定一个字符占用两字节，因此使用字节流进行传输时，一旦编码不当，会产生乱码的情况。为此，Java 提供了专门的字符流来完成字符的输入和输出，所以字符流通常用于文本文件的传输。抽象类 Reader 和抽象类 Writer 是所有字符流类的根类，其他字符流类都继承自这两个类，其中一些子类还在传输过程中对数据做了进一步处理以方便用户的使用。

1. 字符输入流类 Reader

字符输入流类 Reader 是所有字符输入流类的父类，它提供了一系列方法用于实现从数据源读入

207

字符数据的操作。表 12.5 列出的是 Reader 类中的常用方法。

表 12.5　　Reader 类中的常用方法

方法	类型	方法功能
read( )	int	从输入流读取单个字符
read(char[] cbuf)	int	从输入流读取字符保存到数组 cbuf 中，返回读取的字符数；如果已到达流的末尾，则返回-1
read(char[] cbuf,int off,int len)	int	从输入流读取最多 len 个字符保存到字符数组 cbuf 中，存放的起始位置在 off 处。返回读取的字符数；如果已到达流的末尾，则返回-1
skip(long *n*)	long	跳过 *n* 个字符。返回实际跳过的字符数
mark(int readAheadLimit)	void	标记流中的当前位置
reset( )	void	重置该流
markSupported( )	boolean	判断此流是否支持 mark( )操作
close( )	void	关闭该流，释放资源

2．文件字符输入流类 FileReader

与字节输入流类似，在进行字符输入流操作时，经常使用的是 Reader 类的子类 FileReader，它用于从输入流读取数据。FileReader 类与文件字节输入流类 FileInputStream 相对应，其构造方法也很相似。FileReader 类的常用构造方法如下。

```
public FileReader(File file) throws FileNotFoundException
public FileReader(String name) throws FileNotFoundException
```

通过给定的 file 对象或文件名创建字符输入流。在创建输入流时，如果文件不存在或出现其他问题，系统会抛出 FileNotFoundException 异常。

3．字符输出流类 Writer

字符输出流类 Writer 用于将字符数据输出到目的地。表 12.6 列出的是 Writer 类中的常用方法。

表 12.6　　Writer 类中的常用方法

方法	类型	方法功能
write(int c)	void	将整数 c 的低 16 位写到输出流
write(char[ ] cbuf)	void	将字符数组中的数据写到输出流
write(cbuf[ ],int off,int len)	void	从字符数组 cbuf 的 off 处开始取 len 个字符写到输出流
write(String str)	void	将字符串写到输出流
write(String str,int off,int len)	void	从字符串 str 的 off 处开始取 len 个字符数据写到输出流
flush( )	void	强制将输出流保存在缓冲区中的数据写到输出流
close( )	void	关闭输出流，释放资源

4．文件字符输出流类 FileWriter

FileWriter 类和文件字节输出流类 FileOutputStream 相对应，只是变成了字符的输出操作，实现方法也基本相同。FileWriter 类的常用构造方法如下。

```
public FileWriter(File file) throws IOException
public FileWriter(String name) throws IOException
public FileWriter(File file, boolean append) throws IOException
public FileWriter(String name, boolean append) throws IOException
```

它们分别通过给定的 File 对象或文件名创建字符输出流。如果第二个参数值为 true，则将字符写入文件末尾处，而不是写入文件开始处。在创建输出流时，如果文件不存在或出现其他问题，系统会抛出 IOException 异常。

【例 12.7】 利用文件流实现文件的复制功能。

```java
import java.io.*;
import java.util.Scanner;
public class Example12_07{
    public static void main(String[] args) throws IOException{
        Scanner scanner = new Scanner(System.in);
        System.out.println("请输入源文件名和目的文件名,中间用空格分隔");
        String s = scanner.next();              //读取源文件名
        String d = scanner.next();              //读取目的文件名
        File file1 = new File(s);               //创建源文件对象
        File file2 = new File(d);               //创建目的文件对象
        if(!file1.exists()){
            System.out.println("被复制的文件不存在");
            System.exit(1);
        }
        InputStream input = new FileInputStream(file1);        //创建源文件流
        OutputStream output = new FileOutputStream(file2);     //创建目的文件流
        if((input != null)&&(output != null)){
            int temp = 0;
            while((temp = input.read())!=(-1))                 //读入一个字符
                output.write(temp);            //复制到新文件中
        }
        input.close();                         //关闭源文件流
        output.close();                        //关闭目的文件流
        System.out.println("文件复制成功! ");
    }
}
```

▶ 开动脑筋

例 12.7 能否复制图像文件? 如果不能复制,该如何修改程序?

12.4 装饰流

数据流

装饰流是在实体流的基础上对原始数据的进一步加工和处理,极大地方便了用户的访问和使用。根据不同的应用需求,装饰流分为数据流、缓冲流、随机流和对象流等。

12.4.1 数据流

数据流是 Java 提供的一种装饰类流。它建立在实体流基础上,让程序在不需要"考虑"数据所占字节个数的情况下就能够正确地完成读写操作。DataInputStream 类和 DataOutputStream 类分别为数据输入流类和数据输出流类。

1. 数据输入流

数据输入流类 DataInputStream 允许程序以与机器无关的方式从底层输入流中读取 Java 基本数据类型。表 12.7 列出的是 DataInputStream 类中的常用方法。

表 12.7 **DataInputStream 类中的常用方法**

方法	类型	方法功能
DataInputStream(InputStream in)		使用指定的实体流 InputStream 创建一个 DataInputStream
readBoolean( )	boolean	读取一个布尔值

方法	类型	方法功能
readByte( )	byte	读取一个字节
readChar( )	char	读取一个字符
readInt( )	int	读取一个整数
skipBytes(int *n*)	int	跳过并丢弃 *n* 字节，返回实际跳过的字节数

2．数据输出流

数据输出流允许程序以适当方式将 Java 基本数据类型数据写入输出流中。与数据输入流相配合，应用程序可以很方便地按数据类型完成数据的读写操作，而无须"考虑"格式和占用空间的问题。表 12.8 列出的是 DataOutputStream 类中的常用方法。

表 12.8　DataOutputStream 类中的常用方法

方法	类型	方法功能
DataOutputStream(OutputStream out)		创建一个新的数据输出流，将数据写入指定输出流
writeBoolean(Boolean v)	void	将一个布尔值写入输出流
writeByte(int v)	void	将一字节写入输出流
writeChar(int c)	void	将一个 char 值以 2 字节值形式写入输出流中，先写入高字节
writeInt(int v)	void	将一个整数写入输出流
size( )	int	返回写到数据输出流中的字节数
flush( )	void	清空输出流，使所有缓冲中的字节被写入输出流中

【例 12.8】将几个 Java 基本数据类型的数据写入一个文件中，再将其读取后输出。

```java
import java.io.*;
public class Example12_08{
    public static void main(String args[]){
        File file = new File("data.txt");
        try {
            FileOutputStream out = new FileOutputStream(file);
            DataOutputStream outData = new DataOutputStream(out);
            outData.writeBoolean(true);
            outData.writeChar('A');
            outData.writeInt(10);
            outData.writeLong(88888888);
            outData.writeFloat(3.14f);
            outData.writeDouble(3.1415926897);
            outData.writeChars("hello,every one!");
        }
        catch(IOException e){}
        try{
            FileInputStream in = new FileInputStream(file);
            DataInputStream inData = new DataInputStream(in);
            System.out.println(inData.readBoolean());      //读取 boolean 型数据
            System.out.println(inData.readChar());         //读取 char 型数据
            System.out.println(inData.readInt());          //读取 int 型数据
            System.out.println(inData.readLong());         //读取 long 型数据
            System.out.println(+inData.readFloat());       //读取 float 型数据
            System.out.println(inData.readDouble());       //读取 double 型数据
            char c = '\0';
            while((c = inData.readChar())!='\0')           //读入字符不为空
                System.out.print(c);
        }
        catch(IOException e){}
    }
}
```

12.4.2　缓冲流

缓冲流

缓冲流在实体 I/O 流基础上增加一个缓冲区，应用程序和 I/O 设备之间的数据传输都要经过缓冲区来进行。缓冲流分为缓冲输入流和缓冲输出流。缓冲输入流是将从输入流读入的字节/字符数据先存在缓冲区中，应用程序从缓冲区而不是从输入流读取数据；缓冲输出流是在进行数据输出时先把数据存在缓冲区中，当缓冲区满时再一次性写到输出流中。

使用缓冲流可以减少应用程序与 I/O 设备之间的访问次数，提高传输效率；可以对缓冲区中的数据进行按需访问和预处理，增加访问的灵活性。

1．缓冲输入流

缓冲输入流包括字节缓冲输入流类 BufferedInputStream 和字符缓冲输入流类 BufferedReader。

（1）BufferedInputStream 类

字节缓冲输入流类 BufferedInputStream 在进行输入操作时，先通过实体输入流（例如 FileInputStream 类）对象逐一读取字节数据并存入缓冲区，应用程序则从缓冲区中读取数据。BufferedInputStream 类的构造方法如下。

```
public BufferedInputStream(InputStream in)
public BufferedInputStream(InputStream in,int size)
```

第一个构造方法创建一个默认大小输入缓冲区的缓冲字节输入流对象，第二个构造方法创建一个指定大小输入缓冲区的缓冲字节输入流对象。

BufferedInputStream 类继承自 InputStream 类，所以该类的方法与 InputStream 类的方法相同。

（2）BufferedReader 类

字符缓冲输入流类 BufferedReader 与字节缓冲输入流类 BufferedInputStream 在功能和实现上基本相同，但它只适用于字符读入。在输入时，该类提供了按字符、数组和行进行高效读取的方法。BufferedReader 类的构造方法如下。

```
public BufferedReader(Reader in)
public BufferedReader(Reader in,int sz)
```

第一个构造方法创建一个使用默认大小输入缓冲区的缓冲字符输入流对象，第二个构造方法创建一个使用指定大小输入缓冲区的缓冲字符输入流对象。

BufferedReader 类继承自 Reader 类，所以该类的方法与 Reader 类的方法相同。除此以外，还增加了按行读取的方法，如下所示。

```
String readLine()
```

读一行时，以字符换行（'\n'）、回车（'\r'）或回车后直接跟换行符作为行结束符。该方法的返回值为该行不包含结束符的字符串内容；如果已到达流末尾，则返回 null。

2．缓冲输出流

缓冲输出流包括字节缓冲输出流类 BufferedOutputStream 和字符缓冲输出流类 BufferedWriter。

（1）BufferedOutputStream 类

字节缓冲输出流类 BufferedOutputStream 在完成输出操作时，先将字节数据写入缓冲区，缓冲区满后，再把缓冲区中的所有数据一次性写到底层输出流中。BufferedOutputStream 类的构造方法如下。

```
public BufferedOutputStream(OutputStream out)
public BufferedOutputStream(OutputStream out,int size)
```

第一个构造方法创建一个使用默认大小输出缓冲区的缓冲字节输出流对象，第二个构造方法创建一个使用指定大小输出缓冲区的缓冲字节输出流对象。

BufferedOutputStream 类继承自 OutputStream 类，所以该类的方法与 OutputStream 类的方法相同。

（2）BufferedWriter 类

字符缓冲输出流类 BufferedWriter 与字节缓冲输出流类 BufferedOutputStream 在功能和实现上是相同的，但它只适用于字符输出。在输出时，该类提供了按单个字符、数组和字符串的高效输出方法。BufferedWriter 类的构造方法如下。

```
public BufferedWriter(Writer out)
public BufferedWriter(Writer out,int sz)
```

第一个构造方法创建一个使用默认大小输出缓冲区的缓冲字符输出流对象，第二个构造方法创建一个使用指定大小输出缓冲区的缓冲字符输出流对象。

BufferedWriter 类继承自 Writer 类，所以该类的方法与 Writer 类的方法相同。除此以外，其增加了写行分隔符的方法，如下所示。

```
String newLine()
```

行分隔符字符串由系统属性 line.separator 定义。

【例 12.9】向指定文件写入内容，并重新读取该文件的内容。

```java
import java.util.Scanner;
import java.io.*;
public class Example12_09{
    public static void main(String[] args){
        File file;
        FileReader fin;
        FileWriter fout;
        BufferedReader bin;
        BufferedWriter bout;
        Scanner scanner = new Scanner(System.in);
        System.out.println("请输入文件名，例如 D:\\hello.txt");
        String filename = scanner.nextLine();
        try{
            file = new File(filename);              //创建文件对象
            if (!file.exists()){
                file.createNewFile();              //创建新文件
                fout = new FileWriter(file);       //创建文件输出流对象
            }
            else
                fout = new FileWriter(file, true); //创建追加内容的文件输出流对象
            fin = new FileReader(file);            //创建文件输入流
            bin = new BufferedReader(fin);         //创建缓冲输入流
            bout = new BufferedWriter(fout);       //创建缓冲输出流
            System.out.println("请输入数据，最后一行以字符'0'结束。");
            String str = scanner.nextLine();       //从键盘读取待输入字符串
            while (!str.equals("0")){
                bout.write(str);                   //输出字符串内容
                bout.newLine();                    //输出换行符
                str = scanner.nextLine();          //读下一行
            }
            bout.flush();                          //刷新输出流
            bout.close();                          //关闭缓冲输出流
            fout.close();                          //关闭文件输出流
            System.out.println("文件写入完毕! ");
            //重新将文件内容输出
            System.out.println("文件" + filename + "的内容是: ");
```

```
            while ((str = bin.readLine()) != null)
                System.out.println(str);          //读取文件内容并输出
            bin.close();                          //关闭缓冲输入流
            fin.close();                          //关闭文件输入流
        }
        catch (IOException e){e.printStackTrace();}
    }
}
```

12.4.3　随机流

随机流

1．随机流的概念

在前面学习的输入流、输出流中，每个流类都只能单向传输。如果对一个文件既要进行输入操作也要进行输出操作，此时就需要建立两个流，而随机流可以同时实现输入和输出。

随机流类 RandomAccessFile 创建的对象既可以作为输入流，也可以作为输出流，因此建立一个随机流就可以完成读写操作。

RandomAccessFile 类与其他流不同，它既不是 InputStream 类的子类，也不是 OutputStream 类的子类，而是 java.lang.Object 根类的子类。

RandomAccessFile 类的实例对象支持随机访问文件时的读取和写入。随机访问文件的过程可以看作访问文件系统中的一个大型 Byte 数组，指向数组位置的隐含指针称为文件指针。输入操作从文件指针开始读取字节，并随着对字节的读取而移动此文件指针。输出操作从文件指针开始写入字节，并随着对字节的写入而移动此文件指针。

随机流可以用于多线程下载或多个线程同时写数据到文件，为快速完成访问提供了便利。

2．RandomAccessFile 流类

由于利用 RandomAccessFile 类的对象既可以读数据，又可以写数据，所以该类中既有读操作的方法，也有写操作的方法。表 12.9 列出的是 RandomAccessFile 类中的常用方法。

表 12.9　RandomAccessFile 类中的常用方法

方法	类型	方法功能
RandomAccessFile(String name, String mode)　　　　RandomAccessFile(File file, String mode)		参数 name 为待访问的文件名，参数 mode 为读写模式，常用的值有："r" 以只读方式打开文件，如果进行写操作，会产生异常；"rw" 以读写方式打开文件，如果文件不存在，则创建
read( )	int	从文件中读取一个数据字节并以整数形式返回此字节
read(byte[ ] b)	int	从文件中读取最多 b.length 个数据字节到 b 数组中，并返回实际读取的字节数
write(int b)	void	写入指定的字节
getFilePointer( )	long	获取文件的当前偏移量
length( )	long	获取文件的长度
close( )	void	关闭文件流，释放资源

【例 12.10】以随机流的方式完成文件的读写操作。

```
import java.io.*;
public class Example12_10{
    public static void main(String[] args){
        try{
            RandomAccessFile file = new RandomAccessFile("file", "rw");
            file.writeInt(10);                    //占4字节
```

```
        file.writeDouble(3.14159);           //占8字节
        //长度写在当前文件指针的前两字节处，可用readShort()方法读取
        file.writeUTF("UTF 字符串");
        file.writeBoolean(true);              //占1字节
        file.writeShort(100);                 //占2字节
        file.writeLong(12345678);             //占8字节
        file.writeUTF("又一个UTF字符串");
        file.writeFloat(3.14f);               //占4字节
        file.writeChar('a');                  //占2字节
        file.seek(0);                         //把文件指针位置设置到文件起始处
        System.out.println("—从 file 文件起始位置开始读数据—");
        System.out.println(file.readInt());
        System.out.println(file.readDouble());
        System.out.println(file.readUTF());
        //将文件指针跳过3字节，本例中即跳过了一个boolean值和short值
        file.skipBytes(3);
        System.out.println(file.readLong());
        //跳过文件中"又一个UTF字符串"所占字节
        //注意readShort()方法会移动文件指针，所以不用加2
        file.skipBytes(file.readShort());
        System.out.println(file.readFloat());
        file.close();
    }
    catch (IOException e){
        System.out.println("文件读写错误! ");
    }
    }
}
```

3．字符串乱码的处理

当进行字符串读取的时候，有时会出现"乱码"的现象，这是因为存取时所使用的编码格式不同。要想解决这一问题，我们就需要对字符串重新进行编码。

重新编码时，先读字符串，代码如下。

```
String str = in.readLine();
```

再将字符串恢复成标准字节数组，代码如下。

```
byte [] b = str.getBytes("iso-8859-1");
```

最后将字节数组按当前机器的默认编码重新转换为字符串，代码如下。

```
String result = new String(b);
```

经过重新编码后就能够显示正确的字符串内容。如果想显式地指明编码类型，我们也可以直接给出编码类型，代码如下。

```
String result = new String(b, "GB2312");
```

12.4.4　对象流

通过前面学习的 I/O 流，可以实现多种数据类型的输入和输出操作，其中包括整型、实型、字符型等。但是对象作为一种复合数据类型，却无法使用这些流来完成 I/O 操作。因为对象中不仅包括多种不同类型的属性数据，还有跟类相关的信息，所以简单的流处理无法实现对象的传输和永久保存。为此，Java 提供了对象流和对象序列化机制来保证对象作为一个整体进行 I/O 流传输。

对象流

1. 对象流的概念

对象流在实体流基础上，通过对对象数据的处理和变换实现对对象的永久保存和读取。ObjectInputStream 和 ObjectOutputStream 分别是对象输入流类和对象输出流类，它们也是 InputStream 和 OutputStream 的子类。对象输出流类可以把对象写入文件或进行网络传输，而对象输入流类则可以从文件或网络上把读取的数据还原成对象。但要想实现对象的传输，待传输的对象要先进行序列化处理，才能保证对象能被准确地保存和读取。

2. 对象的序列化

对象的序列化是指把对象转换成字节序列的过程，而把字节序列恢复为对象的过程称为对象的反序列化。

一个类如果实现了 java.io.Serializable 接口，这个类的实例（对象）就是一个序列化的对象。Serializable 接口中没有方法，因此实现该接口的类不需要额外实现其他的方法。当实现了该接口的对象进行输出时，JVM 将按照一定的格式（序列化信息）转换成字节进行传输和存储到目的地。当对象输入流从文件或网络上读取对象时，会先读取对象的序列化信息，并根据这一信息创建对象。

实现了序列化接口的类中会有一个 long 型的静态常量 serialVersionUID，这个值用于识别具体的类。如果不设置，JVM 会自动分配一个值。为了保证类的准确识别，在定义类时应显式设置该值。

3. 对象输入流与对象输出流

（1）对象输入流类 ObjectInputStream

ObjectInputStream 类可以实现对象的输入操作。其构造方法如下。

```
public ObjectInputStream(InputStream in)
```

创建从指定输入流读取的 ObjectInputStream。类中的方法如下。

```
Object readObject()
```

该方法用于从 ObjectInputStream 流中读取对象。

（2）对象输出流类 ObjectOutputStream

ObjectOutputStream 类可以实现对象的输出操作。其构造方法如下。

```
public ObjectOutputStream(OutputStream out)
```

该方法用于创建写入指定输出流的 ObjectOutputStream 对象。类中的方法如下。

```
void writeObject(Object o)
```

该方法用于将指定对象 o 写入 ObjectOutputStream 流中。

【例 12.11】创建一个可序列化类，将该类的对象写入文件中。用对象输入流读取并输出对象信息。部分程序如下，完整程序见例 12.11 源代码，代码运行结果如图 12.6 所示。

图 12.6　例 12.11 的运行结果

```java
public class Example12_11{
    public static void main(String[] args){
        try{
            File file;
            FileInputStream fin;
            FileOutputStream fout;
            ObjectInputStream oin;
            ObjectOutputStream oout;
            String filename = "d:\\a.txt";
            file = new File(filename);              //创建文件对象
            if (!file.exists())
                file.createNewFile();              //创建新文件
            fout = new FileOutputStream(file);      //创建文件输出流
```

例 12.11 源代码

```
            oout = new ObjectOutputStream(fout);          //创建对象输出流
            Person person = new Person("张三",20);
            oout.writeObject(person);
            oout.close();                                  //关闭对象输出流
            fout.close();                                  //关闭文件输出流
            System.out.println("对象写入完毕! ");
        catch (IOException e)
        {e.printStackTrace();}
    }
}
class Person implements Serializable{                      //对象序列化
    private static final long serialVersionUID = 1234567890L;
    String name;
    int age;
//构造方法, setter 方法和 getter 方法略
}
```

12.5 NIO 类库

NIO 类库

从 JDK 1.4 开始,Java 提供了一系列改进的输入/输出处理的新特性,被统称为 NIO(即 New I/O)。其实现方法与传统 I/O 流有一定的区别, NIO 类库使用通道和缓冲区进行数据传输和存储,并且一个通道既可以输入也可以输出,增加了灵活性。在 JDK 1.7 后又增加了 java.nio.file 类库,用以替代 java.io.files 类的一些操作,两者功能基本相同,但在性能上进行了优化和改进。下面先介绍 java.nio.file 类库,然后详细讲解 java.nio 包。

12.5.1 java.nio.file 类库

java.nio.file 类库中提供了多个类和接口用于文件和目录的操作与处理,其中最重要的有两个:Path 接口和 Files 类。下面对这两项进行介绍。

1．Path 接口

Path 接口是 Java NIO 的一部分,位于 java.nio.file 包中,所以全称是 java.nio.file.Path。Path 表示文件系统的路径,可以指向文件或文件夹。相关路径分为绝对路径和相对路径。绝对路径表示从文件系统的根路径到文件或是文件夹的路径;相对路径表示从特定路径下访问指定文件或文件夹的路径。在很多情况下,可以用 Path 接口来代替 File 类。

要创建一个 Path 实例,我们可以使用其子类 Paths 的静态方法 Paths.get( )来实现,举例如下。

```
Path path = Paths.get("D:\\projects\\my.txt");
```

这里使用了绝对路径的形式进行创建。如果采用相对路径,我们可以使用 Paths.get(basePath, relativePath)方法实现,举例如下。

```
Path path = Paths.get("D:\\project", "projects");
```

创建一个指向 D:\project\projects 文件夹的路径实例。

```
Path file = Paths.get("D:\\project", "projects\\ my.txt");
```

创建一个指向 D:\project\mytxt 文件的实例。

同时,在路径中也可以用 "." 表示当前路径,用 ".." 表示上一级路径。

2．Files 类

java.nio.file.Files 类提供了很多操作文件的相关方法,这些方法均为静态方法,所以可以直接用

类名进行调用。通常这些类会与 Path 接口一起使用，完成对某个文件或文件夹的操作。下面介绍一些常用方法。

```
public static Path createDirectory(Path dir, FileAttribute<?>... attrs) throws IOException
```

说明：创建一个新的目录。attrs 为可选项，用于设置属性。

```
public static Path createFile(Path dir, FileAttribute<?>... attrs) throws IOException
```

说明：创建一个新的空文件。如果该文件已存在，则创建失败。

```
public static boolean exists(Path path, LinkOption... options)
```

说明：测试文件是否存在。options 参数用于指示如果文件是符号链接的情况如何处理，默认为遵循符号链接规则。

```
public static void delete(Path path) throws IOException
```

说明：删除文件或目录。

```
public static Path copy(Path source, Path target, CopyOption... options) throws IOException
```

说明：将原文件复制到目标文件。options 参数指定如何执行副本将文件复制到目标文件；默认情况下，如果目标文件已经存在或是符号链接，则复制失败；文件属性不需要复制到目标文件；如果支持符号链接，并且文件是符号链接，那么链接的最终目标将被复制；如果文件是目录，那么它将在目标位置创建一个空目录（目录中的其他内容不被复制）。

```
public static BufferedReader newBufferedReader(Path path) throws IOException
```

说明：打开一个文件到缓冲区，返回一个 BufferedReader 以高效的方式从文件读取文本；使用 UTF-8 charset 将文件中的字节解码为字符。

```
public static BufferedWriter newBufferedWriter(Path path,OpenOption... options)throws IOException
```

说明：打开或创建一个写入文件，返回一个 BufferedWriter 以高效的方式将文本写入文件；使用 UTF-8 charset 将文本编码为字节；options 参数给出文件打开方式，如 APPEND（追加）、CREATE（创建一个新文件）、DELETE_ON_CLOSE（关闭时删除）等。

```
public static byte[] readAllBytes(Path path) throws IOException
```

说明：读取文件中的所有字节，此方法不适用于大文件。

除了以上这些方法外，Files 类中还有许多关于文件访问和管理的方法，读者可以查看帮助文档以进一步了解相关用法。

【例 12.12】Files 类应用举例。

```java
import java.io.FileOutputStream;
import java.io.IOException;
import java.io.OutputStream;
import java.nio.file.*;

public class Example12_12 {
    public static void main(String[] args) throws IOException {
        Path path = Paths.get("D:\\my.txt");// 创建一个文件的路径实例
        Path path1 = Paths.get("D:\\down", "download");// 创建一个目录的路径实例
        Path file = Files.createFile(path);// 根据给定路径实例创建一个文件
        String content = "Hello World";
        byte[] bytes = content.getBytes();
        Path directory = Files.createDirectory(path1);// 根据给定路径实例创建一个目录
        System.out.println(Files.isDirectory(directory));// 判断该路径是否为目录
```

```
System.out.println(Files.exists(file));// 检测指定文件是否存在
OutputStream out = Files.newOutputStream(path, StandardOpenOption.APPEND);
// 创建一个文件的输出流，以追加的方式写入内容
out.write(bytes);// 向文件流中写内容
out.close();// 关闭流
    }
}
```

12.5.2　NIO 与 I/O

java.nio 和 java.io 相比，在以下方面有所区别。

1．面向流和面向缓冲区

java.io 是面向流传输的，即通过字节流或字符流进行操作，在数据传输结束前不缓存在任何地方。而 java.nio 是面向缓冲区的，传输的数据都暂存在缓冲区中。

2．阻塞和非阻塞

java.io 传输是阻塞的，即在开始读/写操作之前线程一直处于阻塞状态，不能做其他的事情。而 java.nio 是非阻塞的，即线程不需要等待数据全部传输结束就可以做其他的事情，但这时只能得到当前可用的数据。这个特性使得一个线程可以管理多个通道；如果一个通道没有数据传输，则线程不必阻塞等待，可以处理其他通道的数据。

12.5.3　NIO 的主要组成部分

针对上述介绍的 java.nio 的特点，NIO 提供了 3 个重要的组成部分：缓冲区（Buffers）、通道（Channels）、选择器（Selectors）。本小节将对此进行简要说明，在后续应用中将详细介绍它们所包含的常用方法。

1．缓冲区

缓冲区用于缓存待发送/已接收的数据。它可以被看作一个数组，用于存储不同数据类型的数据。为此，缓冲区根据数据类型不同提供了除布尔类型以外的所有缓冲区子类：ByteBuffer、CharBuffer、DoubleBuffer、FloatBuffer、IntBuffer、LongBuffer、ShortBuffer 等。Buffer 抽象类是它们的父类，其中定义了访问缓冲区的属性和方法。

Buffer 的基本属性有 3 个：position（位置）、limit（限制）、capacity（容量）。这 3 个属性相当于缓冲区中的 3 个指针标记，用以指出访问位置、访问范围、最大容量等信息。在读写模式下三者的关系如图 12.7 所示。

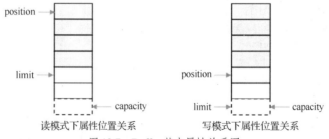

读模式下属性位置关系　　　写模式下属性位置关系

图 12.7　Buffer 基本属性关系图

Buffer 属性的说明如下。

position：指向要读/写的数据位置，可以从 0 开始，该值不能大于 limit。

limit：限制用户不可以读/写的数据起始位置，该值不能大于 capacity。

capacity：缓冲区总容量，一旦设定就不能修改。

三者的大小关系：$0 \leqslant \text{position} \leqslant \text{limit} \leqslant \text{capacity}$。

2．通道

通道用于创建缓冲区与外部数据源的连接通道，并实现数据传输。常用的 Channel 类有：FileChannel、DatagramChannel、SocketChannel、ServerSocketChannel。利用这几个通道类，不仅可以实现文件的传输，也可以实现网络 TCP、UDP 数据报的传输。

3．选择器

选择器可以让一个单线程处理多个 Channel。这种应用在一些特殊情况下非常方便，例如网络聊天室，每个人可以创建一个 Channel，但每个 Channel 的通信量都较少，这时就可以使用选择器让一个线程来管理多个通道，不但方便，效率也会提高。

要使用选择器，首先选择器要先注册 Channel，然后调用 select( )方法。这个方法会一直阻塞，直到某个注册的通道有事件就绪。一旦这个方法返回，线程就可以处理这些事件，如读入新数据等。关于选择器的具体内容将在第 14 章进行介绍。

12.5.4 Buffers

Buffers 类都放在 java.nio 包中，一共有 10 个类，其中的 Buffer 类是其他类的父类。这里只介绍 Buffer 和 ByteBuffer 类；其他类的用法基本相同，不再重复。

1．Buffer 类

Buffer 类作为缓冲区类的根类，重点定义了缓冲区的结构和基本方法。缓冲区既可以读也可以写，虽然灵活、方便，但增加了一定的复杂度。下面详细介绍 Buffer 类的主要方法。

```
public final int capacity()
```

说明：返回此缓冲区的容量。当创建一个缓冲区后，其容量就固定不变了。

```
public final int position()
```

说明：返回此缓冲区的 position 指针位置。该值表示下一个可处理的数据位置，初始为 0，指针位置随着读写操作自动后移。

```
public final int limit()
```

说明：返回缓冲区的 limit 限制值，该值表示当前读/写操作的最大缓冲区范围；通常写操作时该值等于容量，读操作时指向最后一个数值的后面。

```
public final Buffer clear()
```

说明：清除此缓冲区，该方法通常在通道准备读取数据到缓冲区时先行调用；这时，position 值设为 0，limit 值设为 capacity，等待读取的数据存入缓冲区；实际上，clear( )方法并没有将缓冲区中的数据物理删除，而是随着新数据的读入，原有数据被覆盖。

```
public final Buffer flip()
```

说明：反转此缓冲区，该方法通常在准备将缓冲区中的数据写入通道时先行调用；这时，将 limit 值设为当前 position 值，指向当前缓冲区中的最后一个有效数据；然后将 position 设为 0，指向首个要输出的数据；如果已定义了标记，则丢弃该标记。

```
public final Buffer rewind()
```

说明：重置此缓冲区，该方法通常用于重新完成读/写操作，其将 position 值重设为 0，其他属性值不变，并丢弃标记。

```
public final int remaining()
```

说明：返回当前位置与限制之间的元素数，该方法用于返回缓冲区中的剩余元素数量。

除了以上方法，该类的每个子类还定义了两个重要的操作方法 get( )和 put( )，用以实现对缓冲区的读/写操作。

2．ByteBuffer 类

ByteBuffer 类用于定义一个以字节为单位的缓冲区，实现数据存储和访问。但为了方便其他类型数据的操作，该类提供了一系列方法创建不同数据类型的数据视图，这样就可以按相应的类型方法进行访问了。表 12.10 列出了 ByteBuffer 类中的常用方法。

表 12.10　ByteBuffer 类中的常用方法

方法	类型	方法功能
allocate(int capacity)	static ByteBuffer	分配一个新的字节缓冲区
asCharBuffer( )	CharBuffer	创建一个字节缓冲区作为 char 缓冲区的视图
asReadOnlyBuffer( )	ByteBuffer	创建一个新的只读字节缓冲区，共享此缓冲区的内容
get( )	byte	读取该缓冲区当前位置的字节，然后将位置加 1
put(byte b)	ByteBuffer	将给定字节写入当前位置的缓冲区，然后将位置加 1
slice( )	ByteBuffer	创建一个新的字节缓冲区，其内容是此缓冲区内容的共享子序列，其容量和限制是此缓冲区中剩余的字节数
wrap(byte[ ] array)	ByteBuffer	将一个字节数组封装到缓冲区中，一方的内容修改会影响另一方

【例 12.13】ByteBuffer 类简单应用举例。程序代码如下，运行结果如图 12.8 所示。

```
buffer position:0;buffer limit:40;buffer capacity:40
after put,buffer position:15;buffer limit:40;buffer capacity:40
after flip,buffer position:0;buffer limit:15;buffer capacity:40
```

图 12.8　例 12.13 的运行结果

```java
import java.nio.ByteBuffer;

public class Example12_13{
    public static void main(String[] args){
        ByteBuffer buffer = ByteBuffer.allocate(40);// 创建字节缓冲区，并分配空间
        String str = "Java NIO reader";// 创建一个长度为15 的字符串
        byte[] bs = str.getBytes();// 待存入的字节信息
        System.out.println("buffer position:" + buffer.position()
                        + ";buffer limit:" + buffer.limit()
                        + ";buffer capacity:" + buffer.capacity());
        for (byte b : bs){
            buffer.put(b);// 将字节数据存入缓冲区
        }
        System.out.println("after put,buffer position:" + buffer.position()
                        + ";buffer limit:" + buffer.limit()
                        + ";buffer capacity:" + buffer.capacity());
        buffer.flip();// 翻转缓冲区
        System.out.println("after flip,buffer position:" + buffer.position()
                        + ";buffer limit:" + buffer.limit()
                        + ";buffer capacity:" + buffer.capacity());
    }
}
```

12.5.5　Channels

Channels 类都放在 java.nio.channels 包中，该包提供了与通道有关的若干个接口和类。下面介绍两个常用的类：Channels 类和 FileChannel 类。另外几个常用通道类 SocketChannel 和 ServerSocketChannel 通常用于网络通信，因此放在第 14 章讲解。

1．Channels 类

Channels 类定义了支持 java.io 包的流类与 java.nio 包的通道类互操作的静态方法，常用方法如表 12.11 所示。

表 12.11　Channels 类中的常用静态方法

方法	类型	方法功能
newChannel(InputStream in)	ReadableByteChannel	构造从给定流读取字节的通道
newChannel(OutputStream out)	WritableByteChannel	构造一个将字节写入给定流的通道
newInputStream(ReadableByteChannel ch)	InputStream	构造从给定通道读取字节的流
newOutputStream(WritableByteChannel ch)	OutputStream	构造将字节写入给定通道的流
newReader(ReadableByteChannel ch, String csName)	Reader	根据给定的字符集编码构造一个读取给定字节通道的读字符流
newWriter(WritableByteChannel ch, String csName)	Writer	根据给定的字符集编码构造一个写入给定字节通道的写字符流

【例 12.14】从键盘读取字符串并在屏幕上输出，输入"exit"结束。

```java
import java.nio.ByteBuffer;
import java.nio.channels.*;

public class Example12_14{
    public static void main(String[] args) throws Exception {
        ReadableByteChannel in = Channels.newChannel(System.in);// 创建一个读通道
        WritableByteChannel out = Channels.newChannel(System.out);// 创建一个写通道
        ByteBuffer buff = ByteBuffer.allocate(1024);// 创建一个1024字节的字节缓冲区
        while (in.read(buff) != -1)
        {// 将读通道的数据读到缓冲区
            buff.flip();// 翻转缓冲区
            String str = new String(buff.array()).trim();
            if (str.equals("exit"))
            {// 若输入"exit"则结束
                in.close();
                out.close();
                break;
            }
            out.write(buff);// 将缓冲区的数据写入写通道
            while (buff.hasRemaining())
            {// 查询缓冲区是否还有剩余数据
                out.write(buff);
            }
            buff.clear();// 清空缓冲区，准备写入下一批数据
        }
    }
}
```

2．FileChannel 类

FileChannel 类用于创建一个可读、写、映射和操作文件的通道。该通道还支持多线程访问，能保证数据操作的可靠性。FileChannel 类中的常用方法如表 12.12 所示。

表 12.12　FileChannel 类中的常用方法

方法	类型	方法功能
open(Path path,OpenOption... options)	static FileChannel	打开或创建文件，并返回文件通道
read(ByteBuffer dst)	int	从该通道读取到给定缓冲区的字节序列
size( )	long	返回此通道文件的当前大小
write(ByteBuffer src)	int	从给定的缓冲区向该通道写入一个字节序列，返回写入的字节数

【例 12.15】输出所读文本文件内容，并向文件中写入读取文件的时间。

```java
import java.io.RandomAccessFile;
import java.nio.ByteBuffer;
import java.nio.channels.FileChannel;
import java.util.Date;
public class Example12_15{
    public static void main(String[] args) throws Exception{
        RandomAccessFile file = new RandomAccessFile("D:\\data.txt", "rw");// 创建文件对象
        FileChannel channel = file.getChannel();// 建立文件通道
        ByteBuffer buf = ByteBuffer.allocate(128);// 设置字节缓冲区
        System.out.println("文件大小: " + channel.size());// 输出文件大小
        while (channel.read(buf) != -1)
        {// 读取文件内容并输出
            buf.flip();// 准备缓冲区读取
            String str = new String(buf.array()).trim();
            System.out.println(str);
        }
        Date time = new Date();
        String newData = "read file time is:" + time;
        buf.clear();// 准备缓冲区写入
        buf.put(newData.getBytes());// 向缓冲区写入当前时间
        buf.flip();// 准备缓冲区读取
        while (buf.hasRemaining()){
            channel.write(buf);// 读取缓冲区内容并送入通道
        }
        channel.close();// 关闭通道
        file.close();
    }
}
```

【例 12.16】综合应用举例：编写程序，统计一个文本文件中非重复单词的数量。

【问题分析】编程实现该题目，首先要完成文本文件的读取，Java 对文件读取的方法很多，这里直接利用例 12.15 中的方法进行文件读取；然后要对读取的内容进行单词分割，这里采用 Scanner 类的 useDelimiter( )方法来设置分隔符，完成单词分割；接着对分割后的单词进行分类统计，找出只出现一次的单词（这也是本题的核心），这里可以利用 Map 集合中 key 值不允许重复的特点，统计各单词的出现次数；最后查询只出现一次的单词个数，并进行输出。关于 Map 集合，读者请回顾前面的相关章节部分。该例子也适用于统计所有单词的出现频次。

```java
public class Example12_16{
    public static void main(String[] args) throws Exception{
        RandomAccessFile file = new RandomAccessFile("D:\\abc.txt", "r");// 创建文件对象
        FileChannel channel = file.getChannel();// 建立文件通道
        ByteBuffer buf = ByteBuffer.allocate(128);// 设置字节缓冲区
        Map<String, Integer> map = new HashMap<String, Integer>();// 保存单词和出现次数
        while (channel.read(buf) != -1)
        {// 读取文件内容并输出
            buf.flip();// 准备缓冲区读取
            String reader_string = new String(buf.array()).trim();
            Scanner scanner = new Scanner(reader_string);
            scanner.useDelimiter("[ \r\n]+");// 设置分隔符
            while (scanner.hasNext()){
                String word = scanner.next();
                if (map.containsKey(word))
                { // HashMap 不允许重复的 key，所以利用这个特性去统计单词的个数
```

```
                        int count = map.get(word);
                        map.put(word, count + 1); // 如果 HashMap 已有这个单词, 则设置它的数量加1
                    }
                    else
                        map.put(word, 1); // 如果没有这个单词, 则新填入, 数量为1
                }
            }
            int count = 0;
            Set<Entry<String, Integer>> list = map.entrySet();// 返回映射集合的 Set 视图
            for (Entry t : list){
                if (t.getValue() == Integer.valueOf(1))// 如果单词出现的次数为1, 则进行累加
                    count++;
            }
            System.out.println("非重复单词数量为:" + count);
            file.close();
        }
    }
```

12.6 小结

本章主要介绍了 Java 的输入流、输出流及相关操作，先给出了 I/O 流的概念和基本分类，Java 的 I/O 流主要分为字节流和字符流，其中字符流主要用于文本信息的传输；然后介绍了 File 文件类，该类定义了文件对象，并可以获取文件的相关属性。文件对象通常用于输入流、输出流操作源端或目的端。

字节流的根类是 InputStream 类和 OutputStream 类，字符流的根类是 Reader 类和 Writer 类。本章分别对这些类的功能和方法进行了介绍，并通过实例给出了实现过程。在 I/O 流的传输过程中，程序经常使用这些类的子类来完成一些特定的功能。本章对其中常用的几种子类进行了详细介绍。

装饰流用于对实体流数据做进一步处理。本章介绍的几种装饰流针对不同的应用需求提供了更加方便、快捷的处理方法，使得传输效率更高，处理能力更强，操作更加灵活。

NIO 采用缓冲区和通道技术实现数据的传输，比起流传输更加方便、灵活。本章先介绍了新增的 Files 类的特点和使用方法，然后对 NIO 的 3 个重要类——Buffers、Channels、Selectors 进行了介绍，并通过示例详细地讲解了相关方法。

12.7 习题

1. Java 的输入流和输出流有哪几种分类形式？各有什么分类？
2. 什么是装饰流？本章介绍的各种类中，哪些是装饰流类？
3. 如果想按倒序读取一个文本文件，那么使用哪个类合适？
4. 是否所有对象都可以使用对象流完成 I/O 操作？为什么？
5. NIO 和 I/O 相比有哪些区别？
6. 编写程序，读取一个文本文件的内容，并统计单词的数量。

第 13 章　图形用户界面

本章要点

- 图形用户界面概述。
- 窗口定义和使用。
- 常用组件。
- 常用容器。
- 事件处理机制。

图形用户界面（graphic user interface，GUI）设计是程序设计的重要组成部分，界面设计的功能性、简洁性、方便性、友好性是衡量一个应用程序实现人机交互能力的重要指标。Java 提供了丰富的组件来完成图形用户界面设计，并通过事件机制实现功能处理。

13.1 图形用户界面概述

图形用户界面概述

13.1.1 抽象窗口工具包

图形用户界面是实现人机交互的窗口，用户使用图形界面可以非常方便地进行操作和数据处理。Java 早期提供的抽象窗口工具包（abstract window toolkit，AWT）中包括了图形用户界面设计的基本类库，它是 Java 设计 GUI 的核心，为用户提供了基本的界面组件。这些类都放在了 java.awt 包中。

AWT 的 Component 类结构如图 13.1 所示。

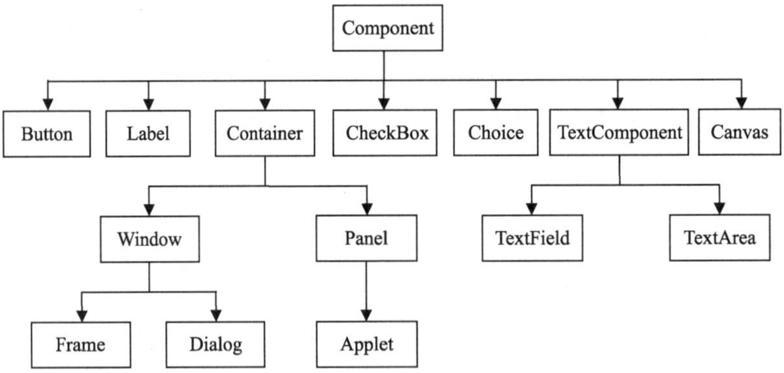

图 13.1　AWT 的 Component 类结构

AWT 主要由以下 4 个部分组成。

- Component（组件）：按钮、标签、菜单等组件。
- Container（容器）：扩展组件的抽象类，如 Window、Panel、Frame 等。
- LayoutManager（布局管理器）：定义容器中各组件的放置位置和大小等。
- Graphics（图形类）：与图形处理相关的类。

早期的 AWT 组件有些重大的缺陷。它本身是一个重量级组件，耗费资源多，而且其开发的图形用户界面依赖于本地系统，在一个系统上开发的图形用户界面迁移到另一个系统界面会有所变化，失去了统一的风格。为此，后来又发展出了 Swing 组件。

13.1.2　Swing 组件

Swing 组件是在 AWT 组件的基础上发展而来的轻量级组件。它提供了 AWT 所能提供的所有功能并进行了扩充，而且这些组件均用 Java 进行开发，使得图形用户界面在不同平台上具有了相同的外观特性，界面更为美观，因此现在的用户界面开发都使用 Swing 组件。该组件都放了 javax.swing 包中。javax.swing 包中的 JComponent 类是 java.awt 包中 Container 类的一个直接子类，其部分类结构如图 13.2 所示。

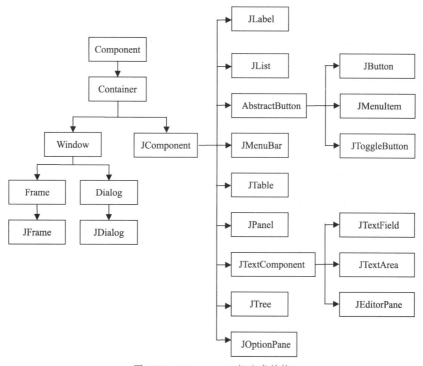

图 13.2　JComponent 部分类结构

从图 13.1 和图 13.2 中可以看到，javax.swing 包中的很多类与 java.awt 包中的类是对应的关系，只是在相关名称前加了一个字符"J"，两者的功能相同，但性能有很大差异，在程序设计中应优先使用 javax.swing 包中的类。后文都以 javax.swing 包中的类为主进行介绍。

13.1.3　组件与事件

Java 是以组件的形式进行界面设计的，即界面中的每一个组成部分都是一个组件，如按钮、菜单、文本框、窗口等。这些组件直接或间接继承自 Component 类。Container（容器）类是一个特殊的组件，它用于承载和显示其他组件，这些组件按照一定的顺序或位置装入容器，然后才能够显示和使用。

组件装入容器中后并不能够直接工作，例如界面中设计了一个按钮，但这个按钮还不具备任何功能，程序员只有将这个按钮与要完成的功能连接起来，才能实现具体的功能，这时就涉及 Java 的事件机制。

在事件机制下，一个事件分为事件源、监听器和事件处理程序。下面仍以按钮为例，一个按钮就是一个事件源，它可以产生"单击按钮"事件。但按钮随时可能被按下，所以程序还需要有"监听"这个按钮的监听器对象。监听器对象监听到"单击按钮"这个事件后，就通知相应的事件处理程序完成对应的功能，从而实现一次事件的处理。

13.2 窗口

要想设计一个 GUI 应用程序，程序先要有一个可以与系统进行交互的顶层容器，用以容纳其他的组件。下面介绍最常用的顶层容器 JFrame。

13.2.1 JFrame 类及常用方法

JFrame（窗口）类是 Container（容器）类的间接子类。一个 JFrame 对象显示出来后就是一个窗口，它可以容纳其他组件。

JFrame 类的方法很多，多继承于父类，表 13.1 列出的是 JFrame 类中的常用方法。

JFrame 类及
常用方法

表 13.1　JFrame 类中的常用方法

方法	类型	方法功能
JFrame( )		构造一个初始时不可见的窗口
JFrame(String title)		创建一个初始不可见的、指定标题的窗口
setTitle(String title)	void	设置窗口标题栏的内容
setSize(int width,int height)	void	设置窗口的大小
setRisizable(boolean r)	void	设置是否可以改变窗口大小
setVisible(boolean v)	void	设置窗口是否可见，默认不可见
setLocation(int x,int y)	void	设置窗口的位置（窗口左上角坐标）
setLocationRelativeTo(null)	void	设置窗口居中显示
Container getContentpane( )	Container	获取内容面板
setDefaultCloseOperation(int o)	void	设置在此窗口上发起"close"时默认执行的操作

【例 13.1】创建一个新窗口，定义该窗口大小为 300 像素×200 像素，初始化位置为(200,200)，并且大小不可调整。

```
import javax.swing.JFrame;
public class Example13_01{
    public static void main(String[] args){
        JFrame frame = new JFrame("一个简单窗口");
        frame.setSize(300, 200);              //设置窗口大小为 300 像素×200 像素
        //设置窗口初始化位置横坐标为 200 像素，纵坐标为 200 像素
        frame.setLocation(200, 200);
        frame.setResizable(false);            //设置窗口是否可以调整大小
        frame.setVisible(true);               //设置窗口可见，默认为不可见
        //单击窗口右上角的关闭按钮时关闭程序
        frame.setDefaultCloseOperation(JFrame.EXIT_ON_CLOSE);
    }
}
```

运行结果如图 13.3 所示。

【例 13.2】通过继承方式创建一个新窗口，其他设置同例 13.1。

```java
import javax.swing.*;

public class Example13_02{
    public static void main(String[] args)
    { //直接生成一个 MyFrame 类的对象
        new MyFrame("一个简单窗口",200,200,300,200);
    }
}
class MyFrame extends JFrame{
    MyFrame(String title,int x,int y,int width,int height) {
        super(title);        //调用父类的构造方法设置窗口标题
        setLocation(x,y);
        setSize(width,height);
        setResizable(false);
        setVisible(true);
        setDefaultCloseOperation(EXIT_ON_CLOSE);
                        //如果注释掉该行，会有什么变化？
    }
}
```

该例与上例的不同之处在于通过继承方式创建了一个窗口，两者的构造方法不同。程序运行结果如图 13.3 所示。

图 13.3　例 13.1 和例 13.2 的运行结果

13.2.2　窗口菜单

窗口菜单设计比较特殊，它是由多个组件共同完成的。

1. JMenuBar 类

JMenuBar（菜单条）类是 JComponent 的子类，它用于创建一个菜单条。一个窗口中只能有一个菜单条，并且只能添加到窗口顶端。Frame 添加 JMenuBar 的方法如下。

窗口菜单

```java
setJMenuBar(JMenuBar menubar)
```

2. JMenu 类

JMenu（菜单）类用于创建菜单，一个菜单条中可以添加多个菜单对象。在一个菜单中也可以添加另一个菜单，以实现菜单的嵌套。JMenu 类的常用构造方法如下。

```java
JMenu(String s)
```

3. JMenuItem 类

JMenuItem（菜单项）类用于创建菜单项，每一个菜单可以包含多个菜单项。JMenuItem 类的常用构造方法如下。

```java
JMenuItem(String text)
JMenuItem(String text,Icon icon)
```

第一个构造方法用于创建带有指定文本的 JMenuItem，第二个构造方法用于创建带有指定文本和图标的 JMenuItem。

下面通过一个例子介绍菜单的创建。

【例 13.3】创建一个带有菜单的窗口。部分程序如下，完整程序见例 13.3 源代码。

```java
import javax.swing.*;
class FrameWithMenu extends JFrame{
    JMenuBar menubar;
    JMenu menu1, menu2, submenu11;
```

例 13.3 源代码

```
        JMenuItem menuItemPackage,menuItemCut, menuItemPaste;
    void init(String s){
        setTitle(s);                          //设置窗口标题
        menubar = new JMenuBar();             //创建一个菜单条
        menu1 = new JMenu("文件");            //创建一个"文件"菜单
        menu2 = new JMenu("编辑");            //创建一个"编辑"菜单
        submenu11 = new JMenu("新建");        //创建一个"新建"子菜单
        //下面是创建菜单项
        menuItemPackage = new JMenuItem("包");  //创建一个"包"菜单项
        menuItemCut = new JMenuItem("剪切");     //创建一个"剪切"菜单项
        //下面是将菜单项加入相应的菜单中
        submenu11.add(menuItemPackage);       //将"包"菜单项加入"新建"子菜单
        menu1.add(submenu11);                 //将"新建"子菜单加入"文件"菜单
        menu2.add(menuItemCut);               //将"剪切"菜单项加入"编辑"菜单
        //下面是将菜单加入菜单条中
        menubar.add(menu1);                   //将"文件"菜单加入菜单条
        menubar.add(menu2);                   //将"编辑"菜单加入菜单条
        setJMenuBar(menubar);                 //设置窗口菜单条
        setLocation(100, 300);                //窗口位置
        setSize(300, 200);                    //窗口大小
        setVisible(true);                     //窗口可见
        setDefaultCloseOperation(EXIT_ON_CLOSE);
    }
}
public class Example13_03 {
    public static void main(String[] args)
    {//创建对象后直接初始化
        new FrameWithMenu().init("Java 菜单设计");
    }
}
```

程序运行结果如图 13.4 所示。

13.3 常用组件、容器与布局

Java 提供了大量的实用组件来方便图形界面设计,这里只列出其中常用的组件。读者要想了解更为详细的内容,请参考 JDK 帮助文档。

图 13.4　例 13.3 的运行结果

13.3.1 常用组件

1. JButton 类

JButton(按钮)类用于创建普通按钮,其常用的构造方法如下。

```
public JButton(String text)
public JButton(String text,Icon icon)
```

常用组件 1

第一个构造方法用于创建一个带文本的按钮,第二个构造方法用于创建一个带初始文本和图标的按钮。

2. JRadioButton 类和 ButtonGroup 类

JRadioButton(单选按钮)类用于创建单选按钮,并将多个单选按钮对象加入 ButtonGroup(按钮作用域)类中,但同一个域中只能有一个单选按钮处于选中状态。JRadioButton 类的构造方法如下。

```
public JRadioButton(String text)
public JRadioButton(String text,boolean selected)
```

第一个构造方法用于创建一个带初始文本的状态为未选中的单选按钮，第二个构造方法用于创建一个带初始文本的状态为选中的单选按钮。

ButtonGroup 类的构造方法如下。

```
public ButtonGroup()
```

创建了作用域对象后，调用 add(AbstractButton b)方法将单选按钮加入指定作用域中。

3. JCheckBox 类

JCheckBox（复选框）类用于创建复选框，常用的构造方法如下。

```
JCheckBox(String text)
JCheckBox(String text,boolean selected)
```

第一个构造方法用于创建一个带初始文本的状态为未选中的复选框；第二个构造方法用于创建一个带文本的状态为选中的复选框。

4. JLabel 类

JLabel（标签）类用于创建显示短文本字符串或图像的标签，常用的构造方法如下。

```
JLabel()
JLabel(String text)
JLabel(String text,Icon icon,int horizontalAlignment)
```

第一个构造方法用于创建无文本的标签，需要时可以重设标签文本；第二个构造方法用于创建具有指定文本的标签；第三个构造方法用于创建具有指定文本、图像和水平对齐方式的标签。

5. JTextField 类

JTextField（文本框）类用于创建编辑单行字符串的文本框，其常用的构造方法如下。

常用组件 2

```
JTextField(String text)
JTextField(String text,int columns)
```

第一个构造方法用于创建一个带初始文本的文本框；第二个构造方法用于创建一个带初始文本，并指定显示宽度的文本框。

6. JPasswordField 类

JPasswordField（密码框）类的功能与 JTextField 类的功能相同，不同之处在于 JPasswordField 类创建的文本框在输入内容时不直接显示，而是用 "*" 或 "●" 代替。其常用的构造方法如下。

```
JPasswordField(String text)
JPasswordField(String text,int columns)
```

第一个构造方法用于创建一个带初始文本的密码框；第二个构造方法用于创建一个带初始文本，并指定显示宽度的密码框。

7. JTextArea 类和 JScrollPane 类

JTextArea（文本区）类用于创建显示多行文本的文本区。它与 JScrollPane（滚动条视图）类配合使用，当文本区内容超出显示范围时显示滚动条。JTextArea 类的常用构造方法如下。

```
JTextArea(String text)
JTextArea(int rows,int columns)
JTextArea(String text,int rows,int columns)
```

第一个构造方法用于创建一个显示指定文本的文本区，第二个构造方法用于创建一个具有指定行数和列数的空文本区，第三个构造方法用于创建一个具有指定文本、行数、列数的文本区。

JScrollPane 类用于创建一个滚动条视图，其常用的构造方法如下。

```
JScrollPane(Component view)
```

该构造方法用于创建一个显示指定组件内容的滚动条视图（只要组件的内容超过视图大小，当前就会显示水平滚动条和垂直滚动条）。

下面通过一个示例看一看这些组件的应用。

【例 13.4】常用组件的使用。部分程序如下，完整程序见例 13.4 源代码。

例 13.4 源代码

```java
public class Example13_04{
    public static void main(String[] args){
        new JComponent_UI();
    }
}
class JComponent_UI extends JFrame {
    JTextField text;
    JButton button;
    JCheckBox checkBox1;
    JRadioButton radio1,radio2;
    ButtonGroup group;
    JComboBox comBox;
    JTextArea area;
    public JComponent_UI() {
        init();
    }
    void init() {
        setLayout(new FlowLayout());              //设置窗口布局为流式布局
        text=new JTextField(10);
        add(text);                                //向窗口中加入文本框
        group = new ButtonGroup();                //创建单选按钮作用域
        radio1 = new JRadioButton("男");
        radio2 = new JRadioButton("女");
        group.add(radio1);                        //将单选按钮加入作用域
        group.add(radio2);
        add(radio1);                              //向窗口中加入单选按钮
        add(radio2);
        checkBox1 = new JCheckBox("喜欢徒步");     //创建复选框
        add(checkBox1);                           //向窗口中加入复选框
        comBox = new JComboBox();                 //创建下拉列表
        comBox.addItem("程序设计");                //向列表中加入条目
        add(comBox);                              //向窗口中加入下拉列表
        add(new JLabel("自我介绍:"));
        area = new JTextArea(6,12);       //创建文本区
        add(new JScrollPane(area));
                           //向窗口中加入带滚动条的文本区
        button=new JButton("提交");       //创建提交按钮
        add(button);                      //向窗口中加入按钮
    }
}
```

程序运行结果如图 13.5 所示。

图 13.5　例 13.4 的运行结果

13.3.2　常用容器

Java 提供了多种容器为程序设计所使用，通常将这些容器分为以下 3 类。

- 顶层容器：其包括 JFrame、JDialog、JApplet、JWindow。
- 普通容器：其包括 JPanel、JScrollPane、JSplitPane、JTabbedPane、JOptionPane。
- 特殊容器：其包括 JInternalFrame、JLayeredPane、JRootPane、JToolBar。

常用容器

顶层容器中，JFrame 是使用最多的顶层窗口；JDialog 类用于创建对话框窗口；JApplet 是 Applet 的子类，它用于 Java 小应用程序的开发；JWindow 与 JFrame 类似，但没有标题栏和窗口管理按钮。顶层容器不允许相互嵌套。

普通容器中，JPanel（面板）类是使用最多的普通容器，而且它允许嵌套，因此利用 JPanel 可以实现比较复杂的界面设计；JScrollPane 用于实现组件的滚动条显示；JSplitPane 可以将显示区按指定需求水平或垂直分割成两个部分；JTabbedPane 容器可以装载多个卡片（如 JPanel），用户可通过单击实现卡片之间的切换；JOptionPane 用于实现简单的对话框。需要注意的是，普通容器不能够独立应用，需要嵌入顶层容器中才能操作。

特殊容器中，JInternalFrame 的使用方法跟 JFrame 的使用方法几乎相同，唯一的区别在于它是一个轻量级组件，所以需要添加到顶层容器中才能显示；JLayerPane 允许容器内的组件按照一定的深度层次进行重叠显示；JRootPane 是在 JFrame 窗口创建时就添加进来的面板，负责管理其他的面板；JToolBar 工具栏创建后可以向其中添加组件，并且用户可以在窗口周围拖动工具栏来改变工具栏的方向。

在这些容器中，只有顶层容器可以直接显示，其他容器都需要加入顶层容器中才能显示。前面已经介绍了 JFrame，下面再介绍几种常用容器的用法。顶层容器中的 JDialog 容器将在后面详细介绍。

1. JWindow

JWindow 是顶层容器，但与 JFrame 不同的是，它只有一个空白界面，不具有标题栏和窗口管理按钮。下面看一个简单示例。

【例 13.5】JWindow 的简单显示。

```
import javax.swing.*;
public class Example13_05{
    public static void main(String[] args) {
        JFrame frame = new JFrame("window");
        JWindow window =new JWindow(frame);          //创建一个 JWindow 窗口
        window.setSize(200,200);
        frame.setSize(300,300);
        JButton b = new JButton("按钮");
        window.add(b);                               //向 JWindow 窗口中加入按钮
        frame.setVisible(true);
        window.setLocationRelativeTo(frame);         //设置 JWindow 窗口的显示位置
        window.setVisible(true);
        frame.setDefaultCloseOperation(JFrame.EXIT_ON_CLOSE);
    }
}
```

程序运行结果如图 13.6 所示。

2. JPanel

JPanel 又称面板，它是 Java 中最常用的轻量级容器之一，其默认布局管理器是 FlowLayout。JPanel 可以容纳其他组件，但本身不可见，需要加入顶层容器中才能显示，因此也称为中间容器。JPanel 之间可以嵌套，对组件进行组合，利用这一特性可以方便地进行界面设计。JPanel 的常用构造方法如下。

JPanel、
JScrollPane、
JSplitPane

图 13.6　例 13.5 的运行结果

```
public JPanel()
public JPanel(LayoutManager layout)
```

第一个构造方法用于创建具有双缓冲和流布局的面板，第二个构造方法用于创建具有指定布局管理器的面板。

3．JScrollPane

JScrollPane 提供轻量级组件的 Scrollable 视图用于管理滚动条，常用于 TextArea 文本框中，它不支持重量级组件。JScrollPane 类的常用构造方法如下。

```
public JScrollPane()
public JScrollPane(Component view)
```

第一个构造方法用于创建一个空的 JScrollPane，需要时水平和垂直滚动条都可显示；第二个构造方法用于创建一个显示指定组件内容的 JScrollPane。举例如下。

```
TextArea text=new TextArea(6,6);
JScrollPane p=new JScrollPane(text);
```

这样，当文本框中的字符超过 6 行 6 列后就会显示滚动条。

4．JSplitPane

JSplitPane 用于分隔两个组件，即将容器拆分成两个部分，每个部分各放一个组件。容器拆分时可以水平拆分和垂直拆分，中间的拆分线可以进行移动。JSplitPane 的常用构造方法如下。

```
public JSplitPane(int orientation,Component left,Component right)
public JSplitPane(int orientation,boolean c,Component left,Component right)
```

第一个构造方法用于创建一个指定方向、指定组件的 JSplitPane，其中参数 orientation 的值为 JSplitPane.HORIZONTAL_SPLIT（水平分割）或 JSplitPane.VERTICAL_SPLIT（垂直分割），left 为放在左边（或上边）的组件，right 为放在右边（或下边）的组件；第二个构造方法用于创建一个指定方向、指定组件的 JSplitPane，其中参数 c 为 true 表示拆分线移动时组件跟着连续变化，为 false 则表示拆分线停止移动后组件再发生变化。

13.3.3　常用布局

当往容器中添加组件时，程序可以调用相应的方法指定组件的大小和位置，这种指定方式一般称为手工布局。手工布局可以根据设计者的意图随意布置界面，布置时灵活、方便，但是当容器的大小改变时（如窗口的缩放），就很难保证组件在容器中的合理布局，所以布置组件时较少使用手工布局，而多使用布局管理器布置界面。手工布局方法参见例 13.11。

一旦使用布局管理器后，组件在容器中的大小和位置完全由布局管理器控制和管理，程序员不需要，也不能再对组件的位置和大小进行控制。如果想让某个容器使用某种布局管理器，程序员可以使用 setLayout( )方法设置布局管理器。每一种容器都有默认的布局管理器，根据需要可以用 setLayout( )方法改为其他的布局管理器。对于较复杂的界面，多采用容器嵌套的方式进行布局。下面列出常用的布局管理器。

1．FlowLayout

java.awt.FlowLayout 类称为流式布局管理器，它把所有组件按照流水一样的顺序进行排列，一行满了后自动排到下一行。组件的显示位置随着窗口的缩放而发生变化，但顺序不变，位置与添加顺序密切相关，所以使用时要按一定的顺序进行添加。FlowLayout 是 JPanel 的默认布局管理器，它的构造方法如下。

FlowLayout

```
public FlowLayout()
public FlowLayout(int align,int hgap,int vgap)
```

第一个构造方法用于创建一个居中对齐的流式布局，默认水平和垂直间隔为 5 个像素；第二个构造方法用于创建一个指定对齐方式及间隔的流式布局。参数 align 的值有 FlowLayout.LEFT（左对齐）、FlowLayout.RIGHT（右对齐）、FlowLayout.CENTER（居中对齐）、FlowLayout.LEADING

（与容器方向开始边对齐）和 FlowLayout.TRAILING（与容器方向结束边对齐），参数 hgap 为组件间的水平间隔，参数 vgap 为组件间的垂直间隔。

【例 13.6】FlowLayout 应用举例。部分程序如下，完整程序见例 13.6 源代码。

```java
class FrameWithFlowLayout extends JFrame {
    JButton button1;
    JTextField text1;
    FlowLayout f;

    void display(){
        f=new FlowLayout();                    //创建 FlowLayout 布局
        setLayout(f);                          //设置当前窗口的布局管理器
        setTitle("流式布局管理器示例");        //设置窗口标题栏
        button1=new JButton("第一个按钮");     //创建按钮对象
        add(button1);                          //将按钮加入窗口
        text1=new JTextField(10);              //设置文本框对象
        text1.setText("第一个文本框");         //设置文本框的初始内容
        add(text1);                            //将文本框加入窗口
    }
}
public class Example13_06{
    public static void main(String[] args){
        FrameWithFlowLayout flow = new FrameWithFlowLayout();
        flow.display();
    }
}
```

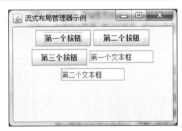

例 13.6 源代码

程序运行结果如图 13.7 所示。

2．BorderLayout

java.awt.BorderLayout 类称为边框布局管理器，它把一个容器分成 5 个区域，这 5 个区域分别是东、西、南、北中。每个区域最多只能包含一个组件，如果想放置多个组件，则可以采用容器嵌套的方法。这 5 个区域的常量标识为：EAST、WEST、SOUTH、NORTH 和 CENTER。BorderLayout 是 JFrame 的默认布局管理器，它的构造方法如下。

图 13.7　例 13.6 的运行结果

```java
public BorderLayout()
public BorderLayout(int hgap,int vgap)
```

第一个构造方法用于创建一个组件之间没有间距的边框布局管理器；第二个构造方法用于创建一个指定组件间距的边框布局，参数 hgap 为水平间距，vgap 为垂直间距。

BorderLayout

【例 13.7】BorderLayout 应用举例。

```java
import javax.swing.*;
import java.awt.*;
class FrameWithBorderLayout extends JFrame {
    JButton ebutton,wbutton,nbutton,sbutton,cbutton;
    JTextField text;
    void display(){
        setTitle("边界布局管理器示例");
        ebutton=new JButton("东");             //创建按钮对象
        wbutton=new JButton("西");
        sbutton = new JButton("南");
```

```
            nbutton = new JButton("北");
            cbutton = new JButton("中");
            JPanel panel = new JPanel();              //创建 JPanel 容器
            text = new JTextField("中间区域");
            panel.add(text);                          //向 JPanel 中加入组件
            panel.add(cbutton);
            add(ebutton,BorderLayout.EAST);           //将按钮加到窗口的指定位置
            add(wbutton, BorderLayout.WEST);
            add(sbutton, BorderLayout.SOUTH);
            add(nbutton, BorderLayout.NORTH);
            add(panel, BorderLayout.CENTER);          //将 JPanel 容器加到窗口的指定位置
            setSize(300,300);                         //设置窗口大小
            setVisible(true);                         //设置窗口可见
            setDefaultCloseOperation(EXIT_ON_CLOSE);
    }
}
public class Example13_07{
    public static void main(String[] args){
        FrameWithBorderLayout ex = new FrameWithBorderLayout();
        ex.display();                                 //显示窗口内容
    }
}
```

在例 13.7 中，中间区域是一个 JPanel 对象，它作为一个组件放在窗口中，而它本身又是一个容器，其默认布局方式为流式布局，其中放置了一个文本框和一个按钮，形成嵌套布局。程序运行结果如图 13.8 所示。

图 13.8　例 13.7 的运行结果

3. GridLayout

java.awt.GridLayout 类称为网格布局管理器，它将容器划分成网格结构，每一个网格中可以放置一个组件。所有组件的大小都相同，均填充满整个网格。这些组件按照添加顺序从左到右、从上到下加入网格中并显示。GridLayout 的构造方法如下。

```
public GridLayout()
public GridLayout(int rows,int cols)
public GridLayout(int rows,int cols,int hgap,int vgap)
```

第一个构造方法用于创建具有默认格式的网格布局，即每个组件占据一行一列；第二个构造方法用于创建具有指定行数和列数的网格布局；第三个构造方法用于创建具有指定行数和列数的网格布局，其中参数 rows 为行数，cols 为列数，hgap 为水平间距，vgap 为垂直间距。参数 rows 和 cols 可以有一个值为 0，表示可以将任意数量的对象置于行中或列中。

GridLayout

【例 13.8】GridLayout 应用举例，简单电话拨号界面设计。根据按键的分布情况，先定义一个 3 行 4 列的网格，然后在每个网格单元中添加一个相应的按钮。

```
import java.awt.*;
import javax.swing.*;
class FrameWithGridLayout extends JFrame {
    void display(){
        setTitle("网格布局管理器示例");
        JTextField text=new JTextField(20);
        add(text, BorderLayout.NORTH);
        JPanel p = new JPanel();                  //设置一个 JPanel 容器对象
```

```
        //将 JPanel 的布局管理器设置为网格布局管理器
        //网格为 4 行 3 列，网格之间行、列间距均为 4 个像素
        p.setLayout(new GridLayout(4,3,4,4));
        String[] name = {"1","2","3","4","5","6","7","8","9","*","0","#"};
        for (int i = 0; i < name.length; ++i)
            p.add(new JButton(name[i]));    //在 JPanel 的各个网格中加入按钮对象
        add(p);                             //将 JPanel 容器加入窗口中，默认为中间位置
        pack();                             //设置窗口为合适大小

        setVisible(true);
        setDefaultCloseOperation(EXIT_ON_CLOSE);
    }
}
public class Example13_08{
    public static void main(String[] args){
        new FrameWithGridLayout().display();
    }
}
```

程序运行结果如图 13.9 所示。

图 13.9　例 13.8 的运行结果

4．GridBagLayout

java.awt.GridBagLayout 类称为网格包布局管理器，它是一个灵活的布局管理器，不需要组件大小相同就可以按水平、垂直或沿着基线对齐。GridBagLayout 中的组件可以占用一个或多个网络单元格，但这些组件的具体放置位置和放置方式需要通过 GridBagConstraints 类的实例进行设置。也就是说，加入 GridBagLayout 中

GridBagLayout

的组件需要由 GridBagConstraints 对象来设定存放的位置，以及占用的网格区域大小、空白边界处理等相关信息。GridBagLayout 的构造方法只有一个，如下所示。

```
public GridBagLayout()
```

GridBagConstraints 的构造方法如下。

```
public GridBagConstraints()
public GridBagConstraints(int gridx,int gridy,int gridwidth,int gridheight,
                          double weightx, double weighty,int anchor,int fill,
                          Insets insets,int ipadx,int ipady)
```

第一个构造方法用于创建一个 GridBagConstraints 对象，将其所有字段都设置为默认值；第二个构造方法用于创建一个带有完整属性参数的 GridBagConstraints 对象。虽然提供了这种构造方法，但在实际应用中很少使用，通常是先构造一个基本的对象，然后根据需要设置相应的属性。要想使用 GridBagLayout 实现灵活的布局，程序员就需要对这些属性做准确的设定，否则可能会出现一些意料之外的显示结果。

上述的这些参数都是 GridBagConstraints 的相关属性（实例变量），下面详细介绍这些属性（以下均基于从左到右的组件方向）。

- gridx 和 gridy：指定组件放置的起始位置（左上角的行和列），最左边的列为 gridx=0，最左边的行为 gridy=0。默认值为 GridBagConstrains.RELATIVE，表示正要添加的组件放在上一个被添加组件的右侧或下面，即紧挨上一个组件。
- gridwidth 和 gridheight：指定组件占用显示区域的行数和列数，默认值为 1，表示该组件只占用单行单列。如果 gridwidth(gridheight)=GridBagConstrains.REMAINDER，则代表这是该行（列）的最后一个组件，后面剩余的单元格由该组件全部占用。如果值为 GridBagConstrains.RELATIVE，则让该组件跟在前一个组件之后。
- weightx 和 weighty：指定组件如何分配各自的水平空间和垂直空间比例，默认值为 0，表示

图形用户界面 / 第 13 章

组件都聚在容器的中间，额外的空间都放在单元格和容器的边缘。这个值的设置在改变面板大小时十分重要，因为当面板空间大小改变时，组件周围的空间就会发生变化，这时就需要按照设置的结果重新调整各自的额外空间显示，否则整个界面的显示就会发生混乱。一般地，值的范围是 0.0 到 1.0，更大的值表示行或列应获得更大的空间。

- anchor：当组件小于其显示区域时，使用该值可以确定在显示区域中放置组件的位置，默认值是 CENTER，表示居中显示。该值可分为相对于方向的值、相对于基线的值和绝对值。相对于方向的值有 PAGE_START、PAGE_END、LINE_START、LINE_END、FIRST_LINE_START、FIRST_LINE_END、LAST_LINE_START 和 LAST_LINE_END；相对于基线的值有 BASELINE、BASELINE_LEADING、BASELINE_TRAILING、ABOVE_BASELINE、ABOVE_BASELINE_LEADING、ABOVE_BASELINE_TRAILING、BELOW_BASELINE、BELOW_BASELINE_LEADING 和 BELOW_BASELINE_TRAILING；绝对值有 CENTER（居中）、NORTH（最上方）、NORTHEAST（右上角）、EAST（右侧）、SOUTHEAST（右下角）、SOUTH（最下方）、SOUTHWEST（左下角）、WEST（左侧）和 NORTHWEST（左上角）。

- fill：指定组件是否调整大小以满足显示区域的需要，默认值是 NONE，表示不调整大小。其有 4 个常量值，分别是 NONE（不调整组件大小）、HORIZONTAL（沿水方向填满其显示区域，高度不变）、VERTICAL（沿垂直方向填满其显示区域，宽度不变）和 BOTH（使组件完全填满其显示区域）。

- insets：指定组件的外填充空间，即组件和显示单元格边缘的最小空间。此值通过 Inset 对象来指定，默认没有外填充空间。

- ipadx 和 ipady：指定组件内容的填充空间，即给组件的最小宽度（高度）添加多大的空间。组件的宽度（高度）至少为其最小宽度（高度）加上 ipadx（ipady）像素，默认值为 0。

【例 13.9】利用 GridBagLayout 布局管理器设计一个简单计算器。在这个界面中，按钮 "=" 需要占用两行一列，按钮 "0" 需要占用一列两行。

```java
import java.awt.*;
import javax.swing.*;
class FrameWithGridBagLayout extends JFrame{
    void display(){
        setTitle("网格包布局管理器示例");
        JTextField text = new JTextField();
        add(text, BorderLayout.NORTH);
        JPanel p = new JPanel();            //设置一个 JPanel 容器对象
        GridBagLayout layout = new GridBagLayout();
        p.setLayout(layout);               //JPanel 的布局为网格包布局
        String[] name = {"C","ln","*","÷","7","8","9","-",
                "4","5","6","+","1","2","3","=","0","."};
        JButton [] button=new JButton[name.length];
        for (int i = 0; i < name.length; ++i)
            button[i] = new JButton(name[i]);
        //定义一个 GridBagConstraints，使组件充满显示区域
        GridBagConstraints s = new GridBagConstraints();
        s.fill = GridBagConstraints.BOTH;
        for(int i = 1;i<16;i++) {
            if(i % 4 != 0)           //设置组件水平占用的网格数。其值为 0，组件是该行的最后一个
                s.gridwidth = 1;
            else
                s.gridwidth = 0;     //设置组件为该行的最后一个组件
            //设置组件水平的拉伸幅度。其值为 0 不拉伸，不为 0 就随着窗口增大进行拉伸
            s.weightx = 1;
```

```
                   //设置组件垂直的拉伸幅度。其值为0不拉伸，不为0就随着窗口增大进行拉伸
                   s.weighty = 1;
                   p.add(button[i-1],s);    //将生成的按钮按照GridBagConstraints设置位置进行添加
               }
               s.gridwidth = 0;                    //设置组件为该行的最后一个组件
               s.gridheight = 2;                   //设置组件占用两行
               s.weightx = 1;                      //组件水平可拉伸
               s.weighty = 1;                      //组件垂直可拉伸
               p.add(button[15],s);                //将"="按钮设置为占用两行一列
               s.gridx = 0;                        //组件位置在第0列
               s.gridy = 4;                        //组件位置在第4行
               s.gridheight = 1;                   //组件占用1行
               s.gridwidth = 2;                    //组件占用两列
               s.weightx = 1;                      //组件水平可拉伸
               s.weighty = 1;                      //组件垂直可拉伸
               //将"0"按钮设置在第4行的第0列显示，并占用两列一行，添加到面板中
               p.add(button[16],s);
               s.gridx = 2;                        //组件位置在第2列
               s.gridy = 4;                        //组件位置在第4行
               s.gridwidth = 1;
               s.gridheight = 1;
               s.weightx = 0;
               s.weighty = 0;
               p.add(button[17],s);                //将"."按钮设置在第4行的第2列显示，添加到面板中
               add(p);                             //将JPanel容器加入窗口中，默认为中间位置
               setSize(250,250);                   //设置窗口大小为250像素×250像素
               setVisible(true);
               setDefaultCloseOperation(EXIT_ON_CLOSE);
           }
       }
       public class Example13_09{
           public static void main(String[] args){
               new FrameWithGridBagLayout().display();
           }
       }
```

程序运行结果如图13.10所示。

图 13.10 例 13.9 的运行结果

5．CardLayout

java.awt.CardLayout 类称为卡片布局管理器，它把添加的每个组件像卡片一样叠加在一起，每次只显示最上面的一个组件，卡片的顺序由组件对象本身在容器内部的顺序决定。CardLayout 类定义了一组方法，这些方法允许应用程序按顺序浏览这些卡片，或者显示指定的卡片。CardLayout 类中的常用方法如表13.2所示。

CardLayout

图形用户界面 / 第13章

表 13.2　CardLayout 类中的常用方法

方法	类型	方法功能
CardLayout( )		创建一个间距为 0 的卡片布局
CardLayout(int hgap,int vgap)		创建一个具有水平间距和垂直间距的卡片布局
first(Container parent)	void	翻转到指定容器的第一张卡片
next(Container parent)	void	翻转到指定容器的下一张卡片
previous(Container parent)	void	翻转到指定容器的前一张卡片。如果当前可见卡片是第一个，则翻转到最后一张
last(Container parent)	void	翻转到指定容器的最后一张卡片
show(Container parent,String name)	void	显示指定 name 的组件

关于 CardLayout 类的实现示例可参看例 13.12。

6. BoxLayout

javax.swing.BoxLayout 类称为盒式布局管理器，它允许以水平或垂直方向布置多个组件，这些组件排在同一行或同一列。BoxLayout 是 javax.swing.Box 容器的默认布局管理器。BoxLayout 的构造方法如下。

BoxLayout

```
public BoxLayout(Container target,int axis)
```

该构造方法用于创建一个沿给定轴放置组件的盒式布局。参数 target 为需要布置的容器；参数 axis 为布置组件时使用的轴，axis 常用的值有 BoxLayout.X_AXIS（指定组件从左到右排在一行）和 BoxLayout.Y_AXIS（指定组件从上到下排在一列）。

在实际应用中，多使用 Box 类，而不是直接使用 BoxLayout。Box 类是使用 BoxLayout 的轻量级容器，它提供了一些方法来便于使用 BoxLayout 布局管理器。Box 类还可以以嵌套的方式组合成更加丰富的布局。

Box 中定义了多个有用的静态方法。例如，createHorizontalBox( )方法用于创建一个从左到右显示组件的 Box，createVerticalBox( )方法用于创建一个从上到下显示组件的 Box。如果希望组件按固定间隔存放，程序员可以通过 createHorizontalStrut(int width)方法或 createVerticalStrut(int height)方法创建一个不可见的固定宽度（高度）的组件，然后插入两个组件之间。

【例 13.10】BoxLayout 应用举例，设计一个简单的用户注册界面。

```
import java.awt.BorderLayout;
import java.awt.FlowLayout;
import javax.swing.*;
class FrameWithBoxLayout extends JFrame{
    Box box1,box2,box;
    public void display() {
        box1 = Box.createVerticalBox();        //创建一个列排列的 Box，存放提示信息
        box2 = Box.createVerticalBox();        //创建一个列排列的 Box，存放输入文本框
        box  = Box.createHorizontalBox();      //创建一个行排列的 Box，存放 box1 和 box2
        box1.add(new JLabel("用户名: "));        //向列排列 box1 中加入一个 label
        box1.add(Box.createVerticalStrut(10)); //向 box1 中加入一个高为 10 像素的间隔组件
        box1.add(new JLabel("密码: "));
        box1.add(Box.createVerticalStrut(10));
        box1.add(new JLabel("重复密码: "));
        box2.add(new JTextField(10));
        box2.add(Box.createVerticalStrut(10));
        box2.add(new JTextField(10));
        box2.add(Box.createVerticalStrut(10));
        box2.add(new JTextField(10));
        box2.add(Box.createVerticalStrut(10));
```

```
        box.add(box1);
        box.add(Box.createHorizontalStrut(10));  //向box中加入一个宽为10像素的间隔组件
        box.add(box2);
        add(box,BorderLayout.CENTER);
        pack();
        setVisible(true);
        setDefaultCloseOperation(EXIT_ON_CLOSE);
    }
}
public class Example13_10 {
    public static void main(String[] args) {
        new FrameWithBoxLayout().display();
    }
}
```

程序运行结果如图 13.11 所示。

图 13.11　例 13.10 的运行结果

7. null（空布局）

一般容器都有默认的布局管理器，但有时候需要精确设置各个组件
的位置和大小，这时就需要用到空布局。容器使用 setLayout(null)方法将布局设置
为空，这时添加进入容器的组件就需要使用 setBounds(int x,int y,int width,int height)
方法指定该组件在容器中的位置和大小。加入的组件都是一个矩形结构，参数 x 和
y 是组件的左上角位置坐标，width 和 height 是组件的宽和高。

【例 13.11】null 应用举例，在窗口中构造一个围棋的棋盘。

null（空布局）

```
import java.awt.*;
import javax.swing.*;
class ChessPad extends JPanel
{//创建棋盘类、面板类容器
    ChessPad(){
        setSize(440,440);                          //设置棋盘大小
        setLayout(null);                           //设置棋盘布局为null（空）
        setBackground(Color.orange);               //设置棋盘背景色为橙色
    }
    public void paintComponent(Graphics g){
        super.paintComponent(g);                   //调用父类方法，保证背景的显示
        for(int i = 40;i <= 400;i = i + 20)        //绘制棋盘的横线
            g.drawLine(40,i,400,i);                //从给定的左上角坐标到右下角坐标绘制直线
        for(int j = 40;j <= 400;j = j + 20)        //绘制棋盘的纵线
            g.drawLine(j,40,j,400);
        //在棋盘的指定位置绘制实心圆，注意是左上角坐标，不是圆心坐标
        g.fillOval(97,97,6,6);
        g.fillOval(337,97,6,6);
        g.fillOval(97,337,6,6);
        g.fillOval(337,337,6,6);
        g.fillOval(217,217,6,6);
    }
}
class FrameWithNullLayout extends JFrame{          //创建窗口
    public void display(){
        setLayout(null);                           //设置窗口布局为null（空），手工布局
        ChessPad chesspad = new ChessPad();        //创建棋盘
        add(chesspad);                             //将棋盘加入窗口
        chesspad.setBounds(5,5,440,440);           //设置棋盘在窗口中的显示位置和大小
        setSize(460, 470);                         //设置窗口大小
        setVisible(true);                          //设置窗口可见
```

```
            setDefaultCloseOperation(EXIT_ON_CLOSE);
        }
    }
public class Example13_11{
    public static void main(String[] args){
        new FrameWithNullLayout().display();
    }
}
```

程序运行结果如图 13.12 所示。

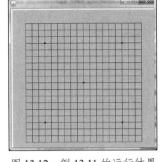

图 13.12　例 13.11 的运行结果

13.4　事件处理

本章前 11 个例子介绍了如何设计图形用户界面，但是这些界面无法实现用户和程序之间的交互。如果想使用户和程序之间能够交互，程序员就要使用 Java 的事件处理模型。

13.4.1　事件处理模型

Java 的事件处理模型把整个事件分为 3 个部分，即事件源、事件监听器及处理事件的接口。

1. 事件源

能够产生事件的组件都可以称为事件源，例如按钮、菜单、文本框等。

2. 事件监听器

事件监听器用于对发生事件的事件源进行监听。如果没有监听器，即使这些事件源产生了事件，程序也无法知道，因此，必须要有事件监听器监听事件源。根据事件源产生事件的类型和需要，程序员可以为事件源绑定一个或多个监听器，绑定监听器又称为注册监听器。注册监听器的方法如下。

事件源对象.add×××Listener(监听器)

其中，×××为对应的事件类型。

当注册了监听器后，一旦事件源发生了事件，监听器就会监测到，这时，监听器就会对这个事件进行相应的处理。

3. 处理事件的接口

监听器监听到事件源发生了相关的事件后，就要调用方法来处理事件。为了规范统一的行为，Java 将事件进行了分类，并封装成对应的事件接口，在这些接口中给出了指定的方法。这样监听器要想实现事件的处理，就需要实现对应的事件接口，并重写其中的方法，从而实现事件的处理。

完成一个事件处理分为以下 3 步。

第一步，确定事件源。在一个窗口界面中可能包含多个组件，但不是每个组件对象都需要进行事件处理。因此，先要根据功能需求确定哪些事件源对象产生的哪些事件需要监听和处理。

第二步，对确定的事件源注册监听器。一个事件源可能会产生多个事件，例如按钮对象既可以产生 ActionEvent 事件，也可以产生 MouseEvent 事件，这时就要根据实际需求对相应事件进行监听器的注册。同时，具有相同事件的事件源可以注册到同一个监听器上，例如窗口中的多个按钮可以注册到同一个监听器上进行监听。

第三步，在实现事件接口的监听器类中重写接口中的方法，以完成具体的功能。这一部分也是整个事件处理的核心部分。

13.4.2　ActionEvent 事件

ActionEvent 是动作事件类。

事件处理模型

ActionEvent
事件

1. ActionEvent 事件源

ActionEvent 称为动作事件。能产生 ActionEvent 事件的事件源有按钮、文本框、密码框、菜单项、单选按钮等。例如，用户单击按钮，该按钮对象就会产生 ActionEvent 事件，在文本框中按回车键后也会产生 ActionEvent 事件。

2. 注册监听器

注册 ActionEvent 事件的事件源监听器的方法如下。

```
事件源对象.addActionListener(ActionListener listener)
```

参数 listener 就是监听"事件源对象"的监听器，并能对事件进行处理。它是一个实现 ActionListener 接口的类的对象。

3. ActionListener 接口

ActionListener 是动作监听器接口，这个接口中只有以下一个方法。

```
public void actionPerformed(ActionEvent e)
```

当事件源产生了 ActionEvent 事件后，监听器就会调用重写的 actionPerformed(ActionEvent e)方法对这个事件进行处理。参数 e 就是产生这次事件的对象，它含有事件源对象。

4. ActionEvent 类

ActionEvent 类的对象用于表示产生的动作事件，该类常用的一个方法如下。

```
public Object getSource()
```

通过这个方法可以获取产生这个事件的事件源对象。例如，如果有 button1、button2 按钮对象同时注册到一个监听器上，那么通过这个方法就能判断出是哪个按钮发生了 ActionEvent 事件，从而完成相应的处理。

另一个常用的方法如下。

```
public String getActionCommand()
```

该方法返回与此动作相关的命令字符串。每个事件源都有一个默认的命令字符串。例如，当按钮产生这个事件时，这个按钮默认的命令字符串就是按钮上的文本内容。对于文本框，当产生这个事件时，默认的命令字符串就是文本框中的字符串内容。

【例 13.12】利用 ActionEvent 事件实现扑克牌的逐一显示。部分程序如下，完整程序见例 13.12 源代码。

例 13.12 源代码

【问题分析】根据题意，要想实现扑克牌的逐一显示，程序员需要使用CardLayout 布局管理器，按顺序添加各张扑克牌。由于图片对象不能直接加入容器中，因此程序员可以将图片添加到JLabel 组件中。为了实现图片的逐一显示，这里可以根据需要创建若干个按钮，通过 ActionEvent 事件的监听完成不同的翻看动作。

```
class ComponentWithActionEvent extends JFrame implements ActionListener
                                                //实现动作监听器接口
{//创建一个窗口界面
    JButton button_up,button_down,button_first,button_last;  //声明所需的按钮组件
    JLabel label1,label2,label3;   //声明所需的 JLabel 组件
    JPanel panel;                      //声明一个 JPanel 容器，用以图片的载入和显示
    CardLayout card;                   //声明一个 CardLayout 布局管理器，用以组件的叠加存放
    public ComponentWithActionEvent(){
        button_up = new JButton("上一张");
        label1 = new JLabel();      //创建 JLabel，用以装入图片
        label1.setIcon(new ImageIcon("1.png"));        //将图片加入 label，实现图片的显示
```

```
        panel = new JPanel();           //创建一个 JPanel 容器, 用以载入各个 JLabel 组件
        card = new CardLayout();         //将 JPanel 容器的布局管理器设置为 CardLayout
        panel.setLayout(card);           //实现图片的逐一显示
        panel.add(label1);               //将各个 JLabel 组件加入 JPanel 容器
        card.first(panel);
        add(panel,BorderLayout.CENTER);          //将 JPanel 容器加入窗口的中间位置
        add(button_up, BorderLayout.WEST);       //将各个按钮组件加入窗口的指定位置
        button_up.addActionListener(this);       //注册监听器, 用当前对象 this 作监器
    }
    //actionPerformed()是 ActionEvent 接口中的方法, 必须定义
    //当事件发生后, 该方法就会被调用, 并将事件对象传递给参数 e
    public void actionPerformed(ActionEvent e)
    {//一个监听器同时监听 4 个按钮, 所以要判断是哪一个事件源产生的事件
        if(e.getSource() == button_up) //监听 button_up 按钮, 显
示上一张图片
            card.previous(panel);
    }
}
public class Example13_12{
    public static void main(String[] args) {
        new ComponentWithActionEvent();
    }
}
```

图 13.13　例 13.12 的运行结果

程序运行结果如图 13.13 所示。

▶开动脑筋
    如何实现把 4 个按钮都放在 South 位置?

13.4.3　MouseEvent 事件

MouseEvent
事件

MouseEvent 是鼠标事件类。

1. MouseEvent 事件源

MouseEvent 称为鼠标事件, 所有的组件都可以产生鼠标事件。当鼠标在一个
组件上进行单击、移动、拖动等操作时都会触发 MouseEvent 事件。

2. 注册监听器

MouseEvent 事件源注册监听器有以下两个方法, 分别对应鼠标事件的两个接口。

```
addMouseListener(MouseListener listener)
addMouseMotionListener(MouseMotionListener listener)
```

第一个方法用于注册鼠标监听器, 第二个方法用于注册鼠标移动监听器。

3. MouseEvent 接口

实现鼠标事件的接口有两个, 一个是 MouseListener 接口, 主要处理鼠标单击事件; 另一个是
MouseMotionListener 接口, 主要处理鼠标移动和拖动事件。MouseListener 和 MouseMotionListener
接口中的常用方法如表 13.3 所示。

表 13.3　MouseListener 和 MouseMotionListener 接口中的常用方法

方法	类型	方法功能
mouseClicked(MouseEvent e)	void	鼠标按键在组件上单击（按下并释放）时调用该方法
mousePressed(MouseEvent e)	void	鼠标按键在组件上按下时调用该方法

方法	类型	方法功能
mouseReleased(MouseEvent e)	void	鼠标按键在组件上释放时调用该方法
mouseDragged(MouseEvent e)	void	鼠标按键在组件上按下并拖动时调用该方法
mouseMoved(MouseEvent e)	void	鼠标指针移动到组件上但无按键按下时调用该方法

由于监听器是继承的接口,所以即使其中一些方法并不使用,也需要在类中对这些方法进行定义。

为了提高编程效率、减少程序的编写量,Java 提供了对应的适配器类来代替接口进行事件的处理。当处理事件的接口中多于一个方法时,Java 相应地就提供一个适配器类,这个类继承了相应的接口,并重写了所有的方法,只是这些方法均为空。当继承这个类后,程序员只要重写想完成的方法即可。对于鼠标事件,MouseAdapter 类实现了 MouseListener 接口和 MouseMotionListener 接口,监听器可以通过继承 MouseAdapter 类来代替继承鼠标接口,简化程序设计。但是,这样类就不能再有其他的父类。

4．MouseEvent 类

MouseEvent 类用于表示产生鼠标事件的对象,该类中的常用方法如表 13.4 所示。

表 13.4   MouseEvent 类中的常用方法

方法	类型	方法功能
getSource( )	Object	获取产生鼠标事件的事件源
getButton( )	int	获取触发事件的鼠标按键。 单击的返回值为 1,对应的常量为 MouseEvent.BUTTON1; 右击的返回值为 3,对应的常量为 MouseEvent.BUTTON3; 单击鼠标滚轮的返回值为 2,对应的常量为 MouseEvent.BUTTON2
getClickCount( )	int	获取鼠标连击的次数
getX( )	int	获取鼠标指针在事件源中的 x 坐标值
getY( )	int	获取鼠标指针在事件源中的 y 坐标值

【例 13.13】使用鼠标适配器类监听鼠标在按钮上的单击动作,显示单击的按键、单击的次数和单击时鼠标指针的坐标位置。部分程序如下,完整程序见例 13.13 源代码。

例 13.13 源代码

```java
class FrameWithMouseEvent extends JFrame{
    JButton button1,button2;
    JTextField text;
    Listen listen;
    void display(){
        button1 = new JButton("按钮1");        //创建待监听的按钮组件1
        button2 = new JButton("按钮2");        //创建待监听的按钮组件2
        text = new JTextField(10);            //创建JTextField组件,用以显示监听信息
        listen = new Listen();                //创建一个继承了MouseAdapter类的监听器
        listen.setButton(button1, button2, text);     //传递待监听对象到监听器
        button1.addMouseListener(listen);     //注册监听器
        button2.addMouseListener(listen);
        add(button1, BorderLayout.SOUTH);
        add(text, BorderLayout.CENTER);
        add(button2, BorderLayout.NORTH);
    }
}
public class Example13_13{
    public static void main(String[] args) {
        new FrameWithMouseEvent().display();
    }
```

图形用户界面 | 第13章

```
}
class Listen extends MouseAdapter
{//定义一个监听类,继承 MouseAdapter 类,实现鼠标动作的监听和处理
    JButton button1;
    JButton button2;
    JTextField text;
    public void setButton(JButton b1,JButton b2,JTextField t)
    {//传递组件对象到类中
        this.button1 = b1;
        this.button2 = b2;
        this.text = t;
    }
    public void mouseClicked(MouseEvent e)
    {//重写mouseClicked()方法,完成鼠标单击事件的处理
        if(e.getSource() == button1)
        {//鼠标单击的是按钮 1
            if(e.getButton() == MouseEvent.BUTTON1) //鼠标左键被单击
                text.setText("单击了"+button1.getText()+"的左键 ");
            if(e.getButton() == MouseEvent.BUTTON3) //鼠标右键被单击
                text.setText("单击了"+button1.getText()+"的右键 ");
            text.setText(text.getText()+e.getClickCount()+"次"+";"
                +"单击的坐标位置是: "+e.getX()+","+e.getY());
        }
        else if(e.getSource() == button2)
        {//鼠标单击的是按钮 2,代码略}
    }
}
```

程序运行结果如图 13.14 所示。

13.4.4 KeyEvent 事件

KeyEvent 是键盘事件类。

1. KeyEvent 事件源

当一个组件处于激活状态时,敲击键盘上的按键就会产生
KeyEvent 键盘事件。

2. 注册监听器

KeyEvent 事件源注册监听器的方法如下。

图 13.14　例 13.13 的运行结果

```
addKeyListener(KeyListener listener);
```

KeyEvent 事件

3. KeyListener 接口

KeyListener 接口实现键盘事件监听,该接口中定义的方法如下。

```
public void keyPressed(KeyEvent e)
public void keyReleased(KeyEvent e)
public void keyTyped(KeyEvent e)
```

第一个方法在事件源上按下按键时被调用,第二个方法在事件源上松开按下的键时被调用,第
三个方法在事件源上按下某个键又松开时被调用。

Java 为 KeyListener 接口提供的适配器类是 KeyAdapter 类。

4. KeyEvent 类

KeyEvent 类用于产生键盘事件对象,该类中的常用方法如表 13.5 所示。

表 13.5　KeyEvent 类中的常用方法

方法	类型	方法功能
getSource( )	Object	获取产生键盘事件的事件源
getKeyChar( )	char	获取与此事件中的键相关联的字符，例如，Shift + "a"的返回值是"A"，这种关联字符只在 keyType( )方法中才生效
getKeyCode( )	int	键盘上实际键的整数代码，在 KeyEvent 类中以"VK_"开头的静态常量代表各个按键的 KeyCode。常用的 KeyCode 键值如表 13.6 所示
getKeyText(int keyCode)	static String	获得描述 keyCode 的字符串，如"HOME""F1""A"等
isActionKey( )	boolean	判断此事件中的键是否为"动作"键。如果是，则返回 true，否则返回 false

KeyCode 键值如表 13.6 所示。

表 13.6　KeyCode 键值

KeyCode 常量	键值	KeyCode 常量	键值
VK_0～VK_9	0～9 键	VK_SLASH	/键
VK_A～VK_Z	a～z 键	VK_BACK_SLASH	\键
VK_F1～VK_F12	功能键 F1～F12	VK_OPEN_BRACKET	[键
VK_SHIFT	Shift 键	VK_CLOSE_BRACKET	]键
VK_CONTROL	Ctrl 键	VK_QUOTE	左单引号键
VK_ALT	Alt 键	VK_BACK_QUOTE	右单引号键

13.4.5　ItemEvent 事件

ItemEvent 是项目事件类。

ItemEvent
事件

1．ItemEvent 事件源

产生 ItemEvent 事件的事件源有选择框 JCheckBox、下拉列表 JComboBox、菜单项 JMenuItem 等。例如，用户对选择框 JCheckBox 进行操作，当从未选中状态变成选中状态或从选中状态变成未选中状态时都会触发该事件。而对于下拉列表 JComboBox，当选中其中的一项时也会触发该事件。

2．注册监听器

ItemEvent 事件源注册监听器的方法如下。

```
addItemListener(ItemListener listener)
```

3．ItemListener 接口

ItemListener 接口实现项目状态改变事件的监听，该接口中只有以下一个方法。

```
public void itemStateChanged(ItemEvent e)
```

当选择项发生改变时调用该方法。

4．ItemEvent 类

ItemEvent 类用于产生项目状态改变事件的对象，该类的常用方法如下。

```
public Object getItem()
public int getStateChange()
public String paramString()
```

第一个方法可以获取受事件影响的对象；第二个方法可以获取状态更改的类型，有两个常量

值，它们分别是 ItemEvent.SELECTED（选择项改变，值为 1）和 ItemEvent.DESELECTED（选择项未改变，值为 2）；第三个方法获取标识此项事件的参数字符串，这个方法会得到一系列与此事件相关的信息，其中包括事件源、item 选项值、项目改变状态等，因此在程序调试时非常有用。

【例 13.14】设计一个图形用户界面，该界面中有编辑域 JTextField、按钮 JButton、选择框 JCheckBox 和下拉列表 JComboBox 等组件，并设置相应的监听器对组件进行监听，且将监听结果显示在 TextArea 中。部分程序如下，完整程序见例 13.14 源代码。

例 13.14 源代码

```java
class FrameWithItemEvent extends JFrame implements ItemListener
{//定义一个窗口，继承并实现 ItemListener 接口
    JTextField text;
    JButton button;
    JCheckBox checkBox1,checkBox2;
    ButtonGroup group;
    JComboBox comBox;
    JTextArea area;
    public void display(){
        setLayout(new FlowLayout());
        add(new JLabel("选择框:"));
        checkBox1 = new JCheckBox("喜欢音乐");
        checkBox2 = new JCheckBox("喜欢旅游");
        checkBox1.addItemListener(this);        //注册监听器，监听 JcheckBox 组件
        checkBox2.addItemListener(this);
        add(checkBox1);
        add(checkBox2);
        comBox = new JComboBox();
        comBox.addItem("音乐天地");
        comBox.addItem("武术天地");
        comBox.addItemListener(this);           //注册监听器，监听 JComboBox 组件
        add(comBox);
        area = new JTextArea(6, 12);
        add(new JScrollPane(area));
    }
    public void itemStateChanged(ItemEvent e)
    {//重写 itemStateChanged()方法，实现监听的处理
        if(e.getItem() == checkBox1)
        {//如果监听到的对象是 checkBox1，显示对象内容和选择状态
            String str = checkBox1.getText()+checkBox1.isSelected();
            area.append(str+"\n");
        }
        else if(e.getItemSelectable() == comBox)
        {//如果监听到的对象是 comBox，显示当前选择的内容
            if(e.getStateChange() == ItemEvent.SELECTED) {
                String str = comBox.getSelectedItem().toString();
                area.append(str+"\n");
            }
        }
    }
}
public class Example13_14 {
    public static void main(String[] args) {
        new FrameWithItemEvent().display();
    }
}
```

程序运行结果如图 13.15 所示。

图 13.15　例 13.14 的运行结果

13.4.6　FocusEvent 事件

FocusEvent 事件

FocusEvent 是焦点事件类。

1．FocusEvent 事件源

每个 GUI 组件都能够作为 FocusEvent 焦点事件的事件源，即每个组件在获得焦点或失去焦点时都会产生焦点事件。例如，TextField 文本框，当鼠标指针移入文本框时就会产生焦点事件，而鼠标指针移出文本框时也会产生焦点事件。

2．注册监听器

FocusEvent 事件源注册监听器的方法如下。

```
addFocusListener(FocusListener listener)
```

3．FocusListener 接口

FocusListener 接口实现焦点事件的监听，该接口中有以下两个方法。

```
public void focusGained(FocusEvent e)
public void focusLost(FocusEvent e)
```

第一个方法当组件从无焦点变成有焦点时被调用，第二个方法当组件从有焦点变成无焦点时被调用。FocusListener 接口的适配器类是 FocusAdapter 类。

4．FocusEvent 类

FocusEvent 类用于产生焦点事件对象，该类的常用方法如下。

```
public Component getOppositeComponent()
public boolean isTemporary()
```

第一个方法用于获得此焦点更改中涉及的另一个组件，FOCUS_GAINED（获得焦点）事件返回的组件是失去当前焦点的组件，FOCUS_LOST（失去焦点）事件返回的组件是获得当前焦点的组件；第二个方法用于获得焦点更改的级别，如果焦点更改是暂时性的，则返回 true，否则返回 false。

焦点事件有持久性和暂时性两个级别。当焦点直接从一个组件移动到另一个组件时，程序会发生持久性焦点更改事件。如果失去焦点是暂时的，例如窗口拖放时失去焦点，拖放结束后就会自动恢复焦点，这时就是暂时性焦点更改事件。

13.4.7　DocumentEvent 事件

DocumentEvent 事件

DocumentEvent 是文档事件接口。

1．DocumentEvent 事件源

能够产生 javax.swing.event.DocumentEvent 事件的事件源有文本框 JTextField、密码框 JPasswordField、文本区 JTextArea。但这些组件不能直接触发 DocumentEvent 事件，而是由组件对象调用 getDocument( )方法获取文本区维护文档，这个维护文档可以触发 DocumentEvent 事件。

2．注册监听器

DocumentEvent 事件源注册监听器的方法如下。

```
addDocumentListener(DocumentListener listener)
```

3．DocumentListener 接口

DocumentListener 接口实现文档事件的监听，该接口中有以下 3 个方法。

```
public void changedUpdate(DocumentEvent e)
```

```
public void removeUpdate(DocumentEvent e)
public void insertUpdate(DocumentEvent e)
```

当文本区内容改变时调用第一个方法，当文本区做删除修改时调用第二个方法，当文本区做插入修改时调用第三个方法。

4. DocumentEvent 接口

DocumentEvent 接口用于处理文档事件，该接口的方法如下。

```
Document getDocument()
DocumentEvent.EventType getType()
int getOffset()
int getLength()
```

第一个方法可以获得发起更改事件的文档，第二个方法可以获得事件类型，第三个方法可以获得文档中更改开始的偏移量，第四个方法可以获得更改的长度。

13.4.8 窗口事件

窗口事件

1. 窗口事件源

窗口事件的事件源均为 Window 的子类，即 Window 的子类对象都能触发窗口事件。

2. 注册监听器

窗口事件源注册监听器有以下 3 个方法，分别对应窗口事件的 3 个接口。

```
addWindowListener(WindowListener listener)
addWindowFocusListener(WindowFocusListener listener)
addWindowStateListener(WindowStateListener listener)
```

3. Window 接口

与 Window 接口有关的接口有 3 个。WindowListener 接口用于实现窗口事件的监听，WindowFocusListener 接口用于实现窗口焦点事件的监听，WindowStateListener 接口用于实现窗口状态事件的监听。Window 接口中的方法如表 13.7 所示，其中方法后有角标 1 的为 WindowFocusListener 接口中的方法，方法后有角标 2 的为 WindowStateListener 接口中的方法，其余的都是 WindowListener 接口中的方法。

表 13.7　Window 接口中的方法

方法	类型	方法功能
windowOpened(WindowEvent e)	void	当窗口被打开时，调用该方法
windowClosing(WindowEvent e)	void	当窗口正在被关闭时，调用该方法。在这个方法中必须执行 dispose( )方法才能触发"窗口已关闭"事件，监视器也才会再调用 windowClosed( )方法
windowClosed(WindowEvent e)	void	当对窗口调用 dispose( )方法将其关闭时，调用该方法
windowIconified(WindowEvent e)	void	当窗口从正常状态变为最小化状态时，调用该方法
windowGainedFocus(WindowEvent e)	void	当 Window 被设置为聚焦 Window 时，调用该方法
windowStateChanged(WindowEvent e)	void	当窗口状态改变时（例如最大化、最小化等），调用该方法

Java 为 Window 接口提供的适配器类是 WindowAdapter 类，它实现了这 3 个接口中的所有方法。

4. WindowEvent 类

WindowEvent 类用于产生窗口事件对象，该类的常用方法如下。

```
public Window getWindow()
public int getNewState()
public int getOldState()
public Window getOppositeWindow()
```

第一个方法用于获得窗口事件的事件源；当处于窗口状态改变事件时，第二个方法可返回新的窗口状态，第三个方法可返回以前的窗口状态，第四个方法可返回在此焦点或活动性变化中所涉及的其他窗口对象。例如，对于活动性窗口或焦点性窗口事件，返回的是失去活动性或焦点的窗口对象。如果是失去活动性或焦点性事件，那么返回的是活动性或焦点的窗口对象。

13.5 对话框

对话框

对话框用于用户和程序之间进行信息交换，程序员可以用类 JDialog（对话框）及其子类（用户定义）的对象表示对话框。

JDialog 类和 JFrame 类一样都是 Window 的子类，同属于顶层容器。对话框分为有模式对话框和无模式对话框两类。有模式对话框在弹出后会阻塞其他线程的执行，其他窗口无法获得焦点（如打开文件对话框）；无模式对话框在运行时，不影响其他窗口的执行（如查找/替换对话框）。

创建一些简单、标准的对话框时，主要使用 javax.swing.JOptionPane 类来完成。如果想创建一个自定义的对话框，则程序员可以使用 javax.swing.JDialog 类。

13.5.1 消息对话框

消息对话框 showMessageDialog 是显示指定内容的、带有一个按钮的对话框，通常用于显示一些提示信息。它是一个有模式对话框。

创建消息对话框的常用方法如下。

```
public static void showMessageDialog(Component parentComponent, Object message,
    String title, int messageType)
```

它是 JOptionPane 类的一个静态方法，且有以下 4 个参数。

- 参数 parentComponent：用于确定显示对话框的父窗口，并在这个父窗口的中间显示；如果为 null 或 parentComponent 不具有 Frame，则使用默认的 Frame。
- 参数 message：用于在对话框中显示提示信息，一般为字符串内容。
- 参数 title：用于设置对话框的标题栏内容。
- 参数 messageType：指定要显示的消息类型，给定的类常量有 ERROR_MESSAGE、INFORMATION_MESSAGE、WARNING_MESSAGE、QUESTION_MESSAGE 和 PLAIN_MESSAGE。

下面的语句可以显示图 13.16 所示的对话框（消息类型 ERROR_MESSAGE 会使对话框显示一个 "×"）。

```
JOptionPane.showMessageDialog(this,"您输入了错误的字符",
"消息对话框", JOptionPane. ERROR_MESSAGE);
```

图 13.16　消息对话框

13.5.2 输入对话框

输入对话框 showInputDialog 类可以让用户在对话框中输入信息，实现动态交互。对话框中包括用户输入文本的文本区、确认按钮和取消按钮 3 个部分。创建输入对话框的常用方法如下。

```
public static String showInputDialog(Component parentComponent, Object message,
    String title, int messageType)
```

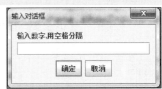

它是 JOptionPane 类的一个静态方法，方法中的参数定义与消息对话框中的参数定义相同。这个方法的返回值是用户输入的字符串内容。

下面的语句可以显示图 13.17 所示的输入对话框，方法返回输入的字符串并存放在 str 中。

图 13.17　输入对话框样式

```
String str=JOptionPane.showInputDialog(this,"输入数字,
    用空格分隔","输入对话框",JOptionPane. PLAIN_MESSAGE);
```

13.5.3　确认对话框

确认对话框showConfirmDialog类用于显示提示信息让用户进行确认,常用于一些重要信息的变更或提交前进行确认。确认对话框是有模式对话框。创建确认对话框的常用方法如下。

```
public static int showConfirmDialog(Component parentComponent, Object message,
    String title, int optionType,int messageType)
```

它是JOptionPane类的一个静态方法,方法中的参数定义与消息对话框中相同名称的参数定义相同。增加的参数optionType指定显示的按钮类型和格式,给定的类常量有YES_NO_OPTION、YES_NO_CANCEL_OPTION或OK_CANCEL_OPTION。方法调用结束后会返回整数值JOptionPane.YES_OPTION、JOptionPane.NO_OPTION、JOptionPane.CANCEL_OPTION、JOptionPane.OK_OPTION或JOptionPane.CLOSED_OPTION。

图 13.18　确认对话框样式

下面的语句可以显示图13.18所示的确认对话框,方法返回的值存放在n中。

```
int n=JOptionPane.showConfirmDialog(this,"确认是否
    正确", "确认对话框",JOptionPane. YES_NO_OPTION );
```

13.5.4　颜色对话框

颜色对话框使用javax.swing.JColorChooser类创建,以便用户在颜色对话框中选取合适的颜色。创建颜色对话框可以用JColorChooser类的静态方法实现,如下所示。

```
public static Color showDialog(Component component, String title,Color initialColor)
```

该方法是一个静态方法,返回值是本次选择的颜色。该方法中的参数定义与消息对话框中相同名称的参数定义相同,参数initialColor为初始选择的颜色。

下面的语句可以显示图13.19所示的颜色对话框,方法返回颜色对象。

```
Color color=JColorChooser.showDialog(this, "color", Color.RED);
```

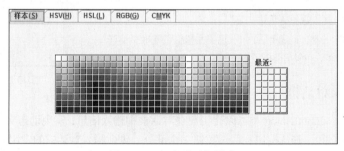

图 13.19　颜色对话框样式

13.5.5　自定义对话框

如果想根据需要创建一个自定义对话框,程序员就可以使用JDialog类来进行创建。JDialog本身就是一个容器,其默认布局是BorderLayout,程序员通过向其中添加组件就可以定制合适的对话框。

13.6 小结

本章主要介绍了 Java 图形用户界面的设计方法。首先，介绍了 Java 图形用户界面的根类和子类，以及各类之间的层次关系。其次，讲解了顶层容器窗口 JFrame 的创建与设置方法，以及菜单的定义与设计。然后，对界面设计中常用的组件类、容器类和布局管理器进行了介绍，并通过示例讲解了各种组件的使用方法。在其后，重点对 Java 的事件处理机制进行了详细介绍，其中包括事件处理模型和事件处理类的使用。最后，简单介绍了对话框的分类和使用方法。

界面设计是实现人机交互的重要组成部分。在进行界面设计时，应先进行规划，在确定基本架构后，选择合适的组件和布局管理器进行设计，界面确定后根据功能需求对相关组件通过事件处理机制进行监听和处理，这样才能够比较好地进行用户应用程序的设计与实现。

13.7 习题

1. 什么是 GUI？Java 的两类 GUI 组件有何不同？
2. AWT 常见的分类有哪些？
3. Java 的容器有哪几类？JFrame 容器的默认布局管理器是什么？
4. 简述 Java 的事件处理模型。
5. 给例 13.9 的界面添加 ActionEvent 和 KeyEvent 事件，实现完整的计算器功能。

第14章 网络编程

本章要点

- 网络基本概念。
- 基于 URL 的网络编程。
- InetAddress 类。
- Socket 套接字。
- UDP 数据报。
- 广播数据报。
- NIO 网络通信类。

网络编程是 Java 编程技术中的一个重要组成部分。本章将学习 Java 中专门用于网络编程的基础类，这些类可以很方便地实现网络通信。

14.1 网络基础

在学习网络编程之前，我们有必要先了解一下跟编程有关的网络知识。有了这些背景知识，我们能够非常容易地理解和掌握网络编程技术。

14.1.1 网络基本概念

计算机网络，简单地说，就是指将地理位置不同的计算机通过通信线路连接起来，实现资源共享和信息传递。这里所说的计算机通常称为主机。

网络编程就是通过程序实现两台（或多台）主机之间的数据通信。要想实现这一目标，主机先要建立连接，然后按照事先规定好的格式进行数据传输，从而完成主机之间的信息传输。

实际的网络通信要复杂很多，但 Java 提供了强大而丰富的网络类，这些类屏蔽了底层的实现细节，程序员只要知道一些网络基础知识就可以编写出满足用户需求的程序。下面就先介绍这些基础知识。

1．IP 地址和域名

为了能够方便地识别接入网络的主机，每台主机都有唯一的身份标识，就是 IP 地址。IP 地址由 32 位二进制数组成（根据 IP 的不同分为 IPv4 地址和 IPv6 地址，在这里只讨论 IPv4 地址）。为了方便记忆，IP 地址通常写成 4 个 0～255 的数字，例如 10.10.0.1。每台接入网络的主机都拥有唯一的 IP 地址，这也是实现主机之间网络通信的前提条件。

实际上，在访问网络主机的时候更多是使用另外一种标识，即"主机名+域名"的形式，例如 www.baidu.com，其中 baidu.com 为域名，www 为主机名。这种形式把数字变成通俗易懂的名称，便于记忆与使用。但在网络通信中用的还是 IP 地址，而这个将名称转换成对应 IP 地址的工作由域名解析系统（domain name system，DNS）完成。

2．端口和 Socket

是否有了主机的 IP 地址就可以与其进行通信了呢？答案是否定的。因为一台主机可以同时运行多个程序（称为进程），主机只有知道与哪个进程进行通信才能保证数据传输的准确性。解决这个问题的方法是为每个通信进程分配唯一的数字标识，即端口（port）。这样，一台主机就可以根据端口来区分收发的数据，即便同时运行多个网络进程，也不会出现相互干扰的情况。

因此，网络通信的标识实际上由两个部分组成：主机 IP 地址+端口号。这两者合在一起叫作 Socket，因此很多网络编程也称为基于 Socket 的编程。

3．C/S 模式

网络编程与单机编程的最大不同之处是需要交换数据的程序运行在不同的计算机上，虽然通过 Socket 定义可以找到网络上另一方运行的程序，但如何通信还需要进一步确定。

通常，网络通信采取的是"请求—响应"模型，即一方先发起请求，另一方根据请求进行响应，从而建立起连接。在编程中，先发起请求的这一方被称作客户端（client），接收请求的一方被称作服务器端（server）。这种网络编程的模式就称为客户端/服务器端模式，简称 C/S 模式。使用 C/S 模式需要分别开发客户端和服务器端程序，例如常用的 QQ 就是典型的 C/S 模式。使用 C/S 模式还需要安装对应的客户端程序才能与服务器端通信，客户端程序不具备通用性，这样也是手机当中要安装很多个 App（客户端应用程序）的原因。

有一些应用不需要安装额外的客户端程序，只要有一个浏览器（browser）就可以访问，这种模式被称为 B/S（browser/server）模式，但其本质仍是 C/S 模式。

14.1.2　TCP 和 UDP

网络通信中一个重要的概念就是协议。网络协议实现起来很复杂，但理解较容易。例如，两个人要进行交流，是用电话，还是用邮件？是用中文，还是用英文？如规定两人用邮件、使用中文进行交流，这样就是制定了一个通信规则，而这个规则就可以看成协议。

因此，网络协议就是为计算机网络中进行数据交换而建立的规则、标准或约定的集合。网络协议有很多，在编程中主要用的两个通信协议是传输控制协议（transmission control protocol，TCP）和用户数据报协议（user datagram protocol，UDP）。

1．TCP

TCP 是一种面向连接的可靠的传输协议，它采用通信双方相互应答的方式来保证数据传送的可靠性，但网络的通信开销会有所增加，而且协议也更为复杂。目前，大部分网络通信都采用 TCP。

2．UPD

UDP 是一种面向无连接的传输协议，它不需要通信双方事先建立连接和应答就进行传输，所以协议简单，效率更高，但不保证通信的可靠性。因此，这种协议适用于一些简单的网络应用。

14.2　基于 URL 的网络编程

统一资源定位符（uniform resource location，URL）是指向互联网"资源"的指针。这个资源可以是简单的文件或目录，也可以是对更为复杂对象的引用，例如对数据库或搜索引擎查询的结果等。

基于 URL 的
网络编程

Java 的 java.net 包提供了 URL 类，一个 URL 对象封装了一个具体资源的引用。有了这个引用就可以访问对应的资源。

14.2.1　URL 基础

最常见的 URL 就是在浏览器的地址栏中输入的地址。一个完整 URL 的格式如下。

```
协议名://主机地址[:端口号][/资源路径][/资源对象]
```

其中的协议名表示访问该网络资源所采用的协议，如 http、ftp 等；主机地址指网络资源所在的服务器地址，它可以使用域名或 IP 地址表示，例如 www.baidu.com；端口号指连接主机服务的进程端口，如果省略，则默认为相关协议的熟知端口（例如 http 的熟知端口是 80，ftp 的熟知端口是 25），而如果相关服务协议不使用熟知端口，则一定要给出端口号；资源路径表示资源对象所在的路径，如果省略，则为默认路径；资源对象指的是待访问的资源，例如文件名，如果省略，则为默认资源对象。

例如，http://www.163.com/这个 URL，它对应的完整格式如下。

```
http://www.163.com:80/index.html
```

这个 URL 表示要访问网易 www 主机根目录下的 index.html 文件。一旦建立了连接，就可以读取该文件的信息。

java.net.URL 类通常使用下面的构造方法创建一个 URL 对象。

```
public URL(String spec) throws MalformedURLException
```

其中的 spec 为待解析的字符串形式的 URL。如果无法解析该字符串，则产生 MalformedURLException 异常。例如，构造一个 URL 对象应采用下面的形式。

```
try{

    URL url = new URL("http://www.163.com:80/index.html");
}
catch(MalformedURLException e){
    System.out.println("URL error!");
}
```

另一个常用的构造方法如下。

```
public URL(String protocol,String host,int port,String file)
                        throws MalformedURLException
```

该构造方法分别给出了访问的协议、主机地址、端口和资源对象等参数。

14.2.2　网络资源访问

当创建成功一个 URL 对象后，就可以通过输入流来完成资源的访问。URL 中的方法如下。

```
public final InputStream openStream() throws IOException
```

该方法可以获得输入流，用于客户端从服务器端读取数据。

【例 14.1】编写程序从命令窗口读取一个网络资源（网页），并输出该资源的内容。

```
import java.net.*;
import java.io.*;
import java.util.*;
public class Example14_01{                    //基于 URL 对象的访问示例
    public static void main(String[] args){
```

例 14.1 编程
视频

```
        Scanner scanner;                    //创建一个输入对象
        URL url;                            //创建一个URL对象
        InputStream in;                     //创建一个输入流
        String addr;                        //URL地址的字符串表示
        String str;                         //输入流的字符串表示
        System.out.println("请输入一个URL地址: ");
        scanner = new Scanner(System.in);
        addr = scanner.nextLine();          //从键盘读取一个URL字符串
        try{
            url = new URL(addr);            //创建URL对象
            in = url.openStream();          //根据URL对象建立输入流
            byte [] b = new byte[1024];
            int n = -1;
            while ((n = in.read(b))!=-1){   //将读取的流内容输出
                str = new String(b,0,n,"UTF-8");
                System.out.print(str);
            }
        }
        catch(Exception e){
            System.out.println(e);
        }
    }
}
```

在本例中，通过 URL 对象就可以很容易实现网络通信，但如果要开发自己的网络应用程序，则需要使用其他的 Java 类。这些跟网络编程相关的类主要放在 java.net 包中，下面按使用顺序进行介绍。

14.3 InetAddress 类

开发网络程序的第一步是要确定通信双方的主机地址。在 Java 中，使用
InetAddress 类的对象来表示主机的 IP 地址，该对象中也包含了一系列关于 IP 地址
和域名的相关操作方法。

InetAddress 类

14.3.1 地址的表示

表示主机地址主要有两种形式：IP 地址形式和主机名形式。以百度为例，其主机名形式为
www.baidu.com，IP 地址形式为 111.13.100.91/111.13.100.92。百度的主机名只有一个，而 IP 地址却有
两个，这是为了实现网络访问的负载均衡。笔者建议使用主机名的形式表示主机对象，因为这样做有
两个好处：一个是可以由 DNS 选择负载轻的主机 IP 地址返回给客户端，从而保证访问质量；另一个
是如果主机进行了地址迁移，只要主机名不变，程序就不需要做任何修改，仍能保证正常运行。

14.3.2 获取地址

java.net.InetAddress 类不是通过构造方法创建对象的，而是通过若干个静态方法来获取表示主机
IP 地址的 InetAddress 对象，最常用的静态方法是 InetAddress.getByName( )。其完整格式如下。

```
public static InetAddress getByName(String host) throws UnknownHostException
```

其中的参数 host 是一个字符串形式的域名或 IP 地址。例如，创建域名为 www.baidu.com 的 InetAddress
对象，代码如下。

```
InetAddress address = InetAddress.getByName("www.baidu.com");
```

这个方法并不只是把www.baidu.com作为一个字符串,而是将其与本机所设置的DNS建立连接,对该字符串域名进行解析。如果DNS找不到这个地址,系统就会抛出UnknownHostException异常。

除了使用主机名形式外,也可以使用IP地址形式,举例如下。

```
InetAddress address = InetAddress.getByName("111.13.100.91");
System.out.println(address.getHostName());
```

下面通过一个完整示例来看一看该类的使用。

【例14.2】InetAddress类的使用示例。

```
import java.net.InetAddress;
import java.net.UnknownHostException;

public class Example14_02{
    public static void main(String[] args){
        try {    //使用域名创建对象
            InetAddress addr1 = InetAddress.getByName("www.baidu.com");
            System.out.println("地址1: "+addr1);
            System.out.println("地址1主机: "+addr1.getHostName());
            System.out.println("地址1IP: "+addr1.getHostAddress());
            InetAddress addr2 = InetAddress.getByName("111.13.100.91");
                                            //使用IP地址创建对象
            System.out.println("地址2: "+addr2);
            byte[] ip_b = {111,13,100,91};        //用字节数组创建一个InetAddress对象
            InetAddress addr3 = InetAddress.getByAddress("www.null.cn",ip_b);
            System.out.println("地址3: "+addr3);
            InetAddress addr4 = InetAddress.getLocalHost();  //获取本机地址对象
            System.out.println("本机的IP地址对象: "+addr4);
        }
        catch(UnknownHostException e) {
            System.out.println("host unknown or error!");
        }
    }
}
```

程序运行结果如图14.1所示。

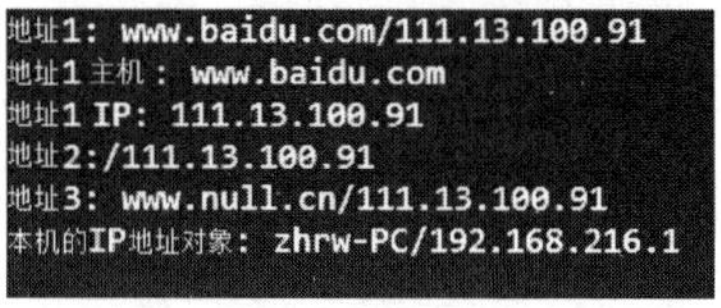

InetAddress 类提供了两个实例方法 getHostName( ) 和 getHostAddress( )来分别获取其中的主机名部分与 IP 地址部分。本例使用了 3 种形式来创建 InetAddress 对象。

addr1 使用主机名的形式创建,其返回结果为www.baidu.com/

图 14.1　例 14.2 的运行结果

111.13.100.91,其中包括了该主机名和 DNS 解析的 IP 地址。前面已经提到 www.baidu.com 有两个 IP,所以返回结果也可能是 www.baidu.com/111.13.100.92。如果使用主机名形式,一旦解析不成功,会产生 UnknownHostException 异常。

addr2 使用 IP 地址的字符串形式创建,其返回结果就是该 IP 地址,此地址不做任何联网验证。

addr3 使用主机名和 IP 地址的字节数组形式创建,其返回结果就是设置的内容 www.null.cn/111.13.100.91,这个主机名并不存在,但该对象的创建不进行联网验证,所以不会产生异常。在这里要注意与 addr1 创建的不同之处。

如果需要获取本机的 IP 地址对象,则使用 InetAddress.getLocalHost( )方法,其返回结果为 zhrw-PC/192.168.216.1,不同的机器在此处的运行结果会有所不同。

另外,InetAddress 类有两个子类:Inet4Address 和 Inet6Address。它们分别针对具体的IPv4 地址和 IPv6 地址,在这里不做具体介绍。有兴趣的读者可以自行参考相关文档。

套接字

14.4 套接字

14.4.1 套接字概述

14.1.1 小节简单地介绍了端口和 Socket 的概念，下面通过一个例子来进一步理解套接字的概念。

我们（客户机 IP）要给手机充值时可以到相应的营业大厅（服务器 IP 地址）。来到营业大厅后，营业大厅有多个窗口（端口）分别办理不同的业务，我们需要选择缴费窗口（端口）才能够完成缴费。而窗口的工作人员并不能确定哪个人（客户机）来进行缴费，所以需要一直在窗口等待（监听）用户（客户机）。

从这个例子可以看出，只知道主机的 IP 地址并不够，还需要知道相关进程的端口号才能够进行通信。计算机网络中规定端口号由 16 位二进制数表示，即十进制数范围为 0～65535。其中 0～1023 端口为公认端口或熟知端口，被系统进程或常用服务所占用，因此在选择端口时要选择 1024 以后的端口，并且注意不要和其他的应用程序端口产生冲突。

"IP 地址+端口"号就构成了一个套接字，即 Socket。套接字根据连接端的不同可分为客户端套接字和服务器端套接字。客户端套接字是发出连接请求的套接字，其需要指明连接端的 IP 地址和端口号。而服务器端套接字是接收连接请求的套接字，其只需指明监听的端口号即可，所以在编程时需要根据需求选择相应的套接字类。

Java 提供了 java.net.Socket 类和 java.net.ServerSocket 类用于客户机与服务器端的网络编程。其采用 TCP 进行通信，并且封装了底层网络的通信细节，使得网络编程非常简单，因此得到广泛的使用。

14.4.2 客户端套接字

1．客户端编程步骤

客户端是发起连接请求的程序。编写客户端程序时，先要建立网络连接，并且在建立连接时需要指出服务器端的 IP 地址和端口号；一旦连接建立成功，就可以实现数据交互了。数据交互时按照请求—响应模型由客户端向服务器端发送请求，服务器端根据请求内容进行处理，并将响应结果返回给客户端。数据的交互过程可以进行多次，每次均按照请求—响应模型进行；在数据交互结束后，要关闭网络连接，释放占用的端口、内存等资源，结束客户端程序。

2．客户端套接字的使用

在 Java 中，java.net.Socket 类代表客户端连接，其提供了多种构造方法，最常用的构造方法有以下两个。

```
public Socket(String host,int port)throws UnknownHostException, IOException
public Socket(InetAddress address,int port)throws IOException
```

通过调用构造方法就可以创建 Socket 的对象，举例如下。

```
Socket socket1 = new Socket("www.baidu.com",80);
Socket socket2 = new Socket("127.0.0.1",8000);
```

其中，socket1 实现了连接 www.baidu.com 这台主机的 80 端口，socket2 实现了连接 127.0.0.1 这台主机的 8000 端口。

当第一步网络连接建立成功后，就可以开始数据交互过程。交互操作是通过输入流/输出流完成的，即将发送的请求数据写入连接对象的输出流中，而读取数据则从连接对象的输入流中获取。

获取输出流的实例方法格式如下。

```
public OutputStream getOutputStream() throws IOException
```

获取输入流的实例方法格式如下。

```
public InputStream getInputStream() throws IOException
```

举例如下。

```
OutputStream out = socket1.getOutputStream();    //建立 socket1 的输出流对象
InputStream in = socket2.getInputStream();       //建立 socket2 的输入流对象
```

一旦建立好了输入和输出流对象，就可以按照第 12 章介绍的 I/O 流方式进行数据交互，而且可以通过流的嵌套将基本流转换成需要的装饰流对象，从而方便操作。

当数据交互完成后，关闭网络连接，释放占用的资源，代码如下。

```
socket1.close();
```

通过上述 3 步就可以设计完成一个标准的网络客户端程序。下面给出一个完整的程序示例，该程序向服务器端发送一个问候字符串"你好，我是客户机 A"，并显示服务器端响应的字符串信息"你好，我是服务器 B"。数据交互只进行一次。

【例 14.3】客户机与服务器通信示例，客户端程序如下。

```
import java.io.DataInputStream;
import java.io.DataOutputStream;
import java.net.Socket;
public class Example14_03_Client {
    public static void main(String[] args){
        Socket client_socket = null;
        DataInputStream in = null;
        DataOutputStream out = null;
        String ip = "127.0.0.1";                    //服务器 IP 地址
        int port = 5050;                            //服务器端口号
        try{
            client_socket = new Socket(ip,port);    //与服务器建立连接
            in = new DataInputStream(client_socket.getInputStream());//创建输入流
            out = new DataOutputStream(client_socket.getOutputStream());//创建输出流
            out.writeUTF("你好，我是客户机A");        //向服务器端发送信息
            System.out.println("客户机启动，向服务器发送信息：你好，我是客户机A");
            String str = in.readUTF();        //等待读取服务器端响应的信息，进入阻塞状态
            System.out.println("服务器端的响应信息："+str);
        }
        catch (Exception e){
            System.out.println(e);
        }
        finally{
            try{                                    //关闭网络连接
                in.close();
                out.close();
                client_socket.close();
            }
            catch(Exception e){}
        }
    }
}
```

例 14.3、例 14.4
编程视频

本例的客户端程序运行前必须先运行例 14.4 的服务器端程序。当服务器端处于运行状态时，客户端向其发出连接请求。连接建立成功，客户端通过输出流向服务器发送请求内容，并从输入流读取服务器响应的内容，最后关闭连接。程序运行结果如图 14.2 所示。

客户机启动，向服务器发送信息：你好，我是客户机A
服务器端的响应信息：你好，我是服务器B

图 14.2   例 14.3 的运行结果

14.4.3　服务器端套接字

服务器端
套接字

1．服务器端编程步骤

服务器端是网络中等待客户请求的程序，通常实现的是程序的核心功能。服务器端处于被动等待连接的状态，所以服务器端启动以后，不需要发起连接，而是监听固定的端口；当服务器端监听到客户端的连接请求后，就可以与客户端建立一个网络连接。这个连接中也包含客户端的相关信息，如 IP 地址等；连接建立成功后，双方就可以进行数据交互了。数据交互结束时，要关闭服务器端，释放占用的资源。

在实际编程中，为解决多用户响应问题，通常采用多线程机制。当获得一个连接后即启动一个专门的线程进行处理，主线程继续监听下一个连接请求。

2．服务器端套接字的使用

服务器端使用 java.net.ServerSocket 类的对象来表示服务器套接字，服务器套接字等待通过网络传入的请求。

ServerSocket 类的构造方法有 4 种，常用的构造方法格式如下。

```
public ServerSocket(int port) throws IOException
```

该方法创建绑定到特定端口的服务器套接字对象。参数 port 为连接指定的端口，如果为 0，表示使用任何空闲的端口。在建立连接时，会创建一个连接请求队列，表示可以连接的最大请求数默认为 50。如果队列满时再收到连接请求，则拒绝该连接。用另一个构造方法可以指定请求队列的长度，如下所示。

```
public ServerSocket(int port,int backlog) throws IOException
```

参数 backlog 为大于 0 的正整数，表示队列的最大长度。如果该值小于或等于 0，则使用默认值。创建好服务器套接字后，就需要进行连接监听了。连接监听的方法如下。

```
public Socket accept() throws IOException
```

此方法监听并接收到此套接字的连接，其在连接传入之前一直阻塞，举例如下。

```
Socket socket = server_socket.accept();
```

一旦监听到请求并建立了 socket 连接，就可以进行数据交互了。

根据服务器端的编程步骤，下面给出一个完整的程序示例。作为上例的服务器端程序，该程序监听来自客户端的连接请求，显示收到的客户端字符串内容"你好，我是客户机 A"，并回送响应的字符串信息"你好，我是服务器 B"。数据交互只进行一次。

【例 14.4】客户机与服务器通信示例，服务器端程序如下。

```
import java.io.*;
import java.net.ServerSocket;
import java.net.Socket;
public class Example14_04_server{
    public static void main(String[] args){
        ServerSocket server_socket = null;
        Socket socket = null;
        DataInputStream in = null;
        DataOutputStream out = null;
        int port = 5050;
        try{
            server_socket = new ServerSocket(port); //创建绑定端口的服务器端 socket
        }
        catch(IOException e){
            System.out.println(e);
```

```
                }
                try{
                        System.out.println("服务器启动! ");
                        //监听并接收到此套接字的连接, 此方法在连接传入之前处于阻塞状态
                        socket = server_socket.accept();
                        in = new DataInputStream(socket.getInputStream());      //创建输入流
                        out = new DataOutputStream(socket.getOutputStream());   //创建输出流
                        String str = in.readUTF(); //从输入流读取字符串, 读取结束之前处于阻塞状态
                        System.out.println("客户机发送过来的信息是: "+str);
                        out.writeUTF("你好, 我是服务器B");                           //向输出流写入字符串
                }
                catch(Exception e){
                        System.out.println(e);
                }
                finally{
                        try{                                                     //关闭网络连接
                                out.close();
                                in.close();
                                socket.close();
                                server_socket.close();
                        }
                        catch(Exception e){}
                }
        }
}
```

该程序先创建了绑定 5050 端口的服务器端套接字, 并进行连接监听。如果有连接请求, 则创建 Socket 连接, 并建立输入流对象和输出流对象。通过输入流对象读取客户端发来的内容, 通过输出流向客户端发送响应内容。程序运行结果如图 14.3 所示。

服务器启动!
客户机发送过来的信息是: 你好, 我是客户机A

图 14.3 例 14.4 的运行结果

注意, 运行例 14.3 和例 14.4 时, 应该先打开两个命令行窗口, 在一个命令行窗口中先运行例 14.4, 然后在另一个窗口中运行例 14.3。如果在 Eclipse 中运行, 则需切换到对应控制台界面才能看到运行结果。

14.4.4 多线程网络编程

前面的示例中, 完成了简单的网络编程工作。客户端建立了一次连接, 只发送一次数据就进行了关闭。而服务器端也只监听了一个网络连接, 进行了一次通信就关闭了。如果想进行多次数据交互, 程序员可以在程序中设置一个循环, 通过循环不断地向对方发送请求, 从而完成多次的数据交互。如果想让服务器同时响应多个客户端的请求, 程序员可以使用多线程的方法, 即服务器端每接收到一个新的连接请求, 就启动一个专门的线程与该客户端进行交互。

下面的例子实现一个简单的四则运算过程: 客户端从键盘输入四则运算表达式, 但不进行运算, 而是将该表达式传送给服务器端; 服务器端接收到表达式后进行处理和计算, 将运算结果返回给客户端进行显示。

这种方式将简单的交互和复杂的计算进行了有效分离, 能充分发挥服务器的强大处理能力, 因而是一种常见的网络编程形式。

【例 14.5】多线程通信示例。

本例由 3 个类组成, 它们分别是 Example14_05_Client、Example14_05_Server 和 Example14_05_LogicThread。运行程序前, 先打开几个命令行窗口。在其中一个命令行窗口中先运行服务器端程序, 然后在其他窗口中分别运行客户端程序, 观察多线程通信的过程和结果。

下面是客户端程序。客户端程序先与服务器端建立连接。连接成功后生成 Socket 对象，并进一步建立输入流对象和输出流对象。本例使用一个循环与服务器端进行多次数据交互：从键盘输入一个四则运算表达式，将该表达式通过输出流对象传递给服务器端进行计算；然后从输入流对象获取计算结果进行显示，直到输入字符"0"结束数据交互后，关闭网络连接。

```java
import java.io.*;
import java.net.*;
import java.util.*;
public class Example14_05_Client{
    public static void main(String args[]){
        Scanner scanner = new Scanner(System.in);
        String input = null;
        Socket socket = null;
        DataInputStream in = null;
        DataOutputStream out = null;
        String serverIP = "127.0.0.1";          //服务器地址
        int port = 5050;                         //服务器端口
        try{
            socket = new Socket(serverIP,port);//连接服务器
            in = new DataInputStream(socket.getInputStream());       //创建输入流
            out = new DataOutputStream(socket.getOutputStream());    //创建输出流
            System.out.println("请输入一个正整数的四则运算表达式: ");
            while(scanner.hasNext()){
                input = scanner.nextLine();      //从键盘输入一个待计算的四则运算表达式
                if (!input.equals("0")) {
                    out.writeUTF(input);         //向服务器端发送运算请求
                    String result = in.readUTF();                //等待读取运算结果
                    System.out.println("服务器返回的计算结果: "+result);
                    System.out.println("请输入一个正整数的四则运算表达式(输入 0 退出): ");
                }
                else
                    break;                       //请求结束
            }
        }
        catch(Exception e){
            System.out.println("与服务器连接中断");
        }
        finally{
            try{                                 //关闭网络连接
                in.close();
                out.close();
                socket.close();
                System.out.println("连接结束");
            }
            catch(Exception e){}
        }
    }
}
```

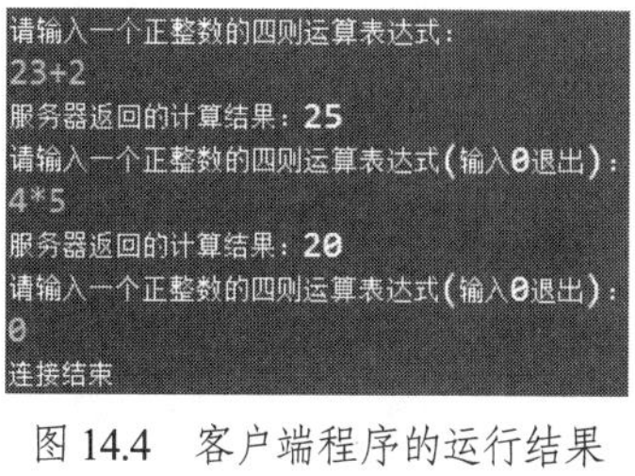

图 14.4　客户端程序的运行结果

客户端程序的运行结果如图 14.4 所示。

下面是服务器端程序。服务器端程序由两个部分组成，Example14_05_Server 类实现服务器端控制，接收客户端连接，然后启动专门的逻辑处理线程进行处理。

```java
import java.io.*;
import java.net.*;
public class Example14_05_Server{
    public static void main(String args[]){
```

```
    ServerSocket server_socket = null;
    Socket socket = null;
    int port = 5050;
    while(true){
        try{
            server_socket = new ServerSocket(port);
            System.out.println("服务器启动！");
        }
        catch(IOException e1){
            System.out.println("正在监听");  //ServerSocket 对象不能重复创建
        }
        try{
            System.out.println("等待客户请求");
            socket = server_socket.accept();
            System.out.println("客户的地址:"+
                socket.getInetAddress()+":"+socket.getPort());
        }
        catch (IOException e){
            System.out.println("正在等待客户");
        }

        if(socket!=null){
            new Example14_05_LogicThread(socket);    //为每个客户启动一个专门的线程
        }
    }
}
}
```

服务器端程序的运行结果如图 14.5 所示。

下面是一个线程类 Example14_05_LogicThread 程序。该类实现对一个客户端的逻辑处理，对接收的表达式进行计算，并将结果返回给客户端。

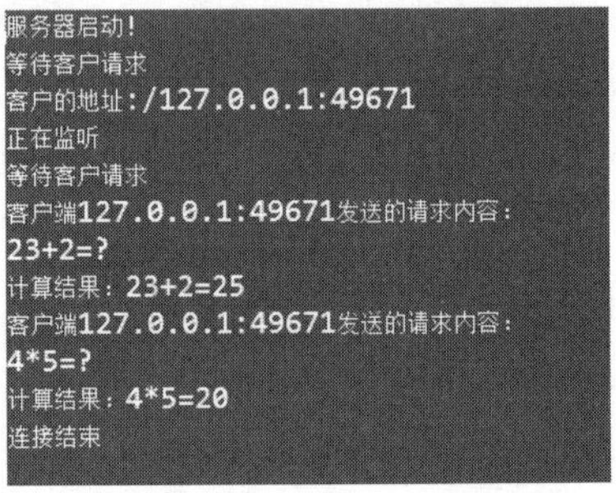

图 14.5 服务器端程序的运行结果

```
import java.io.DataInputStream;
import java.io.DataOutputStream;
import java.net.Socket;
public class Example14_05_LogicThread extends Thread {
    Socket socket = null;
    DataInputStream in = null;
    DataOutputStream out = null;
    String str;
    String response;
    String ip;
    int port;
    public Example14_05_LogicThread(Socket socket) {
        this.socket = socket;
        start();
    }
    public void run(){
        try{
            in = new DataInputStream(socket.getInputStream());       //创建输入流
            out = new DataOutputStream(socket.getOutputStream());    //创建输出流
            ip = socket.getInetAddress().getHostAddress();           //客户端 IP 地址
            port = socket.getPort();                                 //客户端的端口号
            while (true){
                str = in.readUTF();                                  //获取客户端的表达式
                System.out.println("客户端"+ip+":"+port+"发送的请求内容: ");
                System.out.println(str+"=?");
                if (str.equals("0")){
```

```
                System.out.println("连接结束");
                break;
            }
            else{
                response = doComputer(str);          //对表达式进行计算
                out.writeUTF(response);              //响应计算结果
            }
        }
    }
    catch(Exception e){
        System.out.println("连接结束");
    }
    finally{
        try{
            in.close();
            out.close();
            socket.close();
        }
        catch(Exception e){}
    }
}
public String doComputer(String str){
    String input;
    String[] sym;
    String [] data;
    int a = 0,b = 0,result = 0;
    input = str;
    data = input.split("\\D+");          //分解表达式中的正整数
    sym = input.split("\\d+");           //分解表达式中的运算符
    a = Integer.parseInt(data[0]);       //第一个正整数
    b = Integer.parseInt(data[1]);       //第二个正整数

    try{
        switch(sym[1]) {                 //判断运算符，完成相应的运算
        case "+":
            result = a+b;break;
        case "-":
            result = a-b;break;
        case "*":
            result = a*b;break;
        case "/":
            result = a/b;
        }
        System.out.println("计算结果: "+input+"="+result);
        return String.valueOf(result);
    }
    catch(java.lang.ArithmeticException e){
        System.out.println("数据错误!");
        return "数据错误!";
    }
}
}
```

14.5 UDP 数据报

上节介绍的 Socket 通信采用的是 TCP，通信双方通过输入、输出流进行交互，就类似于打电话交流。

UDP 数据报

除了 TCP 方式外，还有另一种方式，即 UDP 方式。这种方式的通信类似于发送短信，无须建立连接就可以进行数据传输，所以网络开销小、效率高，但不保证传输的可靠性，传输过程中可能有数据丢失。

传输不可靠为什么还要提供呢？这里所说的不可靠并不是会丢失很多数据，它跟网络质量有关；在现有的网络环境下，丢失率已经很小了，不到 1%。对于传送数据比较少并能容忍小错误的一些应用，该方式还是很方便的。

使用 UDP 方式通信时，不需要先建立连接，所以传输速率快。发送数据时都需要将其封装成数据包，相当于将信件装入信封中，指明发送的 IP 地址和端口号，再进行发送。接收者收到数据包后，就可以查看数据包中的数据了。

14.5.1 发送数据包

在 UDP 编程中，数据发送前先要进行打包封装。java.net.DatagramPacket 类用于将数据打包，即封装成一个数据包对象，其常用的构造方法有以下两个。

```
public DatagramPacket(byte[] buf,int length,InetAddress address, int port)
```

该方法构造数据包，用来将长度为 length 的包发送到指定主机上的指定端口号。其中的参数 buf 表示包数据，length 是包长度，length 参数必须小于或等于 buf.length，address 是发送的目的地址，port 是目的端口号。

```
public DatagramPacket(byte[] buf,int offset,int length,InetAddress address, int port)
```

该方法构造数据包，用来将长度为 length、偏移量为 offset 的包发送到指定主机上的指定端口号。其中的参数 offset 指的是从 buf 的 offset 处开始的数据，举例如下。

```
byte data[] = "hello".getByte();                        //字节数组
InetAddress addr = InetAddress.getByName("127.0.0.1");
DatagramPacket data_send = new DatagramPacket(data,data.length,addr,5151);
```

封装好数据包后，再用 java.net.DatagramSocket 类创建一个连接对象，这个连接对象将数据包发送出去，举例如下。

```
DatagramSocket send_socket = new DatagramSocket();
send_socket.send(data_send);
```

14.5.2 接收数据包

接收端与发送端类似，也需要创建 DatagramSocket 对象和 DatagramPacket 对象。只不过 DatagramSocket 对象用于监听接收端口，并将接收到的数据存到 DatagramPacket 对象中。接收数据包的 DatagramSocket 类对象用下面的构造方法创建。

```
public DatagramSocket(int port) throws SocketException
```

参数 port 为要使用的端口号，举例如下。

```
DatagramSocket receive_socket = new DatagramSocket(5151);
```

接收数据包还需要一个 DatagramPacket 对象，这个对象的作用是保存接收到的 DatagramPacket 数据包。接收端 DatagramPacket 类的构造方法如下。

```
public DatagramPacket(byte[] buf,int length)
```

其中的参数 buf 是保存传入数据包的缓冲区，length 是要读取的字节数。如果想读取发送端的 InetAddress 地址，程序可调用如下方法。

```
InetAddress getAddress()
```

如果想获得发送端的端口号，程序可调用如下方法。

```
int getPort()
```

如果想获得收到的数据字节长度，程序可调用如下方法。

```
int getLength()
```

举例如下。

```
byte[] data = new byte[1024];
int length = 512;
DatagramPacket packet = new DatagramPacket(data,length);
```

然后使用 receive_socket 对象的 receive(DatagramPacket packet)方法就可以接收数据包了。

下面看一个简单示例。

【例 14.6】基于 UDP 的通信示例。客户端向服务器端发送问候信息"你好，我是客户机 A"，服务器端接收到后回送响应信息"你好，我是服务器 B"。

本例程序由两个类组成，分别是客户端程序类 Example14_06_Client_UDP 和服务器端程序类 Example14_06_Server_UDP。运行前，先打开两个命令行窗口，在一个窗口中运行服务器端程序，然后在另一个窗口中运行客户端程序。下面是客户端程序。

```
import java.net.DatagramPacket;
import java.net.DatagramSocket;
import java.net.InetAddress;
public class Example14_06_Client_UDP{
    public static void main(String[] args){
        DatagramSocket socket = null;
        DatagramPacket packet_send = null;
        DatagramPacket packet_receive = null;
        String server = "127.0.0.1";                //服务器端 IP 地址
        int port = 5151;                            //服务器端口号
        String str = "你好，我是客户机A";
        byte[] data = str.getBytes();               //将发送信息转换成字节数组

        try{
            socket = new DatagramSocket();          //创建 socket 对象
            //将服务器端 IP 地址封装成 InetAddress 对象
            InetAddress addr = InetAddress.getByName(server);
            packet_send = new DatagramPacket(data,data.length,addr,port);
            //创建数据包对象
            socket.send(packet_send);               //向服务器端发送数据
            byte [] r = new byte[1024];             //设置接收缓冲区
            packet_receive = new DatagramPacket(r,r.length); //创建数据包对象
            socket.receive(packet_receive);                     //接收数据包
            byte [] response = packet_receive.getData();     //读取数据包中的数据信息
            int len = packet_receive.getLength();            //获取数据长度
            String str1 = new String (response,0,len);       //将字节数据转换成字符串
            System.out.println("服务器响应的信息是: "+str1);
        }
        catch(Exception e){
            System.out.println(e);
        }
        finally{
            socket.close();
        }
    }
}
```

程序运行结果如图 14.6 所示。

下面是服务器端程序。

```java
import java.net.DatagramPacket;
import java.net.DatagramSocket;
import java.net.InetAddress;
public class Example14_06_Server_UDP{
    public static void main(String[] args){
        DatagramSocket socket = null;
        DatagramPacket packet_send = null;
        DatagramPacket packet_receive = null;
        int port = 5151;                                    //服务器监听端口
        try{
            socket = new DatagramSocket(port);              //创建连接对象
            System.out.println("服务器启动! ");
            byte [] r = new byte[1024];                     //创建缓存数组
            packet_receive = new DatagramPacket(r,r.length); //创建数据包对象
            socket.receive(packet_receive);                 //接收数据包
            InetAddress client_ip = packet_receive.getAddress(); //客户机地址
            int client_port = packet_receive.getPort(); //客户机端口号
            byte [] data = packet_receive.getData();        //客户机字节数据
            int len = packet_receive.getLength();           //数据有效长度
            String str1 = new String (data,0,len);          //将字节数据转换成字符串
            System.out.println("客户机"+client_ip+":"+client_port+"\n 发送的信息是:
                            "+str1);
            String response = "你好, 我是服务器 B";
            byte [] s = response.getBytes();
            //创建响应数据包对象
            packet_send = new DatagramPacket(s,s.length,client_ip,client_port);
            socket.send(packet_send);                       //发送响应数据包
        }
        catch(Exception e){
            System.out.println(e);
        }
        finally{
            socket.close();
        }
    }
}
```

程序运行结果如图 14.7 所示。

该段程序与例 14.3 类似，也完成了一次数据交互。如果想实现与多客户端的交互，这里仍然需要使用多线程编程。

服务器启动!
客户机/127.0.0.1:59937
发送的信息是: 你好, 我是客户机A

图 14.7　服务器端程序的运行结果

14.6　广播数据报

前面介绍的网络编程都是把一个数据报发送给一台主机。如果想发给两台及两台以上的主机，这时就需要重复发送。那么有没有什么方法能将一个数据报同时发送给多台主机，甚至是全网的主机呢？网络通信中提供了一种特殊的数据报——组播数据报（广播数据报），这种数据报不是发给一台主机，而是发给指定范围的多台主机（或全部主机）。

广播数据报

这种通信类似于收音机的广播，用户只要被调到指定的频道上，就能收听到广播的内容。程序员要想实现这个功能，就需要使用特殊的 IP 地址。

网络中的主机识别都是通过 IP 地址实现的。为了便于分配和管理，Internet 把 IP 地址分为 A、B、C、D、E 共 5 类，每一类地址中都包含一组地址，其中 A 类、B 类、C 类地址用于主机地址，例如一个 C 类地址中最多包含 254 个有效的主机地址，一个地址对应一台主机。而 D 类地址比较特殊，称为多播地址，它不代表某个主机的地址，而是代表一类地址。要想实现多播或广播通信的主机都必须加入同一个 D 类地址中。

D 类地址的十进制表示范围是 224.0.0.0～239.255.255.255。

14.6.1 广播端

要想实现网络广播，程序需要使用 java.net.MulticastSocket 类。该类是一种基于 UDP 的 DatagramSocket，用以发送和接收 IP 多播包。该类的对象可以加入 Internet 上其他多播主机的"组"中。类 MulticastSocket 的常用方法如下。

（1）MulticastSocket(int port) throws IOException

创建一个多播套接字，并将其绑定到指定端口上。

（2）MulticastSocket(SocketAddress bindaddr) throws IOException

创建一个多播套接字，并将其绑定到一个指定套接字地址上。

（3）public void joinGroup(InetAddress mcastaddr) throws IOException

将多播套接字加入指定多播组中。

（4）public void leaveGroup(InetAddress mcastaddr) throws IOException

将多播套接字移出多播组。

（5）public void setTimeToLive(int ttl) throws IOException

设置在此 MulticastSocket 上发出的多播数据包的默认生存时间，1 为本地网络。

【例 14.7】广播数据报发送端示例。

```java
import java.io.IOException;
import java.net.*;
class BroadCast{
    public void send(){
        String msg = "hello";                        //多播的内容
        int port = 6666;                             //多播端口
        InetAddress group = null;
        MulticastSocket ms = null;

        try{
            group = InetAddress.getByName("224.1.1.1");       //创建多播地址
            ms = new MulticastSocket(port);      //创建多播套接字
            ms.joinGroup(group);                 //将套接字加入多播地址
            ms.setTimeToLive(1);                 //设置数据报发送范围为本地
            //创建待发送的数据报
            DatagramPacket dp = new DatagramPacket(msg.getBytes(),msg.length(),group,port);
            ms.send(dp);                         //发送数据报
        }
        catch(IOException e){
            System.out.println(e);
        }
        finally{
            ms.close();                          //关闭套接字
        }
    }
}
```

```
public class Example14_07{
    public static void main(String[] args){
        new BroadCast().send();
    }
}
```

14.6.2 接收端

接收端与发送端类似，只是该主机处于接收状态。

【例 14.8】广播数据报接收端示例。

```
import java.io.IOException;
import java.net.*;
class Receiver{
    public void receive(){
        byte [] data = new byte[1024];                   //数据缓冲区
        int port = 6666;                                 //多播端口
        InetAddress group = null;
        MulticastSocket ms = null;

        try{
            group = InetAddress.getByName("224.1.1.1");      //创建多播地址
            ms = new MulticastSocket(port);              //创建多播套接字
            ms.joinGroup(group);                         //将套接字加入多播地址
            //创建待接收的数据报
            DatagramPacket dp = new DatagramPacket(data, data.length,group, port);
            ms.receive(dp);                              //接收数据报
            String msg = new String(dp.getData(),0,dp.getLength());
            System.out.println("接收的广播数据为: "+msg);
        }
        catch(IOException e){
            System.out.println(e);
        }
        finally{
            ms.close();                                  //关闭套接字
        }
    }
}

public class Example14_08{
    public static void main(String[] args){
        new Receiver().receive();
    }
}
```

14.7 基于 NIO 类库的编程

第 12 章说到，Java 1.4 之后的版本增加了 NIO 类库，用以实现基于缓冲区的文件输入/输出流操作。在这个类库中，除了能进行文件操作以外，还提供了若干个类用以实现网络通信。下面就介绍其中的几个常用类。

14.7.1 SocketChannel 类

java.nio.channels.SocketChannel 类用于创建面向缓冲区的套接字通道，通过该类的对象可实现双向通信。SocketChannel 类中的常用方法如表 14.1 所示。

表 14.1　SocketChannel 类中的常用方法

方法	类型	方法功能
open( )	SocketChannel	打开套接字通道
open(SocketAddress remote)	SocketChannel	打开通道并连接到远程地址
connect(SocketAddress remote)	boolean	连接此通道的远程套接字
isConnected( )	boolean	判断是否已连接网络套接字
isConnectionPending	boolean	判断是否正在进行连接
finishConnect( )	boolean	完成套接字通道的连接过程
socket( )	Socket	获取与此通道关联的套接字
register(Selector sel,int ops)	SelectionKey	向给定的选择器注册此通道，返回一个选择键
read(ByteBuffer dst)	int	从通道读数据到给定缓冲区中，返回读取的字节数
write(ByteBuffer src)	int	将给定缓冲区中的数据写入通道，返回写入的字节数

14.7.2　ServerSocketChannel 类

java.nio.channels.ServerSocketChannel 类用于创建服务器端监听套接字通道，该类对象主要用于接收此套接字的连接。ServerSocketChannel 类中的常用方法如表 14.2 所示。

表 14.2　ServerSocketChannel 类中的常用方法

方法	类型	方法功能
open( )	static ServerSocketChannel	打开服务器套接字通道
socket( )	ServerSocket	获取与此通道关联的服务器套接字
accept( )	SocketChannel	接收到此通道套接字的连接

14.7.3　Selector 类

java.nio.channels.Selector 类也称为选择器，它用于实现通道的多路复用。通过选择器，一个线程可以监控和处理多个通道的通信，极大地提高资源利用率。

选择器的工作原理：先把通道注册到选择器上，并指出待监控类型——连接、读操作、写操作等；注册成功，选择器会分配给该通道一个键值 key，并存入选择器的键集合中；接着就可以遍历键集合，获取各键对应的通道，根据当前通道的状态完成相关的读/写等操作。

选择器维护 3 个选择键集合：键集合，注册到此选择器上的通道键集合；已选择键集合，至少为一个操作准备就绪的通道键集合；已取消键集合，已被取消，但通道尚未注销的键集合。在新创建的选择器中，这 3 个集合都是空集合。

Selector 类中的常用方法如表 14.3 所示。

表 14.3　Selector 类中的常用方法

方法	类型	方法功能
open( )	static Selector	创建一个选择器
isOpen( )	boolean	判断选择器是否已打开
keys( )	Set<SelectionKey>	获取选择器的键集合
select( )	int	选择一组准备就绪通道的键
selectedKeys( )	Set<SelectionKey>	获得选择器的已选择键集合
close( )	void	关闭此选择器

14.7.4　SelectionKey 类

java.nio.channels.SelectionKey 类用于表示通道在选择器中注册的选择键。每次向选择器注册通道时就会创建一个选择键，选择键包括以下两个操作集合。

interest 集合：表示下一次调用选择器的选择方法时，测试哪类操作的准备就绪信息；创建该键时使用给定的值初始化 interest 集合，以后也可通过 interestOps(int)方法对其进行更改。

ready 集合：指示其通道对该操作类别已准备就绪，该集合外部不能修改。

SelectionKey 类的操作类别属性如下。

OP_ACCEPT：连接可接收操作，这项属性只有 ServerSocketChannel 支持，用于服务器端接收通道连接请求。

OP_CONNECT：连接操作，它是 Client 端支持的一种操作。

OP_READ：读操作。

OP_WRITE：写操作。

SelectionKey 类中的常用方法如表 14.4 所示。

表 14.4　SelectionKey 类中的常用方法

方法	类型	方法功能
channel( )	SelectableChannel	获取创建此键的通道
selector( )	Selector	获取创建此键的选择器
cancel( )	void	撤销此键的通道在选择器上的注册
isAcceptable( )	boolean	判断此键的通道是否已准备好接收新连接
isConnectable( )	boolena	判断此键的通道是否已完成连接
isReadable( )	boolean	判断此键的通道是否已准备好进行读取
isWritable( )	boolean	判断此键的通道是否已准备好进行写入

14.7.5　应用举例

下面通过一个简单的聊天室程序设计介绍基于缓冲区通道的网络编程。聊天室是一个很常见的网络应用。

客户端用户只要登录上服务器就可以同其他用户进行交流，一个用户发送的信息，其他用户都可以接收到。由于聊天室用户发送的数据量少，而且发送时间不固定，因此非常适合使用通道完成设计。完整程序见客户端源代码。

客户端源代码

服务器端可以用一个选择器来监听多个用户的通信，无须建立多个线程，极大地节省了资源。有用户发送信息时就把该信息转发给其他用户，以实现信息共享。该示例只从通信角度完成了客户端的注册连接、与服务器的信息交互和分发等功能。完整程序见服务端源代码。

服务端源代码

14.8　小结

本章主要学习了 Java 的网络编程技术。首先，介绍了网络的基础知识，内容包括网络协议、IP 地址等。然后，介绍了基于 URL 的编程技术，以及跟 IP 地址有关的 InetAddress 类，并根据网络传输层的两个协议 TCP 和 UDP，通过实际案例详细介绍了相关的类及其用法。最后，介绍了 NIO 中关于网络通信的相关类，并基于程序案例进行了详细讲解。

14.9　习题

1. 网络通信协议包括哪两种？
2. 一个 URL 包括哪些内容？
3. ServerSocket 进行服务器端编程时，主要分为哪几个步骤？
4. 参照例 14.5，编写程序，实现带括号的四则运算。

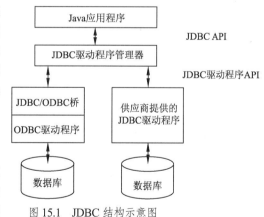（本页右侧图顶部）第15章的章标占位

第 **15** 章   数据库编程

本章要点

- 数据库编程基础。
- 数据库连接。
- 数据库插入、删除、更新、查询操作。
- 事务处理。

JDBC 是 Java 程序访问数据库的应用程序接口（API），JDBC 向应用程序开发者提供了独立于数据库的统一 API，提供了数据库访问的基本功能，并且为多种关系数据库提供了统一的访问接口。JDBC API 包括 java.sql（JDBC 内核 API）和 javax.sql（JDBC 标准扩展）两个包，它们一起构成了用 Java 开发数据库应用程序所需的类。

15.1 数据库编程基础

15.1.1 JDBC 数据库应用模型

JDBC 由两层构成：一层是 JDBC API，负责在 Java 应用程序与 JDBC 驱动程序管理器之间进行通信，负责发送程序中的 SQL 语句；另一层是 JDBC 驱动程序 API，负责与实际连接数据库的第三方驱动程序进行通信，返回查询信息或者执行规定的操作，其结构示意图如图 15.1 所示。

下面对图 15.1 所示各部分的功能进行说明。

1.Java 应用程序

Java 程序包括应用程序、Applet 及 Servlet，这些类型的程序都可以利用 JDBC 实现对数据库的访问。JDBC 在其中可以进行请求与数据库建立连接、向数据库发送 SQL 请求、处理查询、错误处理等操作。

图 15.1 JDBC 结构示意图

2.JDBC 驱动程序管理器

JDBC 驱动程序管理器动态地管理和维护数据库查询所需要的驱动程序对象，实现 Java 程序与特定驱动程序的连接。它可以为特定的数据库选取驱动程序，处理 JDBC 初始化调用，为每个驱动程序提供 JDBC 功能的入口，为 JDBC 调用传递参数等。

3．驱动程序

驱动程序一般由数据库厂商或第三方提供，由 JDBC 方法调用，向特定数据库发送 SQL 请求，并为程序获取结果。驱动程序完成建立与数据库的连接、向数据库发送请求、在用户程序请求时进行翻译、错误处理等操作。

4．数据库

数据库指数据库管理系统和用户程序所需要的数据库。

15.1.2　JDBC 驱动程序

JDBC 驱动程序分为以下 4 种类型。

（1）类型 1：JDBC-ODBC Bridge Driver 类型，这种驱动方式通过 ODBC 驱动程序提供数据库连接，使用这种方式要求客户机装入 ODBC 驱动程序。

（2）类型 2：Native-API partly-Java Driver 类型，这种驱动方式将数据库厂商所提供的特殊协议转换为 Java 代码及二进制代码，利用客户机上的本地代码库与数据库进行直接通信。这种驱动方式和类型 1 一样，也存在很多局限，如由于要使用本地库，用户必须将这些库预先安装在客户机上。

（3）类型 3：JDBC-Net All-Java Driver 类型，这种类型的驱动程序是纯 Java 代码的驱动程序，它将 JDBC 指令转换成独立于 DBMS 的网络协议形式并与某种中间层连接，再通过中间层与特定的数据库通信。该类型的驱动具有最大的灵活性，通常由非数据库厂商提供，它是 4 种类型中体积最小的。

（4）类型 4：Native-protocol All-Java Driver 类型，这种驱动程序也是一种纯 Java 的驱动程序。它通过本地协议直接与数据库引擎相连接，这种驱动程序也能应用于 Internet。在 4 种驱动方式中，这种方式具有最好的性能。

以上 4 种驱动类型在实际应用中以类型 1 和类型 4 最为常见。类型 1 简单易用，但是应用程序的可移植性较差，因为其依赖于操作系统的 ODBC 功能。类型 4 由于是纯 Java 代码的驱动程序且具有良好的性能，因而得到广泛应用。

15.1.3　用 JDBC 驱动连接数据库

用 JDBC 驱动方式连接并访问数据库的操作过程如下。

1．创建数据库

以 SQLite 数据库为例说明创建数据库的基本操作。

首先创建数据库 xsgl.db。进入 SQLite，选择"空 SQLite 数据库"，命名之后保存。

然后创建表 StudentInfo，选择"使用设计器创建表"，输入该表字段：StudentID、StudentName、StudentSex，确定 StudentID 为主键，如图 15.2 所示。

最后输入若干测试用数据，在表管理界面双击表名即可进入表数据添加界面。

2．数据库驱动与连接

采用 JDBC 驱动方式与 SQLite 数据库建立连接可分为以下两个步骤。

（1）加载驱动程序

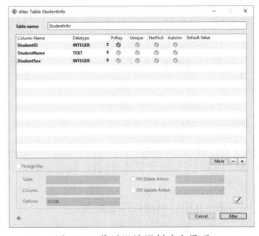

图 15.2　使用设计器创建表界面

```
try{
Class.forName("org.sqlite.JDBC");
```

```
}catch(ClassNotFoundException e){
    System.out.println(e);
}
```

（2）创建数据库连接对象

```
String url = "jdbc:sqlite:test.db";//student 是数据表名称
Connection con = DriverManager.getConnection(url);
```

如果数据库设置了登录名和口令，则在创建连接时需在方法中包含相关的参数，如下所示。

```
DriverManager.getConnection(String url,String loginName,String password)
```

3．执行 SQL 语句

与数据库建立连接之后，接下来需要向访问的数据库发送 SQL 语句。在特定的程序环境和功能需求下，可能需要不同的 SQL 语句，例如数据库的增、删、改、查等操作，或者数据库表的创建及维护操作等。Java 程序中所用到的 SQL 语句是否能得到正确的执行、是否会产生异常或错误，不仅取决于语句本身的语法正确性，还取决于所访问的数据库是否支持相关操作等，例如有的数据库不支持存储过程操作，则发送调用存储过程的语句时便会抛出异常。

以下 3 个类用于向数据库发送 SQL 语句。

（1）Statement 类，调用其 createStatement( )方法可以创建语句对象，然后利用该语句对象可以向数据库发送具体的 SQL 语句，举例如下。

```
String query = "select * from table1";        //查询语句
Satement st = con.createStatement();           //或用带参数的 createStatement()方法
ResultSet rs = st.executeQuery(query);         //发送 SQL 语句，获得结果
```

（2）PreparedStatement 类，调用其方法 prepareStatement( )创建一个编译预处理语句对象，然后它可以向数据库发送带有参数的 SQL 语句。该类有一组由 setXXX( )设置的参数值。这些参数被传送到数据库，预处理语句被执行。这个过程类似于给函数传递参数之后执行函数，完成预期的处理。使用 PreparedStatement 与使用 Statement 相比较，前者有较高的效率，关于这一点详见后面相关部分的阐述。具体的例子如下。

```
PreparedStatement ps;
ResultSet rs = null;
String query = "select name,age,addr from xsda where addr = ?";
ps = con.prepareStatement(query);
ps.setString(1,"hei");
rs = ps.executeQuery();
```

（3）CallableStatement 类的方法 prepareCall( )可用于创建对象，该对象用于向数据库发送一条调用某存储过程的 SQL 语句。prepareCall( )和 prepareStatement( )一样，所创建的语句允许带有参数，用 setXXX( )设置输入参数，即 IN 参数，同时需接收和处理 OUT 参数、INOUT 参数及存储过程的返回值。概要说明其使用方法的语句例子如下。

```
CallableStatement cstmt;
ResultSet rs;
cstmt = con.prepareCall("{?=call stat(?,?)}");
//stat 是一个存储过程的名称，它有两个参数，且有返回值
cstmt.setString(2,"Java Programming Language");
rs = cstmt.executeQuery();
```

4．检索结果

数据库执行传送到的 SQL 语句，结果有多种存储位置，这与所执行的语句有关。以查询语句 select 为例，其结果需返回到程序中的一个结果集对象，即前面语句例子中的 ResultSet 对象 rs。rs 可看作

数据库编程 ／ 第 15 章

一个表子集，有若干行和若干列，行列的具体数量与查询条件及满足查询条件的记录数有关。要浏览该表内容可以借助 ResultSet 类的相关方法完成，例如行指针移动方法 rs.next( ) 和取列内容的方法 rs.getXXX( ) 等。若是执行数据更新语句 update，则返回的是成功进行更新的数据库记录行数，所以检索结果操作要依程序的具体内容而定。

5. 关闭连接

完成对数据库的操作之后，应关闭与常用数据库的连接。关闭连接使用 close( ) 方法，格式如下。

```
con.close();
```

15.1.4　JDBC 常用 API

JDBC API 提供的类和接口是在 java.sql 包中定义的。表 15.1 列出了 java.sql 的常用类和接口。该表中仅列出部分接口与类的内容，至于更多未列出的类和接口，需读者查阅 JDK 类文档进行深入了解和掌握。

表 15.1　java.sql 的常用类和接口

类和接口名称	说明
java.sql.CallableStatement	用于调用存储过程
java.sql.Connection	表示与某个数据库的连接管理
java.sql.Driver	数据库驱动程序类
java.sql.Date	日期处理类
java.sql.DriverManager	管理 JDBC 驱动器设置的基本服务
java.sql.PreparedStatement	编译预处理语句类
java.sql.ResultSet	管理查询结果的表，简称结果集
java.sql.SQLException	管理关于数据库访问错误的信息
java.sql.Statement	用于执行 SQL 语句的类
java.sql.DatabaseMetaData	管理关于数据库的信息，称为元数据

1. DriverManager 类

DriverManager 类的常用方法如下。

（1）static void deregisterDriver(Driver driver)：从 DriverManager 的列表中删除一个驱动程序。

（2）static Connection getConnection(String url)：建立到给定数据库 URL 的连接。

（3）static Connection getConnection(String url, Properties info)：用给定的数据库 URL 和相关信息（用户名、用户密码等属性）来创建一个连接。

（4）static Connection getConnection(String url, String user, String password)：按给定的数据库 URL、用户名和用户密码创建一个连接。

（5）static Driver getDriver(String url)：查找给定 URL 下的驱动程序。

（6）static Enumeration<Driver> getDrivers( )：获得当前调用方可以访问的所有已加载 JDBC 驱动程序的 Enumeration。

（7）static int getLoginTimeout( )：获得驱动程序连接到某一数据库时可以等待的最长时间，以秒为单位。

（8）static PrintWriter getLogWriter( )：检索记录写入器。

（9）static void println(String message)：将一条消息输出到当前 JDBC 记录流中。

（10）static void registerDriver(Driver driver)：向 DriverManager 注册给定驱动程序。

2. Connection 类

Connection 类有以下常量。

（1）static int TRANSACTION_NONE：指示不支持事务。

（2）static int TRANSACTION_READ_UNCOMMITTED：说明一个事务在提交前其变化对于其他事务而言是可见的，这样可能发生脏读（dirty read）、不可重复读（unrepeated read）和虚读（phantom read）。

（3）static int TRANSACTION_READ_COMMITTED：说明读取未提交的数据是不允许的，从而可以防止发生脏读的情况，但不可重复读和虚读仍有可能发生。

（4）static int TRANSACTION_REPEATABLE_READ：说明事务保证能够再次读取相同的数据而不会失败，但虚读有可能发生。

（5）static int TRANSACTION_SERIALIZABLE：指示防止发生脏读、不可重复读和虚读的常量。

Connection 类的常用方法如下。

（1）void close( )：断开此 Connection 对象和数据库的连接，而不是等待它们被自动释放。

（2）void commit( )：使自从上一次提交/回滚以来进行的所有更改成为持久更改，并释放此 Connection 对象当前保存的所有数据库锁定。

（3）Statement createStatement( )：创建一个 Statement 对象，用来将 SQL 语句发送到数据库。

（4）Statement createStatement(int resultSetType, int resultSetConcurrency)：创建一个 Statement 对象，该对象将生成具有给定类型和并发性的 ResultSet 对象。

（5）DatabaseMetaData getMetaData( )：获取 DatabaseMetaData 对象，该对象包含关于 Connection 对象连接到的数据库的元数据。

（6）boolean isClosed( )：检索此 Connection 对象是否已经被关闭。

（7）CallableStatement prepareCall(String sql)：创建一个 CallableStatement 对象来调用数据库存储过程。

（8）CallableStatement prepareCall(String sql,int resultSetType,int resultSetConcurrency)：创建一个 CallableStatement 对象，该对象将生成具有给定类型和并发性的 ResultSet 对象。

（9）PreparedStatement prepareStatement(String sql)：创建一个编译预处理语句对象来将参数化的 SQL 语句发送到数据库。

（10）void setAutoCommit(boolean autoCommit)：将此连接的自动提交模式设置为给定状态。

3．Statement 类

Statement 类的常用方法如下。

（1）void addBatch(String sql)：将给定的 SQL 命令添加到此 Statement 对象的当前命令列表中。

（2）void clearBatch( )：清空此 Statement 对象的当前 SQL 命令列表。

（3）void close( )：立即释放此 Statement 对象的数据库和 JDBC 资源，而不是等待该对象自动关闭时发生此操作。

（4）boolean execute(String sql)：执行给定的 SQL 语句，该语句可能返回多个结果。

（5）ResultSet executeQuery(String sql)：执行给定的 SQL 语句，该语句返回单个 ResultSet 对象。

（6）int executeUpdate(String sql)：执行给定 SQL 语句，该语句可能为 INSERT、UPDATE、DELETE 语句，或者不返回任何内容的 SQL 语句（如 SQL DDL 语句）。

（7）int getMaxFieldSize( )：检索由此 Statement 对象生成的 ResultSet 对象中的字符和二进制列值返回的最大字节数。

（8）boolean getMoreResults( )：移动到此 Statement 对象的下一个结果，如果其为 ResultSet 对象，则返回 true，并隐式关闭利用方法 getResultSet( )获取的所有当前结果集对象。

（9）ResultSet getResultSet( )：以 ResultSet 对象的形式检索当前结果。

（10）int getUpdateCount( )：获取当前结果的更新记录数，如果为 ResultSet 对象或没有更多结果，则返回-1。对每一个结果只调用一次。

4．PreparedStatement 类

PreparedStatement 类的常用方法如下。

（1）void addBatch( )：将一组参数添加到此 PreparedStatement 对象的批处理命令中。

（2）boolean execute( )：在此 PreparedStatement 对象中执行 SQL 语句，该语句可以是任何种类的 SQL 语句。

（3）ResultSet executeQuery( )：在此 PreparedStatement 对象中执行 SQL 查询，并返回该查询生成的 ResultSet 对象。

（4）int executeUpdate( )：在此 PreparedStatement 对象中执行 SQL 语句，该语句必须是一个 SQL INSERT、UPDATE 或 DELETE 语句，或者是一个什么都不返回的 SQL 语句，例如 DDL 语句。

（5）ResultSetMetaData getMetaData( )：检索包含有关 ResultSet 对象的列消息的 ResultSetMetaData 对象，ResultSet 对象将在执行此 PreparedStatement 对象时返回。

（6）ParameterMetaData getParameterMetaData( )：检索此 PreparedStatement 对象的参数的编号、类型和属性。

（7）void setArray(int i, Array x)：将指定参数设置为给定 Array 对象。

（8）void setDate(int parameterIndex, Date x)：将指定参数设置为给定 java.sql.Date 值。

（9）void setDate(int parameterIndex, Date x, Calendar cal)：使用给定的 Calendar 对象将指定参数设置为给定的 java.sql.Date 值。

（10）void setDouble(int parameterIndex, double x)：将指定参数设置为给定的 Java double 值。

5．CallableStatement 类

CallableStatement 类的方法主要有 3 类，分别为设置参数的系列 set( )方法、获取参数的系列 get( )方法及注册输出参数方法。

（1）boolean getBoolean(int parameterIndex)：以 Java 编程语言中 boolean 值的形式检索指定的 JDBC BIT 参数的值。

（2）boolean getBoolean(String parameterName)：以 Java 编程语言中 boolean 值的形式检索 JDBC BIT 参数的值。

（3）byte getByte（int parameterIndex）：以 Java 编程语言中 byte 值的形式检索指定的 JDBC TINYINT 参数的值。

（4）short getShort(int parameterIndex)：以 Java 编程语言中 short 值的形式检索指定的 JDBC SMALLINT 参数的值。

（5）String getString(int parameterIndex)：以 Java 编程语言中 String 值的形式检索指定的 JDBC CHAR、VARCHAR 或 LONGVARCHAR 参数的值。

（6）void registerOutParameter(int parameterIndex, int sqlType)：以 parameterIndex 为参数按顺序位置将 OUT 参数注册为 JDBC 类型 sqlType，必须在执行存储过程之前调用此方法。由 sqlType 指定的 OUT 参数的 JDBC 类型必须通过 get( )方法读取该参数值的 Java 类型来确定。这种 registerOutParameter 应该在参数是 JDBC 类型 NUMERIC 或 DECIMAL 时使用。

（7）void registerOutParameter(int parameterIndex, int sqlType, int scale)：功能同上，按顺序位置 parameterIndex 将参数注册为 JDBC 类型 sqlType；scale 是小数点右边所需的位数，该参数必须大于或等于 0。

（8）void setInt(String parameterName, int x)：将指定参数设置为给定的 Java int 值。

（9）void setString(String parameterName, String x)：将指定参数设置为给定的 Java String 值。

6．ResultSet 类

该类的 10 个常量及其作用如下。

（1）static int CLOSE_CURSORS_AT_COMMIT：该常量指示调用 Connection.commit( )方法时应该关闭 ResultSet 对象。

（2）static int CONCUR_READ_ONLY：该常量指示不可以更新的 ResultSet 对象的并发模式。

（3）static int CONCUR_UPDATABLE：该常量指示可以更新的 ResultSet 对象的并发模式。

（4）static int FETCH_FORWARD：该常量指示将按正方向（从第一个到最后一个）处理结果集中的行。

（5）static int FETCH_REVERSE：该常量指示将按反方向（从最后一个到第一个）处理结果集中的行。

（6）static int FETCH_UNKNOWN：该常量指示结果集中的行的处理顺序未知。

（7）static int HOLD_CURSORS_OVER_COMMIT：该常量指示调用 Connection.commit( )方法时不应关闭对象。

（8）static int TYPE_FORWARD_ONLY：该常量指示指针只能向前移动的 ResultSet 对象的类型。

（9）static int TYPE_SCROLL_INSENSITIVE：该常量指示可滚动，但通常不受其他更改影响的 ResultSet 对象的类型。

（10）static int TYPE_SCROLL_SENSITIVE：该常量指示可滚动且通常受其他更改影响的 ResultSet 对象的类型。

ResultSet 类的方法数量过百，按其功能可以分为两类，即指针移动方法和数据操作方法。下面对常用的方法进行说明。

（1）boolean absolute(int row)：将指针移动到此 ResultSet 对象的给定行编号。

（2）void afterLast( )：将指针移动到此 ResultSet 对象的末尾，正好位于最后一行之后。

（3）void beforeFirst( )：将指针移动到此 ResultSet 对象的开头，正好位于第一行之前。

（4）boolean first( )：将指针移动到此 ResultSet 对象的第一行。

（5）boolean isAfterLast( )：判断指针是否位于此 ResultSet 对象的最后一行之后。

（6）boolean isBeforeFirst( )：判断指针是否位于此 ResultSet 对象的第一行之前。

（7）boolean last( )：将指针移动到此 ResultSet 对象的最后一行。

（8）void moveToCurrentRow( )：将指针移动到记住的指针位置，通常为当前行。

（9）boolean next( )：将指针从当前位置下移一行。ResultSet 指针最初位于第一行之前，第一次调用 next( )方法使第一行成为当前行，第二次调用使第二行成为当前行，依此类推。如果开启了对当前行的输入流，则调用 next( )方法将隐式关闭它。读取新行时，将清除 ResultSet 对象的警告链。如果新的当前行有效，则返回 true；如果不存在下一行，则返回 false。

（10）boolean previous( )：将指针移动到此 ResultSet 对象的上一行。

以上诸方法都是指针移动相关的方法。下面的方法主要与记录行的内容操作有关。

（1）void cancelRowUpdates( )：取消对 ResultSet 对象中的当前行所做的更新。

（2）void clearWarnings( )：清除在此 ResultSet 对象上报告的所有警告。

（3）void close( )：立即释放此 ResultSet 对象的数据库和 JDBC 资源，而不是等待该对象自动关闭时进行此操作。

（4）void deleteRow( )：从此 ResultSet 对象和底层数据库中删除当前行。

（5）int findColumn(String columnName)：将给定的 ResultSet 列名称映射到其 ResultSet 列索引。

（6）Array getArray(int i)：以 Java 编程语言中 Array 对象的形式检索此 ResultSet 对象的当前行中指定列的值。

（7）void refreshRow( )：用数据库中的最近值刷新当前行。

（8）boolean rowDeleted( )：检索是否已删除某行。如果删除了行，并且检测到删除，则返回 true，否则返回 false。

（9）void updateString(int columnIndex, String x)：用 int 值更新指定列。

（10）void updateString(String columnName, String x)：用 String 值更新指定列。

7．Date 类

java.sql.Date 与 java.util.Date 配合使用可以方便地处理应用程序中的日期型数据。下面的代码段可以对此做简要说明。

```
Date d1 = new Date();          //d1 为当前日期，某学生今日在图书馆借阅图书
int maxDays = 60;              //一本书的规定借阅天数为 60 天
//d2 为应还书日期。若要与数据库交互，需借助 java.sql.Date
Date d2 = new Date(d1.getTime()+(60-1)*24*60*60*1000));     //计算应还书日期
rs.moveToInsertRow();          //改变结果集指针到插入行位置
…
java.sql.Date d3 = new java.sql.Date(d2.getTime());
rs.updateDate("应还日期",d3);   //将所借的应还日期写入数据库
…
rs.insertRow();
```

java.sql.Date 类的常用方法如下。

（1）public Date(long date)：构造方法，使用给定毫秒时间值构造一个 Date 对象。如果给定毫秒值包含时间信息，则驱动程序会将时间组件设置为对应于 GMT 0 的默认时区（运行应用程序的 Java 虚拟机的时区）中的时间。date 表示自 1970 年 1 月 1 日 00:00:00 GMT 以来的毫秒数，负数表示在 1970 年 1 月 1 日 00:00:00 GMT 之前的毫秒数。

（2）void setTime(long date)：使用给定毫秒时间值设置现有 Date 对象。

（3）String toString( )：格式化日期转义形式为 yyyy-mm-dd 的日期。

（4）static Date valueOf(String s)：将 JDBC 日期转义形式的字符串转换成 Date 值。要为 SimpleDateFormat 类指定一个日期格式，程序员可以使用"yyyy.mm.dd"格式，而不是使用"yyyy-mm-dd"格式。在 SimpleDateFormat 的上下文中，"mm"表示分钟，而不是表示月份。

8．SQLException 类

下面是 SQLException 类的 4 个常用方法及其说明。

（1）public String getSQLState( )：检索此 SQLException 对象的 SQLState。SQLState 是标识异常的 XOPEN 或 SQL 99 代码。

（2）public int getErrorCode( )：检索此 SQLException 对象的特定供应商的异常代码。

（3）public SQLException getNextException( )：检索此 SQLException 对象的异常链接。链接中的 SQLException 对象如果不存在，则返回 null。

（4）public void setNextException(SQLException ex)：将 SQLException 对象添加到链接的末尾。参数 ex 是将要添加到 SQLException 链接末尾的新异常。

9．元数据类

Java 定义的元数据（Meta Data）有以下 3 种。

- DatabaseMetaData 用于获得关于数据库和数据表的信息。

- ResultSetMetaData 用于获得关于结果集的信息。
- ParameterMetaData 用于获得关于预处理语句的信息。

这些类在编写通用型的数据库操作程序时是十分有用的。例如，输出表格时，可以根据结果集元数据灵活定义合适的表格宽度。

下面分别介绍 DatabaseMetaData 类和 ResultSetMetaData 类的主要方法及功能。

DatabaseMetaData 类的常用方法如下。

（1）public abstract boolean allProceduresAreCallable( )：检查由 getProcedures( )返回的方法是否都可被当前用户调用。

（2）public abstract boolean isReadOnly( )：检查所访问的数据库是否只读。

（3）public abstract boolean supportsGroupBy( )：检查此数据库是否支持 GROUP BY 子句的使用。

（4）public abstract boolean supportsMultipleResultSets( )：检查此数据库是否支持一次调用 execute( )方法获得多个 ResultSet 对象。

（5）public abstract boolean supportsBatchUpdates( )：检查此数据库是否支持批量更新。

（6）public abstract String getMaxColumnnameLength( )：检索此数据库允许用于列名称的最大字符数。

（7）public abstract int getMaxRowSize( )：检索此数据库允许在单行中使用的最大字节数。

（8）public abstract ResultSet getTableTypes( )：返回数据库所支持的数据表类型。

ResultSetMetaData 类的常用方法如下。

（1）public abstract int getColumnCount( )：返回此 ResultSet 对象中的列数。

（2）public abstract int getColumnDisplaySize(int column)：指示指定列的最大标准宽度，以字符为单位。

（3）public abstract String getColumnName(int column)：获得指定序号的名称。

（4）public abstract int getColumnType(int column)： 返回某列的 SQL Type。

（5）public abstract int getPrecision(int column)：获取指定列的小数位数。

（6）public abstract int getScale(int column)：获取指定列的小数点右边的位数。

（7）public abstract String getTableName(int column)：获取指定列所在表的名称。

15.2 数据库基本操作

访问数据库用 SQL 语句。SQL 分为四大类，分别是数据查询语言（DQL）、数据操纵语言（DML）、数据定义语言（DDL）和数据控制语言（DCL）。每类语言包含或多或少的语句，可用在不同的应用程序中。在一般的应用程序中使用较多的是对表的创建与管理、视图的操作、索引的操作等，对数据的操作主要有数据插入、删除、更新、查找、过滤、排序等。除此之外，还有获取数据库元数据和结果集元数据等操作。有时用 CRUD 来概指对数据库的常见操作，即表的创建（create）、数据检索（retrieve）、数据更新（update）和删除（delete）操作。

15.2.1 数据插入操作

INSERT 语句的格式如下。

```
INSERT INTO <表名>[(字段名[,字段名]…)] VALUES(常量[,常量]…)
```

在写 INSERT 语句时，表名可为数据表名或视图名；若字段名未显式给出，则按照表的列属性顺序依次填入；"常量"类型需与列属性类型一致。

由于字段的类型不同，因此 VALUES 中的值的写法要求也不同。如果是数值型字段，其值可以直接为数值；如果是字符型字段，其值要加单引号；如果是日期型字段，其值要加单引号，同时还要注意年、月、日的次序。

例如，向表 member 中插入一行数据的 SQL 语句如下。

```
INSERT INTO member (name,age,sex,wage,addr) VALUES
    ('LiMing',40,'男',4500,'北京市')
INSERT INTO emp(empno, hiredate) VALUES
    (8888,to_date('2002-09-08','YYYY-MM-DD'))
```

向表中插入 NULL 值时，其列在表中的定义不能为 NOT NULL、不能为主键或作为另一个表的外键，以及表的定义里不能有唯一的约束。

事实上，对很多数据库而言，对数据的插入、删除和更新操作都有两种可选的操作模式：一是直接使用 SQL 语句插入（或更新、删除）模式；二是通过可更新的结果集对象间接插入（或更新、删除）。用下面的形式创建语句对象。

```
Statement stmt = con.createStatement(
    ResultSet.TYPE_SCROLL_SENSITIVE,ResultSet.CUNCUR_UPDATABLE);
```

其中，参数 ResultSet.CUNCUR_UPDATABLE 的作用正是使该语句生成的结果对象是可更新结果集，它可被用来插入、更新、删除记录内容。这种方式明显比直接使用 SQL 语句的操作更灵活，且更容易与用户界面元素进行交互操作。下面的程序段说明了如何利用可更新结果集进行数据插入。

```
rs.moveToInsertRow();
rs.updateString("name","LiMing ");
rs.updateInt("age",40);
rs.updateString("sex","男");
rs.updateInt("wage",50000);
rs.updateString("addr","北京市");
rs.insertRow();
```

看看下面的 SQL INSERT 语句，体会一下拼串过程。

```
String sqlins = "INSERT INTO students values(' " + sno +" ', ' " + name + " ', ' " +
    sex + " ', ' " + birthday + " ', ' " +" ', ' " + department + " ') ";
```

15.2.2 数据删除操作

DELETE 语句的格式如下。

```
DELETE FROM <表名> WHERE <条件表达式>
```

举例如下。

```
DELETE FROM table1 WHERE No = 7658
```

从表 table1 中删除一条记录，其字段 No 的值为 7658。

使用可更新结果集的删除操作，参见下面的代码段。

```
stmt = con.createStatement(
    ResultSet.TYPE_SCROLL_SENSITIVE,ResultSet.CONCUR_UPDADABLE);
con.setAutoCommit(false);
String sqlst = "select * from member";
rs = stmt.executeQuery(sqlst);
rs.relative(4);              //移动到第 4 条记录
rs.deleteRow();             //从结果集和底层数据库删除该记录
con.commit();
```

一般的删除操作可能与查询数据和浏览数据相关联，可能在浏览之后发现了要删除的行。这样，采用直接 SQL 语句的方法显然不合适，而利用可更新结果集的删除则比较方便易行。

15.2.3　数据更新操作

UPDATE 语句的格式如下。

```
UPDATE <table_name> SET colume_name = 'xxx' WHERE <条件表达式>
```

例如以下语句。

```
UPDATE EMP SET JOB = 'MANAGER' WHERE NAME='MATIN'
```

对数据表 EMP 中姓名为 MATIN 的职工数据进行了修改，将其工作名称改为 MANAGER。向数据库发送数据更新的 SQL 语句是通过调用方法 executeUpdate( )完成的。

```
String ss = "update xsda set age=age+1 where name='yang' ";
stmt.executeUpdate(ss);
```

下面的代码用于说明使用可更新结果集进行更新操作的方法。

```
rs = stmt.executeQuery("select * from member where age=16");
rs.first();
rs.updateInt("wage",3000);
rs.updateRow();
rs.next();
rs.updateInt("wage",4000);
rs.updateRow();
rs.next();
rs.updateString("addr","上海市");
rs.updateRow();
```

上面的代码对连续 3 条记录的 wage 字段和 addr 字段值进行了更新操作。

15.2.4　数据查询操作

SELECT 语句的格式如下。

```
SELECT [DISTINCT] {column1,column2,…}
    FROM tablename
    WHERE {conditions}
    GROUP BY {conditions}
    HAVING {conditions}
    ORDER BY {conditions}[ASC/DESC];
```

选项 DISTINCT 指明结果不重复，无此选项则有的记录可能重复。例如，下面的语句只显示姓名不同的记录。

```
SELECT DISTINCT Name FROM person;
```

SELECT 语句用于指定检索数据库中的哪些列，用户若要检索所有列，不必列出所有列名，只用*表示即可；FROM 子句用于指定从哪一个表或视图中检索数据；WHERE 子句用于指定查询条件，若 conditions（条件）表达式的值为 TRUE 则检索相应的行，若条件表达式的值为 FALSE 则不会检索该行数据。WHERE 子句中条件表达式的运算符及其含义参见表 15.2。

表 15.2　WHERE 子句中条件表达式的运算符及其含义

运算符	含义	运算符	含义
=	等于	<	小于
<>、!=	不等于	Between…And…	介于两值之间
>=	大于或等于	In(list)	匹配于列表值
<=	小于或等于	like	匹配于字符样式
>	大于	Is NULL	测试 NULL

GROUP BY 指出记录分组的条件，例如进行分组统计；HAVING 则是用于限制分组统计的结果，例如统计 emp 表中不同部门（depno）、不同岗位（job）的平均工资（AVG(sal)）大于 3000 的所有记录的语句如下。

```
SELECT depno,job,AVG(sal) FROM emp
    GROUP BY depno,job
    HAVING AVG(sal)>3000;
```

HAVING 子句必须跟在 GROUP BY 子句的后面。ORDER BY 子句指出查询结果排序显示，排序方式可为升序（ASC）或降序（DESC）。

【例 15.1】无数据源连接数据库方式。部分程序如下，完整程序见例 15.1 源代码。

例 15.1 源代码　例 15.1 编程视频

```java
class Example15_01{
    static Connection con = null; // 连接对象
    static Statement st = null;
    static ResultSet rs = null;
    public static boolean conn(String url){
        try{
            Class.forName("org.sqlite.JDBC");// 加载驱动程序
            con = DriverManager.getConnection("jdbc:sqlite:"+url);// 连接数据库
            } catch (Exception e){
            e.printStackTrace();
            return false;
        }
            return true; // 成功
    }
    public static void main(String args[]) throws Exception{
        String str = new String();
        //驱动程序后面加空格，否则会出现异常
        if (conn("H:\\javaBook\\xsgl.db")){
            st = con.createStatement();
            rs = st.executeQuery("select * from studentInfo");
            while (rs.next()){
                System.out.print(rs.getString(1) + "      ");
                System.out.println(rs.getString(2));
            }
        }
    }
}
```

程序运行结果如图 15.3 所示。

【例 15.2】模糊查询的例子。部分程序如下，完整程序见例 15.2 源代码。

```java
con = DriverManager.getConnection("jdbc:sqlite:"+
        "H:\\javaBook\\xsgl.db");
sql = con.createStatement();
rs = sql.executeQuery("select * from studentInfo where studentname like
'李%'");
```

例 15.2 源代码

程序运行结果如图 15.4 所示。

图 15.3　例 15.1 的运行结果　　图 15.4　例 15.2 的运行结果

例 15.1 的查询语句可改为模糊查询。将模糊查询可用的字符%表示 0 个或多个字符，_表示任意字符，[abc]表示 a、b、c 中的任意一个字符。

15.2.5 编译预处理

1. 编译预处理的概念

PreparedStatement 是与编译预处理有关的类，它是 Statement 的一个子类。与 Statement 类的一个重要区别是，用 Statement 定义的语句是一个功能明确而具体的语句，而用 PreparedStatement 类定义的 SQL 语句中则包含一个或多个问号 "?" 占位符，它们对应于多个 IN 参数。带有占位符的 SQL 语句被编译，而在后续执行过程中，这些占位符需要用 setXXX( )方法设置为具体的 IN 参数值，这些语句被发送至数据库获得执行。下面给出若干编译预处理语句来说明 PreparedStatement 的用法。

（1）创建对象

```
PreparedStatement pstmt = con.prepareStatement("update table1 set x=? where y=?");
```

在对象 pstmt 中包含了语句"update table1 set x=? where y=?"，该语句被发送到 DBMS 进行编译预处理，为执行做准备。

（2）为每个 IN 参数设定参数值，即每个占位符 "?" 对应一个参数值

设定参数值是通过调用 setXXX( )方法实现的，其中的 XXX 是与参数相对应的类型，假如上面例子中参数类型为 long，则用下面的代码为参数设定值。

```
pstmt.setLong(1,123456789);
pstmt.setLong(2,987654321);
```

这里的 1 和 2 是与占位符从左到右的次序相对应的序号，它们不是从 0 开始计数的。

（3）执行语句

```
Pstmt.executeUpdate();
```

2. 编译预处理的目的

使用编译预处理就是为了提高数据存取的效率。

当数据库接收到一个 SQL 语句后，数据库引擎会解析这个语句，检查其是否含有语法错误。如果语句被正确解析，数据库会选择执行语句的最优途径。数据库将所执行的语句以一个存取方案保存在缓冲区中，如果即将执行的语句可以在缓冲区中找到所需的存取方案并执行，那么这就是执行该语句的最优途径，因为通过存取方案的重用实现了效率的提高。

分析下面的代码段。

```
ps.setString(1,"hei");
for(int i = 0;i < 10; i++){
    ps.setInt(2,i);
    int rowCount = ps.executeUpdate();
}
```

显然，在每次循环中，Java 程序向数据库发送的是相同的语句，只是参数不同，这样使得数据库能够重用同一语句的存取方案，达到了提高效率的目的。

【例 15.3】说明编译预处理语句使用方法的程序例子。部分程序如下，完整程序见例 15.3 源代码。

```
Connection con = null;
PreparedStatement ps;
ResultSet rs = null;
…
    String update = "update StudentInfo set name =? where x = ?";
    ps = con.prepareStatement(update);
    ps.setString(1, "hei");
    for (int i = 0; i < 10; i++){
```

例 15.3 源代码

```
            ps.setInt(2, i);
            int rowCount = ps.executeUpdate();
    }
```

本例对表 StudentInfo 执行成批更新操作（update），采用 PreparedStatement，通过设计该类对象的两个参数 name 和 x，循环执行更新操作。

15.3 事务处理

15.3.1 事务概述

观察一个银行储蓄账户管理的例子。某储户的存折中余额为 1000 元，如果该储户同时使用存折和银行卡取款，系统都提示可取款 1000 元。如果都完成了取款操作，那么银行岂不是亏损了 1000 元？这种情况是不会出现的，而这正是归功于数据库的事务处理。

1．事务概念

事务是指一系列的数据库操作。这些操作要么全做，要么全不做；它们是一个不可分割的工作单元，也可以说是数据库应用程序中的一个基本逻辑单元。它可能是一条 SQL 语句、一组 SQL 语句或者一个完整的程序。以上体现的是事务的原子性需求，程序对事务还有其他的需求，如一致性、隔离性、持久性等。

数据库是共享资源，它可供多个用户使用。多个用户并发地存取数据库时就可能产生多个事务同时存取同一数据的情况，随之出现不正确存取数据、破坏数据库一致性的情况。

2．3 类典型的数据出错

（1）脏读

脏读是指一个事务修改了某一行数据而未提交时，另一个事务读取了该行数据。假如前一事务发生了回退，则后一事务将得到一个无效的值。

（2）不可重复读

不可重复读是指一个事务读取某一数据行时，另一个事务同时在修改此数据行，则前一事务在重复读取此行时将得到一个不一致的数据。

（3）虚读

虚读也称为幻读，它是指一个事务在某一表中查询时，另一个事务恰好插入了满足查询条件的数据行，则前一事务在重复读取满足条件的值时，将得到一个或多个额外的"影子"值。

数据库的并发控制机制就是为了避免出现不正确存取数据、破坏数据库一致性的情况。数据库中主要的并发控制技术是加锁（locking）。加锁机制的基本思想是事务 T 在对某个数据对象如表、记录等进行操作之前，先向系统发出请求，对其加锁。加锁后，事务 T 就对该数据对象有了一定的控制，在事务 T 释放它的锁之前，其他事务不能更新此数据对象。

15.3.2 常用事务处理方法

1．事务隔离级别与隔离级别设置

JDBC 事务处理可采用隔离级别控制数据读取操作。JDBC 支持 5 个隔离级别设置，其名称和含义如表 15.3 所示。

表 15.3 中的 5 个常量是 Connection 类提供的。Connection 类还提供了以下方法进行隔离级别设置。

```
setTransactionIsolation(Connection. TRANSACTION_REPEATABLE_READ)
```

表 15.3　JDBC 支持的隔离级别

名称	类型	含义
TRANSACTION_NONE	static int	不支持事务
TRANSACTION_READ_COMMITED	static int	脏读、不可重复读、虚读可能出现
TRANSACTION_READ_UNCOMMITED	static int	禁止脏读，不可重复读、虚读可能出现
TRANSACTION_REPEATABLE_READ	static int	禁止脏读、不可重复读，虚读可能出现
TRANSACTION_SERIALIZABLE	static int	禁止脏读、不可重复读、虚读

一个事务也许包含几个任务。只有当每个任务结束后，事务才结束。如果其中的一个任务失败，则事务失败，前面完成的任务也要重新恢复。

Connection 类中有以下 3 种方法用于完成基本的事务管理。

（1）setAutoCommit(boolean true/false)：设置自动提交属性 AutoCommit，默认为 true。

（2）rollback( )：回滚事务。

（3）commit( )：事务提交。

在调用了 commit( )方法之后，所有为这个事务创建的结果集对象都被关闭了，除非通过 createStatement( )方法传递参数 HOLD_CURSORS_OVER_COMMIT。与 HOLD_CURSORS_ OVER_ COMMIT 参数功能相对的另一个参数是 CLOSE_CURSORS_AT_COMMIT，在 commit( )方法被调用时关闭 ResultSet 对象。

下面的程序段用于说明事务的操作。

```
String url = "jdbc:odbc:Customer";
String userID = "jim";
String password = "keogh";
Statement st1;
Statement st2;
Connection con;
try{
    Class.forName("sun.jdbc.odbc.JdbcOdbcDriver");
    con = DriverManager.getConnection(url,userID,password);
}
catch(ClassNotFoundException e1){}
catch(SQLException e2){}
try{
    con.setAutoCommit(false);
    //JDBC 中默认自动提交，即 true
    String query1 = "UPDATE Customer SET street = '5 main street'"+
        "WHERE firstName = 'Bob'";
    String query2 = "UPDATE Customer SET street = '7 main street'"+
        "WHERE firstName = 'Tom'";
    st1 = con.createStatement();
    st2 = con.createStatement();
    st1.executeUpdate(query1);
    st2.executeUpdate(query2);
        con.commit();
    st1.close();
    st2.close();
    con.close();
}
catch(SQLException e){
    System.err.println(e.getMessage());
    if(con!=null){
        try{
            System.err.println("transaction rollback");
            con.rollback();
        }
    catch(SQLException e){}
```

```
    }
}
```

2. 保存点的概念与操作

事务中若包含多个任务，事务失败时，也许其中部分任务不需要回滚，例如处理一个订单要完成 3 个任务，分别是更新消费者账户表、将订单插入待处理的订单表和给消费者发一封确认电子邮件。如果上述 3 个任务中完成了前两个，只有最后一个因为邮件服务器掉线而未完成，那么不需要对整个事务回滚。

我们可以使用保存点（savepoint）来控制回滚的数量。保存点就是指对事务的某些子任务设置符号标识，用以为回滚操作提供位置指示。JDBC 3.0 支持保存点的操作。

关于保存点的方法主要有以下 3 个。

（1）setSavepoint("保存点名称")：在某子任务前设置一保存点。

（2）releaseSavepoint("保存点名称")：释放一指定名称的保存点。

（3）rollback("保存点名称")：指示事务回滚到指定的保存点。

参考下面的代码片段，有助于理解保存点的作用和操作方法。

```
String query1;
String query2;
…
try {
    st1=con.createStatement();
    st2=con.createStatement();
    st1.executeUpdate(query1);
    Savepoint s1 = con.setSavepoint("sp1");
    st2.executeUpdate(query2);
    con.commit();
    st1.close();
    st2.close();
    con.releaseSavepoint("sp1");//释放保存点
    con.close();
}
catch(SQLException e){
    try{
        con.rollback(sp1);//回滚到保存点
    }
}
```

此外，也可以将 SQL 语句成批放入一个事务中。

```
String url = "jdbc:odbc:Customer";
String userID = "jim";
String password = "keogh";
Statement st;
Connection con;
try{
    Class.forName("sun.jdbc.odbc.JdbcOdbcDriver");
    con = DriverManager.getConnection(url,userID,password);
}
catch(ClassNotFoundException e1){}
catch(SQLException e2){}
try{
    con.setAutoCommit(false);
    String query1 = "UPDATE Customer SET street = '5 main street'"+
        "WHERE firstName = 'Bob'";
    String query2 = "UPDATE Customer SET street = '7 main street'"+
        "WHERE firstName = 'Tom'";
    st = con.createStatement();
    st.addBatch(query1);
```

```
        st.addBatch(query2);
        int []updated=st.executeBatch();
        con.commit();
        st.close();
        con.close();
}
catch(BatchUpdateException e){
        System.out.println("batch error.");
        System.out.println("SQL State:"+e.getSQLState());
        System.out.println("message: "+e.getMessage());
        System.out.println("vendor: "+e.getErrorCode());
}
```

15.4 小结

本章首先对 JDBC 的基本概念和组成进行了概要介绍，对其常用的类和接口的具体内容进行了系统阐述，然后对 Java 程序借助 JDBC 技术访问数据库的基本步骤及操作方法进行了详细说明。在此基础上，又深入研究了提高数据存取效率的相关内容，介绍了编译预处理的理论知识和操作方法。在阐述理论问题的同时，采用具体代码示例加以说明。最后对数据库事务的概念和重要的 Java 方法进行了讲解。

15.5 习题

1. 简述 JDBC 驱动程序的分类和各自的特点。
2. 说明数据源的作用。
3. ResultSet 类的常量有哪些？各有什么意义？
4. 什么是数据库元数据？有什么用途？
5. 如何提高数据库存取效率？有哪些技术？
6. 简述什么是编译预处理，并举例说明其使用方法。
7. 什么是保存点？
8. 什么是事务？事务有哪些特点？
9. 项目练习：创建一个数据库，输入多于 200 条的记录，编程浏览数据。

要求：

（1）用表的形式输出数据；

（2）分页显示，每页设置翻页的按钮，使能翻到上一页、下一页、第一页、最后一页，并显示总页数和当前页页码。

第**16**章 | 综合实践

本章要点
- 需求分析。
- 总体设计。
- 数据库设计。
- 类的设计。
- 系统实现。

前面的章节介绍了 Java 的基本语法、类和对象的定义与实现，以及常用类的使用方法。本章将结合前面的内容完成一个学生选课系统的设计和开发。通过这个综合实践案例，读者可以初步了解一个完整项目开发的实现流程。

16.1 需求分析

学习编程的最终目的是根据用户需求完成项目的设计、开发和实现。在一个项目的整个开发过程中，程序设计人员首先要做的就是需求分析。需求分析的任务是详细了解用户的实际需求，其中包括项目的应用背景、实现目的和要求、详细的工作流程、最终要达到的效果等。通常需求分析所用的时间要占总开发时间的三分之一到二分之一，可见其是十分重要的。本综合实践之所以选择学生选课系统，就是因为很多读者都比较了解这个系统的功能，甚至使用过相关系统，并且系统功能较为简单、明确，所以对系统的需求分析会更加容易理解。

学生选课系统主要实现学生对下一个学期的公共课和选修课的课程选择功能。学生通过该系统，可以在每个期末根据自己专业的课程目标要求、所修学分等情况选择下学期要学习的公共课或选修课，也可以查询自己选修过的课程、成绩、学分等信息。

根据学生选课系统的基本功能描述，可以进一步确定系统的用户角色和基本功能。

1. 学生用户

学生用户在本系统中可以实现个人基本信息的查询和修改、待选课程信息的查询、选课、退课、所修课程成绩的查询等功能。

2. 教师用户

教师用户在本系统中可以实现所授课程查询、选课学生的成绩录入等功能。

3. 管理员（教务人员）用户

管理员用户可以对整个系统的信息进行管理和维护，其中包括课程信息、教师信息、学生信息的管理和维护。

16.2 总体设计

分析完系统的基本功能后，开始进行系统的总体设计，内容包括系统目标、功能设计、系统开发环境等。

16.2.1 系统目标

通过对系统进行深入分析得知，本系统要实现以下目标。

（1）系统功能应完备。

（2）学生进行课程的查询和选课应简便、快捷。

（3）操作简单方便，界面简洁大方。

（4）系统应具备较高的安全性。

16.2.2 功能设计

根据需求分析，确定系统需要实现的功能，并给出系统功能结构图，如图 16.1 所示。

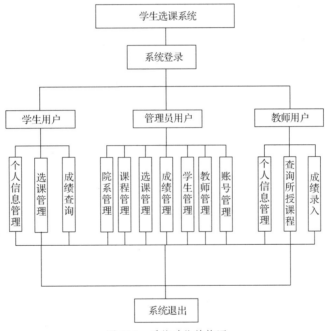

图 16.1　系统功能结构图

1．学生用户功能

个人信息管理：完成学生个人信息的管理和维护，如联系电话、家庭住址、登录密码。

选课管理：根据需求完成下学期的公共课和选修课的选课、退课等功能。

成绩查询：查看以往选修课程的成绩。

2．教师用户功能

个人信息管理：完成个人信息的管理和维护，如联系电话、家庭住址、登录密码。

查询所授课程：查询待讲授的课程和选课学生等信息。

成绩录入：完成选修本课程的学生成绩的录入。

3．管理员用户功能

院系管理：院系、专业基本信息的添加、修改、删除。

课程管理：课程基本信息的添加、修改、删除，如课程编号、课程名称、学时、学分等。

选课管理：选修课程信息的添加、修改、删除，如开课序号、开课时间、课程容量、任课教师、上课地点等。

成绩管理：选课学生成绩的添加、修改、删除。

学生管理：学生信息的添加、修改、删除。

教师管理：教师信息的添加、修改、删除。

账号管理：登录系统人员的账号信息添加、修改、删除。

16.2.3　系统开发环境

操作系统：Windows 10。

开发语言：Java 17.0.1。

开发工具：Eclipse IDE 2021-06。

数据库：MySQL 8.0。

数据库管理工具：Navicat Premium 15.0.26。

16.3　数据库设计

确定了系统的实现功能后，接下来就可以进行数据库的设计。

16.3.1　实体关系图

本系统中涉及的实体主要有院系、专业、班级、学生、课程、教师。各实体间的关系用实体关系图来进行描述。学生选课系统 E-R 图如图 16.2 所示。

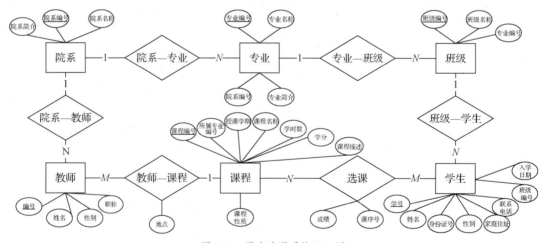

图 16.2　学生选课系统 E-R 图

E-R 图给出了各实体的基本属性及相互之间的关系。根据 E-R 图，就可以进行数据库表的设计了。

16.3.2　表的设计

表是整个数据库系统的基础，用以存放数据对象。根据上述的 E-R 图，可以看到每一个实体都对应一个表，表的字段内容也是基于实体的相关属性。具体表的字段名称、字段类型等信息参见下列各图。

1．院系表 department

院系表字段包括：院系编号、院系名称、院系简介，如图 16.3 所示。

名	类型	长度	小数点	不是 null	虚拟	键	注释
departID	varchar	10		☑	☐	🔑1	院系编号
dname	varchar	255		☐	☐		院系名称
description	varchar	255		☐	☐		院系简介

图 16.3　院系表

2．专业表 major

专业表字段包括：专业编号、专业名称、院系编号、专业简介，如图 16.4 所示。

名	类型	长度	小数点	不是 null	虚拟	键	注释
majorID	varchar	10		☑	☐	🔑1	专业编号
mname	varchar	255		☐	☐		专业名称
departID	varchar	10		☐	☐		院系编号
description	varchar	255		☐	☐		专业简介

图 16.4　专业表

3．班级表 class

班级表字段包括：班级编号、班级名称、专业编号，如图 16.5 所示。

名	类型	长度	小数点	不是 null	虚拟	键	注释
classID	varchar	10		☑	☐	🔑1	班级编号
cname	varchar	255		☐	☐		班级名称
majorID	varchar	10		☐	☐		专业编号

图 16.5　班级表

4．学生表 student

学生表字段包括：学号、姓名、性别、身份证号、班级编号、入学日期、家庭住址、联系电话，如图 16.6 所示。

名	类型	长度	小数点	不是 null	虚拟	键	注释
sid	varchar	10		☑	☐	🔑1	学号
sname	varchar	255		☐	☐		姓名
ssex	varchar	10		☐	☐		性别
id	varchar	18		☐	☐		身份证号
classID	varchar	10		☐	☐		班级编号
date	char	6		☐	☐		入学日期
address	varchar	255		☐	☐		家庭住址
phone	varchar	255		☐	☐		联系电话

图 16.6　学生表

5．课程表 course

课程表字段包括：课程编号、课程名称、所属专业编号、课程性质、授课学期、学时数、学分、课程描述，如图 16.7 所示。

名	类型	长度	小数点	不是 null	虚拟	键	注释
courseID	varchar	10		☑	☐	🔑1	课程编号
courseName	varchar	255		☐	☐		课程名称
majorID	varchar	10		☐	☐		所属专业编号
cNature	varchar	255		☐	☐		课程性质
semester	int			☐	☐		授课学期
classHours	int			☐	☐		学时数
credit	float	5	1	☐	☐		学分
description	varchar	500		☐	☐		课程描述

图 16.7　课程表

由于篇幅所限，其他表的结构就不介绍了。详细信息可以从相关网站的课程资源处下载。

需要注意的是，对于各种编号，虽然基本都采用数字形式描述，但将其定义为 int 类型是不合适的。这些编号虽然以数字化描述，但其内容通常包含多项含义。例如，学生的学号，虽然是数字，但里面包含了丰富内容，如入学年份、专业、班级、班级内编号等信息。用 int 类型虽然可以存储，但应用时会很不方便，例如统计一个专业的学生数量时用 int 类型很难实现，而使用字符串类型则容易很多，因此这样的编号应定义成字符串类型。

16.3.3　视图的设计

在进行数据库访问时，我们经常会访问多个数据信息，而这些信息分布在不同的表中。有时，为了安全起见，我们只想展示给用户必要的数据内容，而不是所有内容，这时就可以根据需要设计相应的视图。例如，在该系统中，如果想查询学生所在的院系、专业名称等信息，需要关联多个表，查询语句会较为烦琐，这时就可以根据需要创建一个上述信息的学生信息视图，课程信息也是如此。

在该系统中，我们针对学生信息、教师信息、课程信息、可选课程信息、已选课程信息创建了5 个视图，使得系统对这些信息的访问更加方便。学生信息视图如图 16.8 所示。其他视图略。

图 16.8　学生信息视图

16.3.4　其他设计

在本系统中，用户的登录信息和个人信息是分别存放的。而学生、教师的系统登录名分别使用学生的学号、教师编号，因此在完成学生、教师信息添加时也一并进行登录名的设置。这时可以用两种方法处理：一种方法是通过两条语句分别操作两个表完成信息的填入；另一种方法是利用触发器在学生表或教师表添加信息时完成用户表的信息创建。这里使用触发器来实现这一功能。

16.4　类的设计

16.4.1　基础封装类

前面的数据库设计中，定义了若干个实体，以及相应的数据库表。为了便于数据的存取和访问，我们可以为每个实体定义一个基础类来进行数据封装。

这些类中的属性与相关数据库表的属性是一一对应的，这样非常方便完成数据的访问和存取操作。在类定义的同时，也封装了一些满足应用需求的其他方法。这些类都放到了 com.base 包中。下面以 Student 类为例进行介绍。

Student 类是针对数据库中的学生表定义的封装类，因此其类中的属性与学生表中的各字段属性一致。Student 类的属性定义如下。

```
private String sid;//学号
```

```
private String sname;//姓名
private String ssex;//性别
private String id;//身份证号
private String classID;//班级编号
private String date;//入学日期，年月
private String address;//家庭住址
private String phone;//联系电话
```

在类中定义了 3 个构造方法，它们分别是无参的空构造方法、有一个 sid 参数的构造方法，以及包含所有属性参数的构造方法，以适应不同的需求。

除了这 3 个构造方法及对应属性的 set( )方法和 get( )方法外，又定义了两个成员方法：public void setAll( )方法和 public int getSelectCourseDate( )方法。setAll( )方法在已知学生学号的情况下，通过查询数据库获得学生完整的属性信息。getSelectCourseDate( )方法是根据学生入学时间，自动判断出该学生可选课程的开课学期。例如，2020 级学生如果准备 2022 年春季的选课，默认就应该选择第 4 学期开设的选修课程。

Student 类的主要代码如下。

```
import java.time.LocalDate;
import java.util.ArrayList;

import com.util.DP;//自定义应用类
public class Student{
    private String sid;//学号
    private String sname;//姓名
    private String ssex;//性别
    private String id;//身份证号
    private String classID;//班级编号
    private String date;//入学日期，年月
    private String address;//家庭住址
    private String phone;//联系电话

    public String getSid(){
        return sid;
    }

    public void setSid(String sid){
        this.sid = sid;
    }
//其他get()方法和set()方法略

    public Student(String sid, String sname, String ssex, String id, String classID,
String date, String address,String phone) {
        super();
        this.sid = sid;
        this.sname = sname;
        this.ssex = ssex;
        this.id = id;
        this.classID = classID;
        this.date = date;
        this.address = address;
        this.phone = phone;
    }
    public int getSelectCourseDate()
    {//判断学生待选课程的开课学期
        int semes = 1;
```

```
        LocalDate today = LocalDate.now();
        int e_year = Integer.parseInt(date.substring(0, 4));
        int now_year = today.getYear();
        semes = (now_year - e_year) * 2;
        if (today.getMonthValue() > 7){
            semes += 1;
        }
        return semes + 1;
    }

    public void setAll()
    {//根据学生学号，完成其他属性的读取和设置
        StudentInfo stu = null;
        stu = DP.queryStudentInfo(sid);
        if (stu == null){
            System.out.println("no this student");
        }
        else{

            sname = stu.getSname();
            ssex = stu.getSsex();
            id = stu.getId();
            classID = stu.getClassID();
            date = stu.getDate();
            address = stu.getAddress();
            phone = stu.getPhone();
        }
    }
}
```

16.4.2　数据库访问类

由于本系统会频繁访问数据库，因此这里专门定义了数据库访问类 DataBase 完成基本设置和操作。这个类放在 com.dio 包下。

这个类中包含了以下 3 个主要方法。

（1）ConnectDataBase( )方法用于连接数据库。

（2）do_SQL_query( )方法用于完成数据库的查询操作，返回查询结果集。

（3）do_SQL_update( )方法用于完成数据库的数据更新操作，如添加、修改、删除等操作。

DataBase 类的主要代码如下。

```
public class DataBase{
    private static String username = "root";
    private static String password = "root";
    private static String databaseName = "courseselectsystem";
    private static String port = "3306";
    private static String property = "useSSL=false&allowPublicKeyRetrieval=
true&serverTimezone=UTC";//mysql 8 以下不用设置
    private static String host = "localhost";
    private static String url = "jdbc:mysql://" + host + ":" + port + "/" + databaseName +
"?" + property;
    private static String jdbc_driver = "com.mysql.cj.jdbc.Driver";
    // mysql 8 以下为 com.mysql.jdbc.Driver
    private static Connection conn = null;
    private static PreparedStatement ps = null;
    private static ResultSet rs = null;

    public static String getUsername(){
        return username;
    }
```

```
public static void setUsername(String username){
    DataBase.username = username;
}
//其他get()方法和set()方法略
public static void connectDataBase(){
    try{
        Class.forName(jdbc_driver);
    }
    catch (ClassNotFoundException e1){
        //TODO 自动生成的 catch 块
        e1.printStackTrace();
    }
    if (conn == null){
        try{
            conn = DriverManager.getConnection(url, username, password);
        }
        catch (SQLException e){
            //TODO Auto-generated catch block
            System.out.println("Database connect failed");
        }
    }
}


public static ResultSet do_SQL_query(String sql, Object params[]){
    try{
        if (conn == null){
            connectDataBase();
        }
        System.out.println(sql);
        ps = conn.prepareStatement(sql);
        if (params != null){
            for (int i = 0; i < params.length; i++)
            {
                ps.setObject(i + 1, params[i]);
            }
        }
        rs = ps.executeQuery();
    }
    catch (SQLException e){
        System.out.println("query1 failed");
    }
    return rs;
}

public static int do_SQL_Update(String sql, Object params[]){
    int result = -1;
    try{
        if (conn == null){
            connectDataBase();
        }
        System.out.println(sql);
        ps = conn.prepareStatement(sql);

        if (params != null){
            for (int i = 0; i < params.length; i++){
                ps.setObject(i + 1, params[i]);
            }
        }
        result = ps.executeUpdate();
    }
    catch (SQLException e){
        System.out.println("Update database failed");
    }
```

```
            return result;
    }
```

16.4.3 应用工具类

在学生选课系统中，需要进行大量的数据库访问操作，并且不同的用户身份进行的操作也不尽相同。为了提高系统的可用性、安全性和可扩展性，这些操作都被封装到了工具类 DP 中，该类提供了一系列方法完成数据库的各种访问操作。该类在 com.util 包中。

DP 类定义了所有对于不同用户、不同操作的方法，并以静态方法的形式实现方法调用，操作更加方便。

下面以可选课程为例，介绍几个主要的方法。

查询指定学生的可选课程列表。

```
public static ArrayList<SelectCourseInfo> querySelectCourseInfo(StudentInfo stu)
```

根据可选课程序号查询课程详细信息。

```
public static SelectCourseInfo querySelectCourseInfo(String oid)
```

查询所有的可选课程列表。

```
public static ArrayList<SelectCourseInfo> querySelectCourseInfo()
```

查询给定院系、专业的可选课程。

```
public static ArrayList<SelectCourseInfo> querySelectCourseInfo(String department,String major)
```

向可选课程表中添加可选课程。

```
public static boolean addSelectCourse(SelectCourse selectcourse)
```

删除给定的可选课程。

```
public static boolean deleteSelectCourse(String oid)
```

其中，查询指定学生的可选课程的代码如下。

```
public static ArrayList<SelectCourseInfo> querySelectCourseInfo(StudentInfo stu)
{//根据给定学生，查询下学期可选课程信息:本专业课程和公共课程
        ResultSet rs = null;
        String sql = null;
        ArrayList<SelectCourseInfo> course = new ArrayList<>();
        SelectCourseInfo courseinfo = new SelectCourseInfo();
        sql = "select * from selectcourseinfo where semester <= ? and coursedate =? and
(courseMajorID= ? or cNature like \"" + "公共%\")";
        Object[] param = { stu.getSelectCourseDate() + 1, courseinfo.getCourseDate(),
stu.getMajorID()};
        try{
            rs = DataBase.do_SQL_query(sql, param);
            while (rs.next()) {
                course.add(new SelectCourseInfo(rs.getString("courseID"),
rs.getString("courseName"),rs.getString("oID"), rs.getString("courseDate"), rs.getInt
("capacity"), rs.getInt("number"),rs.getString("place"), rs.getInt("semester"), rs.getDouble
("credit"), rs.getString("cNature"),rs.getString("courseMajorName"), rs.getString
("courseMajorID"),rs.getString("courseDepartName"), rs.getString("courseDepartID"),
rs.getInt("classHours"),rs.getString("description"), rs.getString("teacherID"),
rs.getString("tname"),rs.getString("tsex"), rs.getString("title"), rs.getString
("teacherMajorName"),rs.getString("teacherDepartName")));
                }
            }
        catch (SQLException e){
```

```
            System.out.println("query failed");
        }
        return course;
    }
```

16.5 系统实现

16.5.1 用户登录

在进入系统之前，先进行用户身份验证。实现方法：将输入的用户名和密码与数据库 user 表中的信息相匹配，如果匹配成功，则获取用户身份，跳转至相应界面，否则显示登录失败信息。

系统登录流程图如图 16.9 所示。系统登录界面如图 16.10 所示。

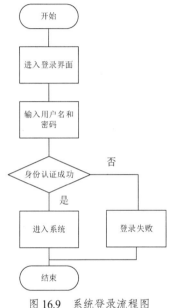

图 16.9　系统登录流程图

图 16.10　系统登录界面

登录界面较为简单，这里的界面由第 13 章例 13.10 的界面样例修改而成。系统登录实现程序见登录程序源代码。

程序说明：在本程序的 init( )方法中完成界面的设计和显示，register( )方法实现了登录按钮的动作监听，调用应用工具类 DP 的 longin( )方法进行身份认证，并根据认证结果跳转到相应界面或弹出提示窗口。

登录程序源
代码

16.5.2 学生访问实例

当认证成功后，系统会通过用户身份进入相应的界面，这些界面分别是管理员界面、学生界面、教师界面。下面以学生界面为例介绍界面设计和功能实现，管理员界面和教师界面部分的实现细节不再赘述。

学生界面的实现功能如下。

选课：根据学生的专业、年级列出可供选择的专业选修课和公共课，完成选课操作。

所选课程：列出本次已选课程信息，同时允许进行退课操作。

个人信息：列出学生的基本信息，并允许对联系电话和家庭住址内容进行修改。

修改密码：完成个人登录密码的修改。

成绩查询：查询本人所修的选修课的基本信息和考试成绩。

输出成绩单：完成给定课程的成绩单输出。

根据要实现的功能进行界面设计。学生共可以实现 6 个功能的操作，每个操作对应一个功能界面，所以数据库设计人员要考虑各界面的风格选择和切换如何处理。界面切换有两种方法比较常用：一种是以菜单的形式进行处理，这种方式适用于分类多样、功能丰富的界面选择；另一种是选项卡面板形式，这种方式适用于功能较少、界面内容简单的界面设计。这里选择第二种方法。对于信息显示方式，选择了以表格的形式进行处理，优点是清晰明了，能够显示的信息多。

在功能实现上，进行了类和方法的抽象和封装，所有数据库的操作都封装到了工具类中，使得程序代码更加规范、易读。

1. 界面设计

学生访问界面由 6 个选项卡组成，除第一个选项卡显示欢迎信息外，其他选项卡分别对应一个功能选项。选择相应的选项卡就会进入对应的功能界面。

（1）JTabbedPane 组件

这个界面使用了 Java 的 JTabbedPane 选项卡面板组件，其也是一个容器，其中可以放入其他面板。面板定义时可以指定选项卡的放置位置（上、下、左、右），举例如下。

```
JTabbedPane jp = new JTabbedPane();//创建一个默认选项卡面板，选项卡位置在面板上方
```

当设计好其他窗体面板后，调用 addTab( )方法就可以将自己的窗体加入选项卡面板中，举例如下。

```
JPanel jp1 = new JPanel();//窗体1
JPanel jp2 = new JPanel();//窗体2
…//设计实现自己的窗体
jp.addTab("选课",jp1);//将选课窗体加入选项卡
jp.addTab("退课",jp2);//将退课窗体加入选项卡
```

学生访问界面如图 16.11 所示。

（2）JTable 组件

JTable 组件可以将数据信息以表格的形式输出，使得界面更加清晰明了，可读性强。

JTable 分别通过一维数组显示标题行，二维数组显示各行数据信息，举例如下。

```
Object [][] tableData;
Object [] columnTitle;
JTable table = new JTable(tableData,columnTitle);
```

图 16.11　学生访问界面

学生选课界面如图 16.12 所示。

选择	选课编号	课程号	学期	课程名	学时	学分	所属院系
☑	20211130143…	040101	2022春	计算机基础	40	2.5	计算机学院
☐	20211130143…	050101	2022春	高等数学I	60	4.0	理学院
☐							
☐							
☐							
☐							
☐							

选课

图 16.12　学生选课界面

2. 学生选课的功能实现

根据选课的流程和要求，给出选课的流程图，如图 16.13 所示。

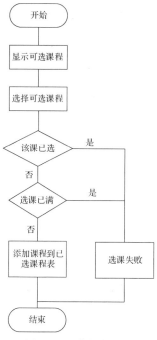

图 16.13 选课流程图

确定流程后，完成代码的设计与实现。

输出可选课程方法的主要代码如下。

```
public void actionPerformed(ActionEvent e)
{
    play_row = 0;
    dept = text_choose_aca.getText().trim();
    if (dept.equals(""))
    {//如果院系内容为空，则显示所有合适的选修课程
    select_courses = DP.querySelectCourseInfo(DP.queryStudentInfo(student.getSid()));
    tableModel = new TableModel(pn_choose2_table);
    tableModel.clearAllData();
      if (select_courses.size() > COURSE_NUM){
        new Dialog("选课数量超过限制！"); }
      else{//在table里显示
        for (SelectCourseInfo course : select_courses){
         tableModel.addRow(new Object[]{ false, course.getoID(),course.getCourseID(),
                        course.getCourseDate(),course.getCourseName(),
                        course.getClassHours(), course.getCredit(),
                        course.getCourseDepartName()}, play_row++);
                        }
                        jp_choose2.setVisible(true);
                        bt_choose.setVisible(true);
        }
    }
    else{//显示给定院系的可选修课程
        select_courses = DP.querySelectCourseInfo(dept,null);
        tableModel = new TableModel(pn_choose2_table);
        tableModel.clearAllData();
        if (select_courses.size() > COURSE_NUM)
```

综合实践 / 第 16 章

```
                    { new Dialog("选课数量超过限制！"); }
            else{//在 table 里显示
                for (SelectCourseInfo course : select_courses){
                    tableModel.addRow(new Object[] {false,
                                    course.getoID(),course.getCourseID(),
                                    course.getCourseDate(),course.getCourseName(),
                                    course.getClassHours(), course.getCredit(),
                                    course.getCourseDepartName()}, play_row++);
                }
                jp_choose2.setVisible(true);
                bt_choose.setVisible(true);
            }
        }
    }
}
```

实现选课方法的主要代码如下。

```
public void actionPerformed(ActionEvent e)
{
    list_choose = new ArrayList<SelectCourseInfo>();
    tableModel = new TableModel(pn_choose2_table);
    if (select_courses != null)
    {//如果有选择的课程，进行选课操作
        int length = select_courses.size();
        for (int i = 0; i < length; i++){
            if ((boolean) tableModel.getRow(i)[0] == true){
                SelectCourseInfo course =
                DP.querySelectCourseInfo((String) tableModel.getRow(i)[1]);
                list_choose.add(course);
            }
        }
        if (list_choose.size() == 0){
            new Dialog("未选择课程！");
        }
        else{
            if (list_choose.size() > COURSE_NUM){
                new Dialog("课程数超出！");
            }
            else{//更新数据库
                for (SelectCourseInfo course : list_choose){
                    String result = DP.add_selectedCourse(course, student);
                    new Dialog(result);
                }
            }
        }
    }
}
```

选课成功的输出结果如图 16.14 所示。

图 16.14　选课成功的输出结果

16.6 小结

　　本章主要围绕学生选课系统的设计与实现进行了分析和讲解。本章首先进行了需求分析，确定系统功能，然后完成了系统的总体设计，确定系统功能结构图，接着进行了数据库和相关类的设计，最后进行系统实现。由于篇幅的限制，后面的部分只选择有代表性的内容进行了讲解。

　　通过这个综合训练案例，希望读者能够建立一个系统设计与开发的整体概念，了解项目实现的基本流程，为今后自行完成项目开发提供经验。

参考文献

［1］BRUCE ECKEL. Java 编程思想[M]. 4 版. 陈昊鹏, 译. 北京: 机械工业出版社, 2007.

［2］于波, 齐鑫等. Java 程序设计与工程实践[M]. 北京: 清华大学出版社, 2013.

［3］高晓黎. Java 程序设计[M]. 2 版. 北京: 清华大学出版社, 2015.

［4］冯君. 基于工作任务的 Java 程序设计[M]. 北京: 清华大学出版社, 2015.

［5］李刚. 疯狂 Java[M]. 北京: 人民邮电出版社, 2010.

［6］耿祥义, 张跃平. Java 2 实用教程[M]. 4 版. 北京: 清华大学出版社, 2012.

［7］叶乃文. Java 程序设计教程[M]. 北京: 机械工业出版社, 2015.

［8］Y.DANIEL LIANG. Java 程序设计: 基础篇[M]. 8 版. 北京: 机械工业出版社, 2015.

［9］解绍词. Java 面向对象程序设计教程[M]. 北京: 中国水利水电出版社, 2015.

［10］李亚平. Java 企业项目实战[M]. 北京: 清华大学出版社, 2015.

［11］刘彦君, 张仁伟, 满志强. Java 面向对象思想与程序设计[M]. 北京: 人民邮电出版社, 2018.